# 现代农业生产技术与果蔬栽培研究

主　编：王晓霞　王慧芳　刘　骏

副主编：李梦雲　秦　萌　李艳华　赵凌霄　江　毅　张学敏

U0320392

吉林科学技术出版社

图书在版编目（CIP）数据

现代农业生产技术与果蔬栽培研究 / 王晓霞, 王慧芳, 刘骏主编. —— 长春 : 吉林科学技术出版社, 2022.5
ISBN 978-7-5578-9328-6

Ⅰ.①现… Ⅱ.①王… ②王… ③刘… Ⅲ.①现代农业—农业技术—基本知识②果树园艺—研究③蔬菜园艺—研究 Ⅳ.①S

中国版本图书馆CIP数据核字(2022)第073223号

# 现代农业生产技术与果蔬栽培研究

| | |
|---|---|
| 主　　编 | 王晓霞　王慧芳　刘　骏 |
| 出 版 人 | 宛　霞 |
| 责任编辑 | 梁丽玲 |
| 封面设计 | 古　利 |
| 制　　版 | 长春美印图文设计有限公司 |
| 幅面尺寸 | 185mm×260mm |
| 开　　本 | 16 |
| 字　　数 | 200 千字 |
| 印　　张 | 13.125 |
| 印　　数 | 1–1500 册 |
| 版　　次 | 2022年5月第1版 |
| 印　　次 | 2022年5月第1次印刷 |

出　　版　吉林科学技术出版社
发　　行　吉林科学技术出版社
地　　址　长春市南关区福祉大路5788号出版大厦A座
邮　　编　130118
发行部电话/传真　0431-81629529　81629530　81629531
　　　　　　　　　 81629532　81629533　81629534
储运部电话　0431-86059116
编辑部电话　0431-81629510
印　　刷　廊坊市印艺阁数字科技有限公司

书　　号　ISBN 978-7-5578-9328-6
定　　价　58.00元

# 前　言

农业是国民经济的基础，随着人类物质文化生活以及水平的提高和国民经济的发展，社会对农产品的需求量日益增加。实现农业现代化，并依靠科学技术大幅度地提高农业生产率，已成为当今世界农业发展的总趋势。

从目前的农业生产技术看，大致可分为两大类：即常规生产技术和"高、精、尖"的新兴技术。近40年来，"高、精、尖"的新兴技术发展很快，对农业起着重要的推动作用。但是在当前和今后几十年内，在世界范围内的大面积农业生产中起主导作用的仍然是常规农业生产技术。常规农业生产技术主要表现在：一是改革提高种植耕作技术。如逐步推行科学的间作套种、复种、混种制度，在比较早的地区实行禾本科作物及果树的免耕法或少耕法，广泛推行矮化密植栽培。二是改良施肥、灌溉、用药技术。当前科学施肥主要是：增加有机肥、诊断施肥、革新施肥方法、农药与微量元素配合施用以及使用"声、色、气、电"肥。先进的灌水技术主要是喷灌、滴灌和人工降雨。三是采用对抗逆境的综合性技术。如采用农业防治、物理防治、生物防治等综合技术，使病虫草害及干旱洪涝盐碱的危害降到最低程度。

近几年，随着我国农业的发展，果蔬栽培引来越来越多人的关注。随着人们健康意识的逐渐提升，绿色果蔬得到了越来越多的认同，拥有了更加广阔的市场和前景，同时越来越多的人开始投身于果蔬行业。面对果蔬栽培出现的问题，专家们开始研究相应的技术措施来解决这些问题，确保果蔬的质量。

鉴于此，笔者撰写了《现代农业生产技术与果蔬栽培研究》一书。本书共十三章，第一章阐述了现代农业生产技术基本知识，第二章论述了现代农业机械使用技术，第三章阐述了种植业共性技术原理，第四章探究了农产品加工共性技术原理，第五章阐述了测土配方施肥技术，第六章探究了现代节水灌溉技术，第七章阐述了现代农业高效栽培技术，第八章探究了现代农业贮藏技术，第九章论述了现代果品种植技术，第十章探究了现代食用菌生产技术，第十一章阐述了现代蔬菜种植技术，第十二章论述了果蔬反延季节高产栽培技术，第十三章阐述了果蔬无土栽培技术。

笔者在撰写本书的过程中，借鉴了许多专家和学者的研究成果，在此表示衷心感谢。本书研究的课题涉及的内容十分宽泛，尽管笔者在写作过程中力求完美，但仍难免存在疏漏，恳请各位专家批评指正。

# 目　录

# 第一章 现代农业生产技术基本知识

## 第一节 农业现代化及农业产业化

### 一、农业

农业是利用动植物生长发育的一般规律，通过人工培育，来获得产品的产业[1]。

在国家经济中，农业带来的效益是无与伦比的，所有的发展都建立在农业的发展之上。作为基础产业，农业的发展离不开土地资源，土地作为生产媒介培育动植物的最初产品，经过人工再次加工从而获得各种食品及工业原料。农业涵盖了诸多具体行业，种植业部门最大的依靠资源是土壤本身。林业部门的产出资源是原木材。畜牧业，是利用土地原生态进行的传统养殖或以土地为本源发展动植物生态循环的养殖。以上产业属于广义农业，而狭义的农业仅指种植业[2]。在这些产业提供的产品基础之上进行连续加工后得到更适应市场的各类农产品，这些小规模加工所形成的副业部门构成了农业的有机体。随着人们越来越重视绿色生态环保，更愿意亲近大自然，加之农业具有得天独厚的自然特性，这些年，通过对地域资源进行开发并绽放风采的观光农业应运而生，这种新型的农业形式符合社会发展的趋势，进而也给农业带来了新的发展契机。

农业发展的必要条件是土地资源，农业自然资源并非均衡分布，一个国家的经济实力往往与其人均耕地面积有直接关系[3]。占全球人数比例少的发达国家人均耕地约为0.6公顷，比占全球人数比例多的发展中国家的0.2公顷多2倍。其中亚洲人均耕地又低于发展中国家平均值。地处同一大洲的国家在森林面积和草原面积上存在着很大的差异，但就各个洲来说，木材资源丰富的是欧洲和北美洲，草地资源优势集中在非洲[4]。

就农业前景来说，农业现代化是现代农业发展的目标，其核心是农业与新时代科技的

① 李文华，刘某承，闵庆文.农业文化遗产保护：生态农业发展的新契机 [J].中国生态农业学报，2012，20（6）：663-667.

② 张宝浒.几组农业概念的区别 [J].中学地理教学参考，1994（3）：26-26.

③ 杨秉珣，董廷旭.世界耕地面积变化态势及驱动因素分析——以21个国家为例 [J].世界农业，2017（3）：51-57.

④ 薛梦妮.关于非洲草原治理缺陷的思考 [J].商，2015（29）：83-83.

紧密结合，以科技作为撬动农业经济腾飞的杠杆。以规模化、信息化、商业化、国际化为特征，将农业生产由单纯的量产转化到新型农业模式的质变升华，最终实现农业的经济化与持续化发展。

## 二、传统农业

传统农业的发展历程经历了生产工具上从开始简单的石器农具到后来的金属农具，木质农具，比如，铁犁、铁锄、水车、石磨等的应用；生产动力方面，由最初的人力到后来的驴、骡、马、牛畜力。农业技术领域，由开始单纯的农业经验，到选育良种、积肥施肥、兴修水利、改良土壤、实行套种等；起止时间是从奴隶制社会后期开始，直至 20 世纪初叶为止[①]。

传统的农业生产方式和所获农产品相对单一，抵抗自然灾害能力弱。经过几千年的发展，生产的农产品依然有限，生产工具仅仅是材质的简单变换，从事生产的人员多是以家庭成员为主，是一种以主要满足自己生计为主的农业。

## 三、现代农业

舒尔茨认为，农业现代化是农户追求农业生产价值的手段[②]。现代农业是在传统农业的基础上发展的农业，随着工业化的发展和分工的不断深化，我国农业不断地融入现代属性，从传统的"完全以农民世代使用的各种生产要素为基础的农业"[③]转向分工深化、专业化、社会化程度较高，与经济、政治等外部因素联系日益紧密的复杂体系。新中国成立以来，我国对农业发展进行了不断的探索，认识逐步深化。从最初的加快发展生产力的农业现代化到更多的科学化的农业现代化再到优质、高效、节约、友好型的农业现代化，表明我国对农业发展的不断探索和理念的逐步深入。现代农业的特征随着不同时期的发展而发展，进而有了不同的特征。现代农业的特点是，向农业投入较多的物质和能量，并加入科学技术，逐步把以经验为基础的传统农业改造为以科学为基础的现代农业。无论现代农业如何发展，它的本质总体上是不变的，现代农业发展的方向是科学农业。

现代农业是农业发展的最新阶段，出现了许多新的特征：建立在自然科学基础上的农业科学技术推广；农业生产技术由经验化转为科学化；农业科学技术，如土壤改良、育种、栽培等现代技术的发展。我们可以进一步把现代农业的本质概括为：现代农业是用现代工业装备的，用现代科学技术武装的，用现代组织管理方法来经营的社会化、商品化农业，是国民经济中具有较强竞争力的现代产业。

综合国内外现代农业建设的实践和研究以及我国人多地少、城市容纳量有限的现实情况，我们建设的现代农业要符合我国的国情，始终以不断发展的科学理念为指导，根据各

① 邵媛媛.人地互动视域下传统农业型村落乡村振兴的路径选择——基于云南"黑树林"水利纠纷两村农业发展历程的探讨 [J].西北民族大学学报（哲学社会科学版），2020，236（2）：126-133.

② 西奥多·W.舒尔茨.改造传统农业：珍藏本 [M].北京：商务印书馆，2009：12.

③ 西奥多·W.舒尔茨.改造传统农业 [M].梁小民，译.北京：商务印书馆，2013：4.

地条件差异，充分发挥地区优势，确保食品安全优质、生产资料的可持续供给、提高农业的经济效益，实现经济与生态的协调发展，使农业实现可持续发展。

## 四、农业现代化

### （一）农业现代化的内涵

21世纪初，学者们提出了符合我国国情的现代农业理念[①]。农业现代化是将当代先进科技与优化的管理模式与传统农业结合，让传统农业现代化，建立一个高效、环保的农业生态系统[②]。农业现代化是以农业为基础，利用科技作为媒介，符合经济发展规律来发展农业的综合性表述。由于工业现代化的发展是以科技为核心，它因科技水平的高低而具有不同的特征。这种特征表现为，以发达国家和发展中国家科技实力的不同而表现的差异，以及每个时代科技发展水平的不同而表现的差异。

农业现代化的目标是建立高度发达的可持续农业，它带来的直接效益是农业经济的增长，长远来讲是使农村环境更加优美和农民生活水平提高。农业现代化是一个过程，它以现代技术、先进理念、管理模式为催化剂，将传统农业的落后生产力转变为现代农业的先进成果。

农业现代化可以概括为机械化、科学化、产业化、信息化、高素质化和可持续化这"六化"。

### （二）我国农业现代化发展的内容

当前，我国农业现代化的发展主要包括以下几个方面内容[③]：

（1）农业机械化。从传统农业到现代农业，每个阶段最明显的特征在于生产工具的改变。在农业现代化的进程中，机械化的普及是最明显的外在改变。用标准的机械从事农业工作，减少了人力成本，提高了生产效率，精简农业人员管理大片的粮食生产区域得以实现。但是，我国是一个地域辽阔，地形复杂的国家，如千沟万壑的黄土高原，土地零散，就很难实施统一标准的机械化。生产出适宜这些地区的农业机械还需要科技的进一步发展。

（2）生产技术科学化。将农业科学化，它是一整套科学理论以及与之相关的实践体系。在农业生产过程上，它包括种子的培育选取、土地肥力的提高、农作物的精准施肥灌溉以及原生态农产品高产优质的获得等。在管理上，它包括科学的人力资源配备、市场调研、打造特色品牌以及最优的销售方式等。生产技术的科学化就是将农业领域以外的先进理论技术转变为农业服务，旨在提供以低成本、无公害、绿色有机为特点的农产品。

① 赵燕.农业产业化模式的内在不稳定性与利益链条的构建[J].甘肃科技纵横，2008（04）：14-15.

② 江茜.生产性服务业对农业效率的影响研究[D].长沙：湖南大学，2016：10.

③ 张建华.新型工业化、城镇化、信息化与农业现代化协同发展：纪念张培刚先生百年诞辰学术研讨会暨第七届中华发展经济学年会文集[M].武汉：华中科技大学出版社，2014：13.

（3）农业产业化。这是农业现代化的特征之一，外在表象是形成一整套农业体系，实现生产、加工到售后的有机链接。农业产业化是对农业工作的分工，旨在将每个环节都专业化、精致化。区别于传统的以家庭为单位的农业生产，农业产业化对农业资源进行了有效整合，形成了市场竞争力。例如，打造生态园区、特色品牌、完善售后。

（4）农业信息化。信息的互通和共享是农业信息化的基础，利用先进的信息技术与农产品相结合是发展农村经济的大势所趋。通过获取信息技术，将先进的农业生产技术应用在农业生产上，弥补农业技术层面上的不足。再通过通信技术如兴起的5G技术，拓宽农产品的销售渠道，例如可以将滞销的农产品通过网络平台进行销售，在有效避免农产品滞销风险的同时，通过庞大的信息量传递增加了潜在的客户。

（5）劳动者素质的提高。农业生产机械化、产业化、信息化，这些客观的外在条件，都是通过劳动者这个主体本身去实现。农业的发展离不开这些客观的外在条件和主观的统一，在遵循农业生产的客观规律的前提下，最大限度地发挥农户的积极性，这符合马哲的辩证唯物观。诚如速水佑次郎从农民教育水平对现代农业的重要性角度所述，"农户知识和创新精神是农业生产率不断提高的源泉"[1]。

（6）农业发展可持续化。一切的发展都要以持续性的发展变化为前提，农业发展也不例外。农业的可持续发展的实质是人类与自然的和谐发展。在这一科学观点未提出前，最开始的经济增长是以经济发展作为第一要义，其代价是生态环境的破坏如德国、苏联等，但这种模式最终以大自然的疯狂报复为终结。农业的发展，在保障人类最基本的需求的同时，必须在环境可承受的范围内进行发展，要兼顾当前与长远的利益，农业的发展是以绿色为契机，实现生态和经济的双赢局面。

（三）农业现代化原理及制约因素

结合我国农业发展，农业现代化原理的理解[2]如下。

（1）动态性。农业现代化的概念涉及多个维度，在不同的时期，不同的地点它的内涵有很大的不同。在实现农业现代化的进程中，从时间上讲，由于每个时期科技与理念的不同，现代化的标准也不同，一般来讲，随着时代的进步，这一标准会越来越高，衡量指标数量也会增加；从地点上讲，它与一个国家一个地区的经济实力息息相关，它表现为发达国家和发达地区比其他国家地区的现代化发展进程更加快速，程度也更深。到目前为止，农业现代化从起步阶段，到逐步探索阶段，再到实施阶段，每个阶段都没有具体的标准，但不同国家和地区，应该以当地经济发展水平为基本情况，制定出符合自身的发展模式。

（2）区域性。在现代化进程中，发达国家有着更丰富的经验。但是，农业现代化与

---

① 速水佑次郎，神门善久著，沈金虎，周应恒，张玉林，曾寅初，张越杰，于晓华 . 农业经济论（新版）[M]. 北京：中国农业出版社，2003：21.

② 郭冰阳 . 论现阶段中国农业现代化内涵 [J]. 经济学报，2005（7）：182-184.

一个国家的综合国力密切相关，而不同国家的经济实力不同，农业现代化有着很强的区域性，它表现为不同国家、不同地区有着差异性。这就需要我们在借鉴发达国家成功经验的同时，要了解该国家的历史背景，尤其是经济状况，还要分析自己地区的实际情况，农业现代化要实现区域协调发展。

（3）整体性。农业现代化是一个很广泛的概念。它是利用世界先进理念、科学技术来应用于农业。从内在说，它与资源的最优分配，制度的优化，管理的科学性等密切相关；外在来看，它包括用机械化来代替传统的劳动生产工具，高科技的水利工程替代传统灌溉等一系列配套设备。它还涉及农村农民问题，包括培训出一批适应现代化的高素质的职业农民，以及让农村更加美丽、宜居。它更是关系到制度的优化，地域的全面规划。从涉及的普遍性讲，农业现代化具有整体性。从进度说，我国农业现代就是让我国的传统农业生产力水平达到现代农业的先进水平或接近发达国家的水平。让传统农业现代化，是让农业和与之相关的领域互补，互相促进。

有学者认为，农业和工业是一个有机整体，如果单纯去发展工业，犹如在建一座空中楼阁，即使当时带来了经济效益也会造成经济萧条的局面[1]。换句话说，农业是国家发展的基础，工业的所有繁荣都是建立在农业这个基础之上，工业加速了经济的增长，但这离不开农业的发展做支撑。农业现代化就是利用工业的先进体系来发展传统农业，将农业的发展提到与工业发展的同等地位，即让工业的高科技为农业的快速发展创造可能性，从开始的农业综合能力提高、农民增收，到后来的并驾齐驱、相互促进，形成可持续发展的共赢局面。

从农业发展全局来看，农业现代化发展的制约因素[2]有：农业信息化、机械化程度、农业基础设施建设情况、农业规模化生产程度、政府政策、农民整体文化素养等。这些制约因素在很大程度上影响了农民的积极性，进而影响了农民对农业现代化发展前景的看法。

## 五、农业产业化

农业产业化是指农业生产单位或生产地区，根据自然条件和社会经济条件的特点，以市场为导向，以农户为基础，以龙头企业或合作经济组织为依托，以经济效益为中心，以系列化服务为手段，通过实现种养加、产供销、农工商一条龙综合经营，将农业再生产过程的产前、产中、产后诸环节联结为一个完整的产业系统的过程。

农业产业化，核心是收益成本，市场是其发展指导者，主要通过科学技术的革新以及龙头企业的带领，对农业、农村、农民形成整体化引导，加快农业产业布局，实现生产经

[1] 张建华. 新型工业化、城镇化、信息化与农业现代化协同发展：纪念张培刚先生百年诞辰学术研讨会暨第七届中华发展经济学年会文集[M]. 武汉：华中科技大学出版社，2014：21.
[2] 王禹. 制约农业现代化发展的因素及其对策[J]. 长江大学学报（社会科学版），2018，214（3）：87-90.

营体系化，对生产、制作、销售、售后等形成一系列的产业链服务形式和合作形式。具体形式有"公司＋农户""流通和组织＋农户""农业协会＋农户"等组织形式，其中"公司＋农户"是最常见的一种组织形式。龙头企业将散户集中，进行一系列的产业经营阶段分配，引导农户顺利进入市场，增加农业生产效率和单位面积效益，增加农民收入，为农业转型打下良好基础。

农业产业化和农业现代化的关系密切，二者互相促进。如果说农业现代化是现代农业的过程和结果，农业产业化是实现农业现代化的一种经营方式，是现代农业的表现形式和载体。大力推进农业产业化对于农业现代化的实现具有重要意义。一是农业产业化经营能够发挥自身沟通市场和农户的作用，解决农户小规模分散经营与大市场之间的矛盾，促进农户适度规模化生产，帮助农户能有秩序地参与市场活动。二是基于合同使得农户和龙头企业之间形成相互信任的经济利益共同体，彼此能够共担风险、共享收益，延长农产品产业链，提高附加值，增加农民收入。三是能够通过实施农业标准化生产，构建起高质量的农产品质量管理和监督系统，提升农产品的质量，实现生产的专门化，保障食品安全。四是能够有组织传播先进技术，通过引进、试验、示范、推广、转化，形成新型的科技推广体系，实现传统农业向现代农业的转变。五是能够发挥落实产业政策功能，实现农业资源的最优化配置和利用，提高农业的专门化程度和整体的生产水平，促进技术、资金、人才和设备等生产要素集聚，促进城乡融合发展。农业产业化是发展现代农业的必然选择。

综合来看，农业产业化经营通过家庭农村、农民合作社以及龙头企业等经营主体，打通农户和市场原有壁垒，将生产、加工、销售等环节紧密结合起来，通过适度规模经营，提高农业经济效益和科学技术、管理水平，打造农业全产业链，推进农村一二三产业融合发展，形成有机结合、相互促进的一体化组织形式和经营机制。

# 第二节　现代农业的基本类型

## 一、绿色农业

### （一）绿色农业的内涵

国内的绿色农业产业已经有 20 余年的发展历史。诸多实例表明，绿色农业的理念以及思想，是比较符合国内对绿色农业行业发展现状以及能够适应未来农业发展趋势的一项理念，有着它自身的合理性。绿色农业的含义是能够对大生态环境的保护起着一定作用的模式。与此同时，这种模式能够循序渐进为农产品的质量和数量提供安全保证，并且能够成为一种长远的可持续发展的农业产业体系。当前，随着科技的不断发展，绿色农业将会逐步使用高新技术，形成高新技术产业体系。我国的农业产业在逐步向现代化发展，目标是能够推动农业产业的可持续发展的同时能够推动农业产业的不断发展。绿色农业能够大规模进行推广并且作为一种示范产业发展模式是整个农业文明的进步。绿色农业包含了整个农业文明从原始的农耕逐步演变到高新技术管理的全部过程，在这漫长的过程中，人类文明和生活水平有了极大的发展和进步，农业科学技术以及管理的手段方式开始增加，绿色农业的规范以及体系开始越来越完善和系统，初级绿色农业的模式开始向高级绿色农业的模式转变。绿色农业是广义上的"大农业"，不是传统农业的回归，也不单单指生态农业、节水农业、有机农业、特色农业的一种，它正是对这些农业进行整合、取长补短的一种新型农业。它的内涵包括五个方面。

（1）绿色农业及其产品出自良好的生态环境。人类赖以生存的地球，一直在无私地为我们奉献；地球给予我们适宜居住和生存的气候，给予我们丰富的矿产物质，给予我们丰富健康的水资源，使得我们能够共同在这片大地上健康的生长。出于对自身以及对科学的认识，人们开始慢慢关注到生态环境，注重食品安全，对于纯天然，没有公害的绿色农产品更加喜爱。基于这样的农业背景，绿色农业以及绿色农业产品能够拥有自己的受众，并且在这个时代能够出类拔萃，成为具有时代特色的农业产物。

（2）绿色农业是受到保护的农业。绿色农业在一定程度上能够为人们提供健康的食品环境以及安全的饮食环境，是能够改善人们健康生活的环保产业，另一方面，绿色农业也是需要政府大力支援以及加强保护的产业。绿色农业目前没有办法在法律上认可，但是绿色农业是一种特殊的产品，必须要在特定的质量要求下进行安全生产。绿色产品的认证过程相对来说是非常复杂的，不仅要求产地环境以及生产资料都要符合要求，还要求产品的内在质量以及生产技术手段都要有非常严格的质量要求标准。产品在呈现在消费者面前之前，需要经过严格的生产前、生产中、包装、销售的过程监控。这也是绿色农业产品区别于普通产品的优势，绿色产品经过层层筛选与把关，能够提升自身的生态性、优质性以及安全性，这也是我国追求的未来食品发展的目标。

（3）绿色农业是与传统农业有机结合的农业模式。相对于绿色农业的先进性，传统农业主要的特点是自给自足，自身的优势是能够节省一定的资源、资金、人力等，同时能够保护环境不受大面积污染。但是传统农业的弊端也非常明显，存在低成效、种植单一、规模小、抗灾能力不强等缺点。绿色农业完美地改善了这点，在传统农业的基础上，增加了现代农业的科技管理，将高产、高效、安全、稳定生产作为目标来进行作业。因此绿色农业不仅能够维持传统农业绿色环保生产的优势，还能够与时代的发展相结合，增加了科技、信息、人才等投入，使得绿色农业能够更凸显时代发展的特征。

（4）绿色农业是多元结合的综合性大农业。绿色农业是将第一产业、第二产业、第三产业融合在一起的产业，包含了农、林、牧、渔业，以改善农田建设为基础，在这个前提条件下，提升农业抗灾害能力，加之先进的农业科学技术，打造多种生态的工程元件复式组合。

（5）绿色农业是贫困地区脱贫致富的有效途径。联合国工业发展组织针对绿色产业项目曾经在诸多地区开展过实地考察。诸多地区的自然环境极好，绿色产品的资源也非常丰富，但是当地没有科学完善的发展规划，市场信息的闭塞和科学素质的低下等原因使得诸多地区没有能够成为绿色产业项目基地，真正的价值没有得到很好地体现，整体的效益不高。对项目产地进行改造之后，贫困地区发挥了自身污染少、环境整洁的优势，成功转化为高科技、高附加值、高市场占有率的绿色产业基地。这对国内开发和振兴一些偏远地区的经济有着深刻的意义。

## （二）绿色农业的特征

（1）开放兼容性。绿色农业一方面对传统的农业文明进行改善，保留了科技与生产力共同进步的本质，让生产力得到了极大的发展，一方面重视产品的质量与卫生安全，能够满足人类所需的质量与数量，体现了开放兼容的特点。

（2）持续安全性。持续安全的含义是尽可能的维护好生态平衡，保护生态环境，重视资源的可持续利用以及发展，将对我们赖以生存的环境的危害降到最低。

（3）全面高效性。全面高效的含义不仅包含社会的经济效益，从更高的层次上说，还包含生态效益。绿色农业的目的不仅仅是增强经济效益，更是为了改善人们的生活方式，保护生存环境，推动中国农业以及农村经济的全面进步。

（4）规范标准化。规范标准化的含义主要是对农业生产的过程进行监控，实施标准化生产过程并进行质量监管，其中特别关注的是绿色农业终端产品。绿色产品的质量决定它的市场占有率，只有将市场秩序建立的足够完善与健全，才能提升产品的综合竞争力。

## 二、物理农业

### （一）物理农业的内涵

物理农业是现代物理技术和农业生产的有机结合，主要是用电、声、光、热、核、磁等具有生物效能的物理因子来控制动植物的生长发育，促使农业生产逐渐摆脱对化学农药、化学肥料、抗生素等化学物品的依赖，保证农业生产的高产、优质、高效发展。决定物理农业产业性质的因素，包括对机械电子技术有较大影响的物理植保技术和物理增产技术，以及它可以为社会提供的安全的农产品这两个方面。和传统的农业相比，物理农业是一种投入和产出都都可以用的设备型、设施型、工艺型的农业产业，这种农业的核心就是环境安全，包括环境安全型温室、环境安全型畜禽舍、环境安全型菇房等。

### （二）物理农业的发展方向

1. 完全不使用农药的物理植保模式

该模式是在前述提到的环境安全型温室的基础上发展起来的一种彻底的物理植保栽培方式，称之为空间电场槽式栽培模式。采用这种模式生产蔬菜可以确保槽外有害生物，如蚜虫、白粉虱等害虫以及真菌孢子无法浸染槽内作物。它是一种趋避有害生物危害农作物的"仁慈"的、"不杀生"的植保方法，有害生物因静电的斥力而无法落到植物茎干、叶片和栽培基质上，是一种驱离病虫害的方法。这是未来我们任何人都离不开的满足食品安全要求的物理农业生产方式。

2. 槽式栽培土壤电处理模式

由于根结线虫病、顽固型韭蛆、枯萎病原镰刀菌的危害，土壤病虫害的处理已成为世界性难题，但随着电消毒灭虫技术的诞生，这类病虫害的防治难题已成为历史。槽式栽培土壤电处理模式是一种通用型无病虫害的蔬菜栽培模式，用于韭菜既可以预防土壤内部病虫害也可以预防地上部分的病虫害。

3. 环境安全型畜禽舍

这是一种能够实时预防动物疫病的环境控制型畜禽舍，它采用动态防疫方法预防动物疫病，其核心技术就是空气微生物的空间电场疫苗化技术。这一可将畜禽舍空气微生物疫苗化的自动技术在动物防疫领域获得认可，对口蹄疫、猪蓝耳病等空气传播以及空气传播与接触传播兼有的疫病预防有效，以此技术建立的畜禽舍是一种实时的动物疫苗化设施，其发展趋势终将成为畜牧业防疫建设的重点。伴随着物理农业技术发展，新的农业生产方式以其环保、安全、高效、优质逐步建立起来，这类方式不排除物理与化学、生物的结合，更多的是以安全为前提的结合。先进的物理农业技术已经被广泛地应用于农业生产的诸多方面。从地上植物到地下害虫防治，从大田走向温室，从大型工厂走进家庭。如何用物理的方法完全替代化学品植保农业仍是需要深入研究的课题。相信随着物理农业的发展，人类将迎来更加安全、健康的生态环境，以及高质量的生活。

# 三、休闲农业

休闲农业是以农事活动为基础，利用农业景观和自然环境，为人们提供"吃、住、游、娱、购"等一系列休闲活动的新型农业产业形态。休闲农业发展的基础是农业，经营主体以农民为主，发展休闲农业有利于促进农民就业和增收，为新农村建设提供资金支持，改善农村落后面貌，建设生态宜居美丽乡村，更好更快地加快农村产业结构改革的步伐，营造社会主义建设的新局面。由于休闲农业的客源主要为城市居民，休闲农业使城乡之间交流更加密切，有利于城乡之间的资源互通，互为市场，促进新农村的发展。发展休闲农业也有利于传承农耕文明、发展乡村文化。休闲农业融合了生产、生活、生态功能，密切了农业、加工业、服务业三者之间的联系，是农村三产融合的典范。

休闲农业具有地域性、季节性、真实性、定向性、体验性、效益性等特点。我国休闲农业的开发模式主要有乡村田园景观模式、特色民俗休闲模式、休闲农庄模式等模式。乡村田园景观模式是指主要以乡村自然田园景观、传统农业生产生活活动、本地特色农副产品等为观光体验内容，吸引游客。通过开发乡村田园景观、体验传统农事活动、采摘新鲜农产品等，为游客提供体验乡村生活、农事活动等服务的经营方式。特色民俗休闲模式是指主要依托深厚的乡村文化底蕴、历史悠久的民俗文化，因地制宜打造本地特色的节庆活动，招揽游客的经营方式。休闲农庄模式是指一些休闲农业经营主体利用自身拥有的山林、鱼塘、水库、溪流等天然资源，结合周边乡村景观，打造出集"吃、住、游、娱、购"等休闲活动的经营方式。

## 四、特色农业

特色农业即坚持以地方农业为支撑、以市场为导向、以科技为推手、以区域要素为发力点，以此实现区域生产资源与生产要素高效结合，打造产业突出、竞争有力、效益增长的农业生产体系。特色农业作为地方成功打造的第一产业，它的建立可有效地拉动第二、三产业的增长，达到一二三产业协同发展的目标，实现经济快速增长的同时传播了良好的地域形象。促进特色农业"五位一体"发展：集环境、文化、资源、产品、功能五个特色为一体进行打造，它的发展主要依靠农产品生产的产后阶段，即：拉伸产业链长度，增加产品附加值。

随着国家对农业现代化建设的重视，我国许多专家学者投身于特色农业的打造中，其中，程向仅认为特色农业是具有区域的地理资源、自然资源、人文资源的农产品，是具有一定竞争力和市场规模的现代化产业，是我国实现农业农村现代化建设和农业产业体系转型的重要战略选择。[1] 陈春艳认为特色农业是由产前、产中、产后三个阶段而组成的一个十分复杂的农业体系，特色农业的成功建立可带来经济效益、生态效益、社会效益，突出整个区域的地域资源优势。[2] 刘亚敏认为特色农业是以市场为导向，在政策和科技的扶持下，对具有一定规模的农业进行生产体系建设，提高竞争力，最终达到一定的经济效益和社会效益。[3]

综上所述，特色农业是指在一定的区域内，具有当地区域特征、文化特征、生活习俗特征等地域代表性的现代化农业；特色农业是指针对某地区农业资源优势，结合市场需要，开发具有当地文化资源特色、地理环境特色、自然人文特色的现代化农业。它反映了这个地域的生活面貌和经济面貌，是该地域的形象象征和代名词。

## 五、观光农业

① 程向仅. 乡村振兴背景下特色农业发展中的乡镇政府职能研究 [D]. 曲阜：曲阜师范大学，2020：11.

② 陈春艳. 周口市特色农业发展对策研究 [D]. 舟山：浙江海洋大学，2020：8.

③ 刘亚敏. 保定市满城区乡村特色农业生鲜水果类产业发展研究 [D]. 保定：河北大学，2020：11.

（一）观光农业的内涵

观光农业，也可称为休闲农业、生态旅游农业。观光农业以农业活动为基础，结合旅游业，利用自然资源、农村田园景观现代高效特色农业示范园区，结合农业生产经营方式和地方特色习俗，为市民们提供休闲、观光、度假、学习、购物、康养等多种服务，以促进农民增加收入，推动农村经济发展、调整第一、三产业结构的一种新型可持续发展产业。

在观光农业理论形成过程中，根据对观光农业概念研究内容的侧重点不同，学术界对观光农业的概念概括起来可以分为两类：

一是以"农"为主的观光农业概念。该概念持有者认为观光农业是一种兼具发展农业生产提高农业经济附加值和保护乡村自然文化景观的农业开发形式。以郭焕成等为代表的学者们认为城郊观光农业是利用城郊的田园风光、自然生态及环境资源，结合农林牧副渔生产经营活动、乡村文化、农家生活，为人们提供观光体验、休闲度假、品尝购物等活动空间的一种新型的农业和旅游业性质的农业生产经营形态。以赵春雷为代表的学者们认为现代观光农业是一种以市场为导向，以区域优势为基础，以高新示范园区为桥梁，以产业化经营为主线，将直接效益与观赏效益、长远效益与社会效益融于一体的现代农业新体系。

二是以"旅"为主的观光农业概念。该概念持有者认为观光农业是一种以旅游者为主体、满足旅游者对农业景观和农业产品需求的旅游活动形式。如周晓芳等学者认为都市观光农业是都市农业生产与现代旅游业相结合而发展起来的，是以都市农业生产经营模式、农业生态环境、农业生产活动等来吸引游客实现旅游行为的新型旅游方式。应瑞瑶等学者则将乡村旅游表述为经营者广泛利用农村野外空间的活动，其内容包括传统的农业生产经营活动、农村观光游览以及与之有关的旅游经营、旅游服务等。

学术界对观光农业的概念至今还没有形成统一认识。在现有观光农业的两类概念中，以农为主的观光农业概念比较强调观光农业的农业特性，而以旅为主的观光农业概念则比较强调观光农业的旅游产品特征。

综上所述，笔者认为，观光农业是将现代农业中的农业生产要素和旅游业中的传统六要素"吃、住、行、游、购、娱"以及新六要素"休、养、学、闲、情、奇"有机融合而形成的新型综合性产业，它将农业中具有休闲功能的部分进行整合、发掘和利用，以充分满足消费者回归自然的观光休闲需求，是农业产业结构改革、农民创收增加、新农村发展的最佳选择之一，也是现代农业和农村同步发展的一种新型模式和途径，更是努力实现环境友好型社会与农业生产、生态效益同步发展与提高的有效途径，从而使农民和社会获得较高的经济、社会和生态效益。

（二）观光农业的特征

观光农业应同时具备现代农业和旅游业的双重属性，应具备以下特征：

（1）生产性。即观光农业应具有农业生产的基本特点，能够为游客提供特色农产品，满足人们基本生活物质需要。

（2）观赏性。是指具有观光功能。游客可通过观赏园区的农作物、林草、花木、动物以及不同主题园区的人为景观等，使游客观赏到在日常生活中看不到的大自然的景致。

（3）休闲性。指园区依赖某些作物或养殖动物区修建的游乐实施、休闲体现场所等，供游客休闲娱乐。

（4）参与性。指让游客参与到园区的农业生产活动中或旅游活动中，让其既能在从事农业生产实践过程中学习农业生产技术，体验农业生产乐趣，又能参与在旅游活动的"吃住行游购娱"之中。

（5）市场性。观光农业的主要目的是能给农民带来经济效益，提升游客的精神需求，作为园区主体，要想方设法提升园区的服务质量，改善园区的观光游乐设施，促进游客的消费，观光农业具有市场性特征。

## 六、订单农业

根据国内外大多学者的相关研究，订单农业又称为契约农业或合同农业，一般来说，参与主体主要为农户和企业。在农产品生产之前，公司与农户签订以远期交易价格为核心且具有法律效力的农产品产销收购合同，合同中明确了合同双方的权利与义务，规定了标的农产品的价格、数量、质量、投入的供应、对生产的控制等方面等内容，农户依照订单约定完成农产品的生产任务，企业则按照订单规定义务完成农产品的收购任务，这样一种新型农业经营模式即为订单农业①。目前我国的订单农业主要形式为农产品销售合约，农户主要看重它规避价格风险和销售风险的优势，企业主要为了达到减少交易费用和分散风险的目的也有积极参与的意愿。②订单将企业和农户绑定，双方互惠互利，彼此通过标的农产品进行联结，进行供需的交换。

我国订单农业的形式多样，在各地发展过程中，按照不同地域的传统优势、农业资源、工业基础等情况，因地制宜采取不同形式。针对订单农业的分类，我国学者将农户看作农产品供应链的起点，根据农户和不同农产品需求者签约，将订单农业分为五种类型："农户＋科研生产单位"、"农户＋龙头企业或加工企业"、"农户＋专业批发市场"、"农户＋专业合作经济组织、专业协会"、"农户＋经销公司、经纪人、客商"。订单农业中基础的经营模式是"农户＋企业"型垂直农业协作模式，而无论是以上哪种不同的具体形式，都可看作是农户和具有特定特征企业之间的协作。

订单农业具有契约性的特征。订单作为具有法律效力的合同，将农户和企业适当地组织在一起，是一种产业链上的纵向结合，这种生产经营一体化的模式打破了农户和企业作为独立生产经营个体的壁垒，将农户和企业整合为统一的利益共同体。相较于农产品普通

① 史博. 订单农业履约有效性研究 [D]. 北京：首都经济贸易大学，2013：21.
② 刘凤序. 不完全合约与履约障碍 [J]. 经济研究，2003：22-29.

交易模式，订单农业有效减少了农户和企业彼此之间的交易成本，节约了农业生产成本，为了规避风险并追求利润最大化，农户和企业选择订单农业是最有效的合作方式。[①]

订单农业具有风险性的特征。订单农业主要涉及三种风险：价格风险、信用风险、自然风险。由于农产品生产的特殊性，订单农业签订的是一种远期交易合同，从合同签订之后到合同履约，农产品从种植到交付期间有一段较长的时间距离，自然力、人力、市场等方面都是影响合同履约的不确定因素。订单农业是一种不完全合约，而市场风险是造成这种不完全的重要因素。这种不确定的市场风险很难把握，因此市场地位强势的企业会在和农户签订订单时刻意隐瞒一些相关信息，这使得参与订单农业将面临一定的信用风险。

订单农业参与主体的地位不平等。在大多数情况下，企业优于农户的地方在于经济实力和对市场的了解程度，因此在订单的签订过程中拥有更多话语权，在谈判过程中更强势一些。企业比农户掌握了更多市场信息，使订单在签订时就面临不平等的情况，企业更容易制定有利于自身的合同内容，侵害农户的正当利益。同时，谈判能力的差异性导致订单在签订时就是有偏向性的，导致缔约双方在合同开始时，就产生了不信任。

订单农业对农业现代化发展具有重要性。订单农业作为一种创新农业经营组织方式，有利于增加农户收入，在生产种植前确定了生产后的销售活动，避免了农业生产安排的盲目性，使农产品有较稳定的销售渠道，确保农户收入的增加。

其次，发展订单农业有利于提高农户的商品意识和科技素养，进而利于加快农业科技进步。企业根据对市场的了解，在订单中对标的农产品提出适应市场需求的规定，而农户为了创造出科技含量更高、品质优良、无污染等符合丰富订单要求的农产品，将更有意愿从手段上和生产技术上接受现代科技的武装，利用生产工具、设备设施等使得农业生产机械化，并由此推动农业向自动化、信息化方向发展。

# 第二章　现代农业机械使用技术

[①] 郭晓鸣，廖祖君，孙彬 . 订单农业运行机制的经济学分析 [J]. 农业经济问题，2006：15-17.

# 第一节 铧式犁使用

## 一、铧式犁类型

### （一）牵引犁

牵引犁一般都是由犁架、犁体、牵引杆、调节机构、行走轮、机械或液压升降机构、安全装置等部件组成。在耕作的时候，牵引犁和拖拉机之间都是采用单电挂接的，拖拉机的挂接装置对犁只起到牵引的作用，其重量一般都由犁自身的轮子承受。在耕作的时候，一般都是通过液压机构和机械来控制地轮相对犁体的高度，达到调整耕作深度的作用。

牵引犁虽然工作稳定，耕作质量佳，但是同时具有许多缺点和不足，如它的结构复杂，机组的转弯半径大，机动性不好，质量重等，这使得它的适宜使用范围大大缩小，一般只适合在大地块进行大型、宽幅、多铧作业。

### （二）悬挂犁

悬挂犁一般由犁架、犁体、悬挂装置和限深轮等组成。悬挂犁主要是通过悬挂架和拖拉机的悬挂装置连接，依靠拖拉机的液压提升机构进行升降。在运输过程和地头转弯的时候，悬挂犁脱离地面，由拖拉机承受全部重量。当拖拉机液压悬挂机构用高度调节耕深时，限深轮用来控制耕深。

与牵引犁相比，悬挂犁具有操作灵活，机动性好，质量低，结构简单等优点，这使得它十分适合在小地块耕作。但是由于机器太小，所以运输时机组的纵向稳定性较差，当犁体太重的时候，就会促使拖拉机的前端抬起而影响操作，这也就限制了它向大型悬挂犁的发展[①]。

### （三）半悬挂犁

半悬挂犁是由悬挂犁发展而来的，它的前部很像悬挂犁，但是配置了轮子，这就可以在地头转弯和运输的时候独自承担机身重量，减轻拖拉机的悬挂装置的压力。另外，半悬挂犁配置了较宽的犁体，有效地解决了操作不稳定的问题。半悬挂犁可以说是兼具了悬挂犁和牵引犁的部分优点，它的转弯半径小，激动灵活性好，优于牵引犁，它的稳定性和操作性好，犁体配置多，优于悬挂犁。

### （四）机力铧式犁系列

机力铧式犁系列具有多种不同的适用范围，根据适用区域不同，一般可以分成南方水田犁和北方旱田犁。每个系列按照其对土壤比阻适应范围不同和耕作强度的差异可以分为

---

① 易凡钰，施娇碟，杨光，马永财.铧式犁研究与应用现状 [J]. 中国农机化学报，2019，40（03）：231-236.

多种型号。一般北方系列犁为中型和重型犁两类，耕幅约为 30~35 厘米，耕深范围约为 18~30 厘米。中型犁一般适合在轻质中等土壤和地表残茬较少的轻质土壤耕作，重型犁一般适合在地表残茬较多的黏重土壤耕作。南方水田犁系列为中型犁，一般水地和旱地都可以使用，犁体宽幅约为 20~25 厘米，耕深约为 16~22 厘米。

## 二、铧式犁结构与工作

铧式犁一般由犁壁、犁铧、犁柱、犁侧板、犁托等组成。耕作的时候，犁体按照规定的宽度和深度切开土层，将土沿着曲面升起、翻转和侧推，并且不断地破碎土壤，使土地达到耕作的基本要求。

## 三、犁使用中的注意事项

（1）在挂接犁的时候要用较小油门，降低速度，防止损坏。

（2）落犁的时候要轻放慢降，减轻对犁和犁架的撞击和损坏。

（3）在土壤质地过于坚硬或黏性大时，要在一定程度上减少耕宽和耕深，避免阻力过大造成对机件的损坏。

（4）注意在地头转弯时要先把犁体提起，减小油门后再转弯。

（5）在机械耕作过程中，或者没有可以依靠的支垫时，不要对犁进行调整、拆卸和维护。

（6）当需要长途运输犁具的时候，一般要把悬挂机组的悬挂锁锁紧，适当调整限位链的松紧。如果是牵引机组也要将升起装置锁住，避免发生运输过程中犁体脱落的现象。

# 第二节　旋耕机使用

旋耕机是一种由动力驱动旋耕刀辊完成耕、耙作业的土壤耕耘机械，这种机械的切土和碎土能力都很强，作业的质量和效率都很高，一次作业可以达到使表土松软和平整的要求，满足对土壤进行精耕细作的要求。旋耕机的使用范围还很大，适应的湿度范围很大，一般水田和旱田都可以进行耕作。

## 一、旋耕机结构和工作原理

旋耕机主要由传动部分、机架、刀片、刀轴、平土托板、挡泥罩及限深装置等部分组成。

旋耕机在工作的时候，动力系统驱动刀辊转动，刀片将土垡切下并向后方抛去，被抛出的土垡因为与挡泥罩和平土拖板发生撞击而变得细碎，然后回落到地表，这时平土托板就又将地表刮平，所以旋耕机作业后的地表十分平整。

## 二、旋耕刀片的种类和安装

旋耕刀是旋耕机正常作业的重要组成部件，旋耕刀的性状和质量参数对于工作质量，功率消耗的影响十分巨大。根据使用情况，我们可以把卧式旋耕机的旋耕刀分为三种类型，分别是凿形刀、直角形刀和弯形刀片。

### （一）变形刀片

弯形刀片又称为弯刀，弯刀的刀刃由曲线组成，一般分为侧切刃和正切刃两个部分，在刀片工作的时候，首先是距离刀轴中心较近的刃口开始纵向切削土壤，然后从近到远，最后由正切刃横向切开土堡。这种切削过程是把土块和草茎压向未耕土地的有支撑切割，切土效果更好。目前我国的旋耕机多使用这种类型的刀片。

### （二）凿形刀

凿形刀又称为钩形刀，这种刀的正面有凿形的刃口，入土能力很好。在工作的时候，凿尖先进入土壤切开土堡，然后通过刀身的作用使土块破碎。这种切削方式破土作用很好，但是容易被杂草缠绕，所以不适合在杂草丛生的地方使用，一般适用于茎秆和杂草不多的果园和菜地。

### （三）直角形刀

直角形刀的刀刃一般由正切刃和侧切刃组成，两个直线刃口呈90°。在工作的时候，都是正切刃横向切割土堡，然后侧切刃切出土堡的侧面。这种刀片的刀身宽，刚性好，十分适合在土质坚硬的干旱地块作业，但是要尽量避免挂草。为了避免旋耕作业过程中出现漏耕和堵塞现象，保证旋耕刀均匀地受力，一般来说刀座都是按照一定的规律交错地焊接到刀轴上的。在为旋耕机安装弯刀的时候，一定要按照一定的规律和顺序进行，注意刀轴旋转方向，避免装反和装错。弯刀的常见安装方法有以下三种：

（1）外安装法。向外安装法适合破垄耕作，安装时除了两端的刀齿的刀尖向内外，其余的都向外，耕作后土壤的中部向下凹陷。

（2）向内安装法。向内安装法适合有沟的田间耕作，安装时所有刀齿的刀尖都对称向内，耕作后地表的中部凸起。

（3）混合安装法。混合安装法耕作后地表十分平整，适合对耕后地表有要求的田块耕作。安装时两端刀齿的刀尖向内，其余的刀尖内外交错排列。

## 三、旋耕机使用与调整

在使用之前对旋耕机进行合理的调整，对于保证旋耕作业的质量，具有十分重要的作用。

## （一）旋耕机的使用

开始耕作的时候，要先使旋耕机处于提升状态，供给足够的动力，使刀轴转速增加到额定的速率，然后慢慢地下降旋耕机，使刀片逐渐入土到所需的深度。一定不要在刀片入土后急剧下降旋耕机，防止造成刀片折断和弯曲，或者加重拖拉机的负荷。

耕作过程中，要尽可能地低速慢行。这样既可以保证土块达到规定的细碎程度，又可以有效减轻对机件的磨损。在操作时，还要随时注意倾听旋耕机是否有杂音或者金属敲击的声音，并注意观察田地的耕深和碎土情况，发现异常情况就立即停下检查，防止对机械的损坏。地头转弯的时候禁止作业，要将旋耕机升起，让刀片离开地面，减小拖拉机的油门，避免对刀片的损坏。提升旋耕机时，要注意保持合适的速度和角度，防止产生较大的冲击，导致机器损坏[①]。

在过田埂、倒车和转移地块的时候，就要把旋耕机提高到合适的位置，并且关闭动力装置，防止机件的损坏。如果要向较远的地块转移，就要用锁定装置进行固定。每次使用旋耕机作业完毕后，都要对旋耕机进行保养。清除刀片上残留的泥土和缠绕的杂草，向机件的转动部位加注润滑油，检查各个部件的连接和固定情况。

## （二）旋耕机的调整

### 1. 左右水平调整

将装运旋耕机的拖拉机停放在平坦的地面上，然后下降旋耕机，使它的刀片保持在距离地面 5 厘米的位置，然后观察旋耕机的左右刀尖与地面的高度，保证旋耕作业时刀轴的水平一致，旋耕的深度均匀。

### 2. 前后水平调整

在旋耕机下降到需要的耕深时，观察旋耕机和万向节的夹角大小，如果夹角过大。可以适当调整上拉杆。保证旋耕机处在水平位置。

### 3. 提升高度调整

在旋耕操作中，要求万向节的夹角要小于 10°，在地头转弯的时候也要小于 30°，如果要对夹角进行调节时，要根据旋耕机的不同而采用不同的调节方法。使用位调节法控制耕深的机组，可以在手柄的合适位置用螺钉作为限位螺钉。使用高度调节法控制耕深的机组，提升的时候要关闭万向节的动力。

# 第三节　玉米联合收割机

---

① 周浩，胡炼，罗锡文，赵润茂，许奕，杨伟伟.旋耕机自动调平系统设计与试验 [J].农业机械学报，2016，47（S1）：117-123.

玉米的收获不同于小麦等作物，在收获的时候一般需要把果穗从秸秆上摘下，剥掉苞叶，然后脱出籽粒。收获之后对玉米秸秆的处理方式也都可以用样，可以将其切碎散开，等到翻耕的时候压入土中；可以切断后铺在田地里，然后再集堆；也可以在收获果穗的时候将秸秆切断，装车，然后运回青贮处理。

## 一、玉米联合收获机的机型

按照摘穗装置的配置方式划分，我国目前研发的玉米联合收获机可以分为两种，一种是立式摘穗辗机型，一种是卧式摘穗辊机型。

根据动力挂接方式的不同，又可以进一步分为牵引式、背负式、自走式机型和玉米专用割台。

（1）牵引式。牵引式玉米收割机主要是通过拖拉机的牵引进行作业，拖拉机牵引收获机，然后再牵引果穗收集车，这种配置在行走和转弯的时候都很不方便，适合在大型农场使用。

（2）背负式玉米联合收获机。背负式玉米联合收获机一般都要与拖拉机配合使用，可以提高拖拉机的利用率，降低机具的价格，但是配套使用的特点也降低了收获机的作业效率。目前这种类型的收获机已经出现了单行、双行、三行产品，分别与小四轮和大中型拖拉机配套使用。这种收获机与拖拉机的安装位置也各不相同，因此可以分为正置式和侧置式，此种收获机不需要开作业工艺道[①]。

（3）自走式玉米联合收获机。自走式玉米联合收获机可以分为三行和四行两种，具有作业效率高、质量优、使用和保养方便等优点，但是用途比较单一，限制了其适用范围。国内目前使用较多的是摘穗板—拉径辊—拨禾链组合摘穗机构，常见的秸秆粉碎机构有粉碎型和青贮型两种。

（4）玉米割台。玉米割台又称为玉米摘穗台，这种装置一般和麦稻联合收获机配套作业，它不仅价格低廉，而且可以大大地丰富麦稻联合收获机的功能。但是遗憾的是它目前尚不具备果穗收集功能，只是把果穗铺放在地面上。

---

① 巴文艳.玉米联合收割机发展现状与建议 [J]. 农机使用与维修，2020（02）：41.

## 二、玉米联合收获机各种机型结构和工作过程

### （一）纵卧辊式玉米联合收获机的结构和工作过程

国产4YW-2型是纵卧辊式玉米联合收获机的典型代表，它由东方红802型拖拉机牵引，由拖拉机的动力输出轴供给动力，每次收获两行，可以一次性完成摘穗、剥皮和秸秆粉碎等作业过程。这种收获机的摘穗方式为站秆摘穗，摘穗的时候并不把玉米的植株割倒。而是基部仍有1米左右的高度站立在田间。

在收获过程中，机器顺着垄的方向前进，先由分禾器把玉米秸秆扶正，然后引向拨禾器，拨禾器的链分三层并单排配置，又将秸秆引向摘穗器。摘穗器的摘穗辊一般都纵向倾斜配置，两辊在回转的过程中将秸秆引向摘辊间隙使其被摘掉。果穗在摘掉后便被引向第一升运器，升运后落入剥皮装置进行剥皮操作。如果果穗中含有被拉断的秸秆，就会从上部的除秸器被排除。剥皮装置一般是由倾斜配置的叶轮式压送器和剥皮辊组成的，剥皮时剥皮辊相对向内侧回转，将苞叶和果穗咬住并撕开，然后自两个辊的空隙漏下，苞叶则被苞叶输送螺旋推向机子的另外一侧。而苞叶中夹杂的少许籽粒，也不会被浪费，而是通过螺旋底壳（筛状）的孔漏下，由回收螺旋落入第二升运器。经过摘穗辊碾压后的秸秆，上半部大多数已经被折断或者撕裂，之后基部的1米高度仍然在田间站立。有的收获机的后部还配置有横置的用刀式切碎器，可以将残余的秸秆切碎后抛在田地里。还有的收获机带有脱粒机和粮箱等部件，如果田间的玉米成熟程度好而且植株高度较为一致，就可以卸下剥皮装置和第二升运器，改装脱粒器和粮箱，直接收获玉米的籽粒。

### （二）立辊式玉米联合收获机的结构和工作过程

国产4YL-2型是立辊式玉米联合收获机的典型，它也是由东方红-802型拖拉机牵引，由拖拉机的输出轴供给部件动力。这种收获机一次收获两行，也可一次性完成收割、摘穗、剥皮和秸秆处理等作业。立辊式玉米联合收获机的摘穗方式为割秆后摘穗。工作过程中，机器顺行前进，分禾器从植株的根部把它扶正并引向拨禾链。拨禾链将整秆推向切割器，从根部将玉米秆扶正并引向切割器。秸秆切割之后，在拨禾器和切割器的配合作用下被送到喂入链，在秸秆整体向摘穗器输送的过程中，秸秆的根部被摘穗器抓住，摘穗器的前辊摘穗，后辊拉引秸秆，果穗就成功地被摘取下来，并落入第一升运器中，运输到剥皮装置中，而秸秆却落在放铺台上，被链条间断后撒入田间。

立辊式玉米联合收获机的剥皮装置和纵卧辊式机型基本相同，果穗在这个位置被剥去苞叶，苞叶由苞叶输送螺旋推到机外，而苞叶中残留的部分籽粒，则从螺旋底壳漏下，转移到第二升运器。而此时剥去苞叶的果穗也已经到达第二升运器，它们一起被运到拖车上。收获完毕之后如果还要进行秸秆粉碎，可以换装切碎器，把整个的秸秆切碎后抛到田间。

如果在各自的适宜环境条件下工作，两种类型的玉米联合收获机的工作性能基本接近，

平均的摘穗损失率为2%~3%，落粒损失率低于2%，籽粒破损率约7%~10%，苞叶剥净率高于80%，总体损失率约4%~5%。但是两种机械的适应环境条件不同，如果田地作业环境不理想，那么就要根据各自的特点采用适宜的方法。通常来说纵玉米联合收获机对植株较密，田地较为潮湿的环境适应性更好，而立辊式玉米联合收获机则更为适应接穗部位较低的果穗收割，损失相对较少。另外，只有立辊式机型可以放铺秸秆，而卧辗式则不可以。

### （三）玉米籽粒联合收获机的结构和工作过程

我国当前应用广泛的玉米籽粒收获机又称为玉米专用割台或玉米摘穗台，这种机器一般都配置在谷物联合收获机上进行工作，工作的时候摘穗台先摘下玉米果穗，然后转到谷物联合收获机上进行脱粒、分离、清粮操作。这种装置的出现简化了玉米收获机的工作机构，提高了工作效率，获得了更好的经济效益，适应了玉米收割机械化的发展趋势。玉米摘穗台的类型多样，一般常见的有切秸式、摘穗板式、摘穗切秸式等，我们主要按照使用最广泛的摘穗式摘穗台来进行介绍。

玉米摘穗台在工作的时候，首先是分禾器将秸秆从根部扶正，引向拨禾链，经由拨禾链输送到摘穗板和拉秸辊的间隙中。拉秸辊将秸秆向下拉引，设在拉秸辗上方的两块摘穗板就摘落果穗。摘落的果穗被带向果穗螺旋推运器，最后输送到谷物收获机的脱粒装置。在用摘穗台和谷物联合收获机一起收获玉米的时候，应该对机械的分离、脱粒、清粮等装置进行适当地调整，使其符合具体收获的要求。至于每次收获多少行，则由收获机的具体参数决定。

## 第四节　切流式谷物收获机械

切流式谷物收获机械属于自走式全喂式谷物联合收获机，它主要用来收获小麦，同时可以收获大豆和水稻，并且它同时附带有拾捡装置，所以既可以用于联合收获，也可以进行拾捡式分段收获。这种收获机的典型代表是JL1065型谷物联合收获机。

### 一、总体结构

这种联合收获机的结构相对简单，一般都是由倾斜输送器、割台、脱粒部分、传动和行走部分、发动机、操纵驾驶系统、液压和电器装置等组成。

### 二、工作过程

在工作的时候，作物的植株首先在拨禾器的作用下，经过切割器进行切割，然后被铺放在收割台上。收割台上的推送装置把作物从两边向割台的中间部分集中，将作物输送到倾斜的输送器。如果秸秆中有坚硬的物质或者石块等杂质，就会被迫落到设置在滚筒前部的集石槽内。而不含杂质的作物就被输送到脱粒装置，在凹板和纹杆式滚筒的作用下开始脱粒。脱粒之后，大多数的脱出物会经过凹板栅格孔降落到阶梯抖动板上。而秸秆却在逐秆轮的作用下被抛送到键式逐秆器上，经键式逐秆器和横向抖草器弹齿的翻动，把秸秆中夹杂的谷粒进行分离，经过键箱底部又回到抖动板上，而长秸秆却被排出机器。抖动板上的谷粒还要经过一系列的操作和加工，脱出物一边向后移动，一边使其中的碎秸秆和颖壳浮在上层，而谷粒则沉到底部，再通过清粮筛的时候。大部分的颖壳和碎秸秆被风扇吹出机器外部，而没有脱干净的谷穗可以再次返回到脱离装置进行二次脱粒[①]。

### 三、捡拾器

拾捡器是谷物联合收割机的一种附件，一般只用于分段联合收获的时候。当小麦处于蜡熟期时，就可以用割晒机收割小麦，然后成条地铺放在田地里进行晾晒，3~5天后，把经过晾晒的小麦从田地里拾捡到收割台中，然后经由倾斜的输送装置进入脱离装置。采用分段联合收获方式，不仅可以大大提前小麦的收获期，而且可以同时提高生产效率和质量，使用较为广泛。

生产中常用的拾捡器一般都是弹指滚筒式，滚筒体的端部固定有两个辐板，然后在辐板的孔内穿着4根管轴，固定4排弹指，并且在一端固定着带滚轮的曲柄，另一边装有侧壁，以及半圆形的滚道盘。当主轴开始转动的时候，连接的管轴就可以随着主轴一起转动，使滚轮和曲柄在滚道盘内运动，促使弹指在滚筒壳体的下方和上方来回地伸缩，完成拾捡谷物的运动。

### 四、收获作业质量的检查及工作部件的调整

为了提高机器的作业质量，提高作业的劳动效率，在进行机械作业之前一般都要进行检查，使机器处在适宜的工作状态，常见的检查一般包括以下几个方面。

#### （一）割茬高度

割茬高度可以通过对田地里有代表性的点的茬高度来得到，一般要求割茬的高度要控制在15厘米以下，生产上一般要求尽可能地降低割茬的高度。如果需要进行调整，可以调整收割台仿形托板的位置。

#### （二）收割台掉穗落粒损失

掉穗和落粒损失需要在田地里进行计算，一般都是在收割后的田地里取1平方米的面积，然后测量这1平方米收获的总粒数，以及掉穗落粒数或重量，这两者的百分比就是这块地的掉穗落粒损失率。通常来说，这个比例要低于1%，如果测量后比例过高，则可以通过更换更加锋利的割刀或者调整拨禾轮的位置和转速来解决。

① 李毅念，陈俊生，丁启朔，丁为民.轴流式和切流式机械脱粒对稻谷损伤及加工品质的影响 [J].农业工程学报，2017，33（15）：41-48.

### （三）脱粒装置的脱净率和收获小麦的脱净率

一般来说，脱粒装置的脱净率和收获小麦的脱净率应该都高于99%，而相应的破碎率应该低于1.5%，如果发现没有达到标准要求，就要及时对机器进行调整。比如可以改变机器的前进速度，或者对滚筒的间隙和转速进行调整。另外，并不是所有地块在收获的时候都可以达到较高的脱净率，如果田地里比较潮湿、杂草丛生，或者谷物自身的成熟度不同，都会降低谷物的脱净率。

### （四）分离装置的损失

由于分离装置抛出的秸秆中一般都含有籽粒或者没有脱干净的穗头，这些就是分离装置的损失。为了尽可能地降低分离装置的损失，提高收获效率，可以适当地提高滚筒的转速，减小滚筒间的缝隙，减少喂入量并降低机器前进速度，或者调整挡帘的位置。

# 第三章　种植业共性技术原理

## 第一节　作物生长发育规律

### 一、作物生长发育过程

（一）作物的生长与发育

作物的一生，可以分为 2 种生命现象，即生长和发育。生长是指作物个体、器官、组织或细胞在体积、重量和数量上的增加，是一个不可逆的量变过程，通常可用大小、轻重和多少加以度量，如根、茎、叶的生长等。发育是指作物细胞、组织和器官的分化形成过程，也就是作物形态、结构和功能上的质变，有时这种变化是可逆的，通常难以直接用单位进行度量，如幼穗分化、花芽分化、维管束发育等。

在作物生活中，生长和发育是交织在一起进行的。没有生长便没有发育，没有发育也不会有进一步的生长，二者是交替进行的。生长是发育的基础，种子的萌发、叶片的长大、茎秆的伸长增粗、根的伸展，以及分化更多的分枝、叶片、侧根等，为生殖生长提供了物质基础。

（二）作物的生育期和生育时期

作物从播种到收获的整个生长发育过程，称为作物的一生。作物的生育期就是指作物一生所需要的天数，它主要与作物种类、品种和环境条件等有关。作物在其一生中，受遗传因素和环境因素的影响，在外部的形态特征和内部的生理特性上都会发生一系列的变化。根据这种变化规律，特别是形态特征的显著变化，可把作物的全生育期人为地划分为几个生育阶段或生育时期。例如，单子叶禾谷类作物，一般可划分为出苗期、分蘖期、拔节期、孕穗期、抽穗期、开花期和成熟期；双子叶作物的豆类可分为出苗期、开花期、结荚期和成熟期等[1]。

（三）作物的营养生长与生殖生长

根据作物不同生育期的生育特点，可把作物的生育过程分为营养生长和生殖生长 2 种

[1] 杨洪明. 论作物生长发育与环境 [J]. 现代农业科技，2008（04）：226+228.

类型。营养生长是指作物以分化、形成营养器官为主的生长，进行营养生长的时期称为营养生长期或营养生长阶段，如禾谷类作物从出苗到幼穗分化前主要形成器官根、茎、叶。生殖生长是指作物以分化、形成生殖器官为主的生长，进行生殖生长的时期为生殖生长期或生殖生长阶段，如禾谷类作物从开花到成熟主要形成生殖器官种子。作物从营养生长期向生殖生长期过渡时，均有一段营养生长与生殖生长同时生长的阶段。单子叶禾谷类作物从幼穗分化到抽穗开花，双子叶作物豆类从开花到结荚，均是营养器官与生殖器官同时生长的时期。

### （四）作物各器官的生长发育

1. 种子与种子发芽

种子的概念，作物生产的种子，指的是用来繁殖下一代作物的播种材料。根据其来源和特点可分成三类。第一类，由胚珠发育而成的种子，如豆类作物、油菜等；第二类，由子房发育而成的果实，如禾谷类作物的颖果、向日葵的瘦果等；第三类，根茎类作物用于繁殖的营养器官，如甘薯的块根、马铃薯的块茎等。

种子的发芽，发芽是指胚根伸出种皮形成种子根或营养器官的生殖芽开始生长的现象。种子发芽，一般要经过吸水膨胀、萌动和发芽 3 个过程。

2. 根的种类与根系的生长

根的种类，根主要起固定植株、吸收水分和养分的作用。根可分为初生根、次生根、不定根三类。初生根指由种子内胚根发育而来的根，俗称种子根。次生根指着生于主根上的侧根（双子叶作物）或基部茎节上的节根（单子叶作物）。不定根指由茎、叶等处随时发生没有固定位置的根。另外，尚有一些变态的根，如甘薯的块根。

根系的生长，双子叶作物发芽后，胚根不断伸长下扎发育成主根。主根在伸长、增粗的过程中，不断形成分枝根，最终形成主根发达、分枝根逐级变细的膨大根系。双子叶作物的根均来自于主根，因此其根系被称为主根系。禾谷类作物除初生根外，还能在基部茎节上形成多数次生根。次生根较初生根稍粗，两者均无次生生长，因此其粗细都大体相似。它们集中在茎节基部，其状如须，故单子叶作物的根系被称为须根系。

3. 茎的种类、形态与茎的生长

茎的种类和形态，茎主要起到支撑植株、输导物质和储藏养分的功能。根据茎的生长习性，可以划分为直立茎、匍匐茎、攀缘茎和缠绕茎。除上述类型外，茎尚有一些变态类型，如马铃薯的块茎、芝麻的地下茎等。

茎的生长，双子叶作物的茎，主要靠茎尖顶端分生组织的细胞分裂和伸长，使节数增加，节间伸长，植株逐渐长高，其节间伸长的方式为顶端生长。禾谷类作物的茎，主要靠每个节间基部的居间分生组织细胞进行分裂和伸长，使每个节间伸长而逐渐长高，其节间伸长的方式为居间生长。

4. 叶的形态与生长

叶的形态，根据来源和着生部位可分为子叶和真叶。子叶是胚的组成部分，着生于胚轴上。双子叶作物有 2 片子叶，单子叶作物有 1 片子叶形成胚芽鞘，另一片子叶形如盾状，称盾片。真叶简称叶，着生于主茎或分枝（分蘖）的节上。大多数双子叶作物的叶由叶片、叶柄和托叶 3 部分组成。禾谷类作物的叶主要有叶片和叶鞘构成。

叶的生长，叶起源于茎尖基部的叶原基。在茎尖分化成生殖器官前，可不断地分化出叶原基，因此茎尖周围通常包围着大小不同、依次生长的多个叶原基和幼叶。叶原基发育成叶的过程要经过顶端生长、边缘生长和居间生长 3 个阶段。

5. 生殖器官的形成和成熟

根据生殖器官的生长发育特点，可大概分为花芽分化、开花传粉受精和种子果实发育 3 个过程。花芽分化指作物生长发育到某一时期，茎尖的分生组织不再分化叶原基和腋芽原基，而分化形成花或花序原基的过程。

开花是指成熟的雄蕊和雌蕊（或两者之一）暴露出来的现象。传粉是指成熟的花粉粒借助外力的作用从雄蕊花药传到雌蕊柱头上的过程。受精是指雌、雄性细胞，即卵细胞和精子相互融合的过程。

受精作用完成后不久，种子和果实就会开始发育。种子由胚珠发育而来，果实由子房发育而来，某些作物除了子房外，还有花器甚至花序参与果实的发育。

## 二、作物产量及其形成

### （一）作物产量及产量构成

1. 作物产量

作物产量是指收获的具有经济价值的产品数量，也称经济产量。作物种类不同，具有经济价值的器官也就不同。一般情况下，禾谷类作物为籽粒，豆类作物和油料作物为种子，甘薯为块根，马铃薯为块茎，麻类作物为韧皮部纤维，烟草为叶，甘蔗为茎，饲料作物为地上部植株等。

与作物经济产量相对应的是生物产量。生物产量是作物在其一生中积累的全部干物重，但由于地下部的真实重量很难测定，因此一般情况下生物产量指的都是地上部总干物重。对于一些以地下部器官为产量的作物，如花生、甘薯、马铃薯等，生物产量为经济产量和地上部干物重之和。

生物产量是形成经济产量的物质基础。当生物产量一定时，经济产量的高低取决于生物产量形成经济产量的效率。衡量这一效率高低的系数称为经济系数（或收获指数），其值为经济产量与生物产量的比率：经济系数 = 经济产量 / 生物产量。

2.作物产量的构成因素及其相互关系

由于作物产量是以土地面积为单位的产品数量，因此可以由单位面积上的各产量构成因素的乘积计算。例如，禾谷类作物产量的高低，取决于单位面积上的有效穗数，每穗平均实粒数和每粒平均粒重的乘积，即穗数、粒数和粒重三个因素。双子叶作物如豆类其产量构成因素包括：单位面积株数、每株荚果、每荚粒数和粒重。

产量是各构成因素之积，理论上任何一个因素的增大，都能增加产量。但实际上，各个产量因素是很难同步增长的，它们之间有一定的制约和补偿的关系。制约是指先形成因素对后形成因素的限制性作用，补偿是指后形成因素对先形成因素的补偿性作用。

## （二）作物产量的形成

1.禾谷类作物

，而大多数有分蘖的禾谷类作物，穗数由种植密度（或移栽密度）和单株有效分蘖数决定。

（2）穗粒数。穗粒数可分解成每穗可育颖花（小花）数和颖花结实率两个方面。一般说来，每穗可育颖花数完全由幼穗分化过程决定，这期间植株生育条件好，分化的颖花数就多、退化的颖花数就少，最终的可育颖花数也就多。可育颖花数能否结果实，主要受开花前后植株的营养状态和环境条件的影响。

（3）粒重。粒重的高低主要由作物的灌浆过程决定。

2.双子叶作物

双子叶作物的产量构成因素，因作物而有所不同，但基本的产量构成因素均有单位面积株数、每株荚数、每荚粒数和粒重等构成。

（1）株数。单位面积的株数由种植密度或移栽密度决定。

（2)荚数。大多数双子叶作物,都会形成一定数量的分枝,在分枝上再着生花序或花芽。每株荚数首先受分枝数的影响，其次是每分枝分化的花序或花芽数的影响。分化的花芽能否成为有效的荚，取决于多种因素，包括花芽形成的时间、营养及内源激素的平衡等。

（3）粒数。即每个荚的有效种子数，首先决定于子房内胚珠的数目，这主要受遗传基因的控制，其次受空瘪粒的影响，这与开花传粉期间的环境条件、植株营养水平等有关。

（4）粒重。粒重决定于结实期长度和结实期增重速度，它们受作物种类、品种、环境条件和栽培技术等因素的影响。

# 三、作物品质与评价标准

## （一）作物的品质

作物的品质是指产量器官，即目标产品的质量。作物种类不同，用途各异，对它们的品质要求也各不一样。对食用作物来说，品质的要求主要包括食用品质和营养品质等方面，对于经济作物来说，品质的要求主要包括工艺品质和加工品质等方面。

（二）作物品质的评价指标

1. 形态指标与理化指标

（1）形态指标。是指根据作物产品的外观形态来评价品质优劣的指标，包括形状、大小、长短、粗细、厚薄、色泽、整齐度等。如禾谷类作物籽粒的大小，豆类作物种子种皮的厚薄等。

（2）理化指标。是指根据作物产品的生理生化分析结果，评价品质优劣的指标，包括各种营养成分如蛋白质、氨基酸、淀粉、糖分、维生素、矿物质等的含量。例如，粮食作物的品质主要指蛋白质、脂肪、淀粉、氨基酸、面筋等的含量；油料作物的品质以总脂肪酸含量及必需脂肪酸的组成作为主要指标。作物产品中含有一些有害物质如残留农药、有害重金属等，也是评价产品品质的指标。如粮食内的磷，均以植酸和植酸盐状态存在，它会影响人体的钙、磷的正常吸收。

2. 食用品质与营养品质

理化性状又可分为食用品质和营养品质两个方面。

（1）食用品质。是指蒸煮、口感和食味等的特性。稻谷加工后的精米，其内含物的90% 左右均是淀粉，淀粉又分为直链淀粉和支链淀粉，其含量比例和分子量大小决定着粮食的品质，稻谷的食用品质很大程度上取决于淀粉的理化性状。

（2）营养品质。主要是指蛋白质含量、氨基酸组成、维生素含量和微量元素含量等。一般说来，有益于人类健康的丰富成分，如蛋白质、必需氨基酸、维生素和矿物质等含量越高，则产品的营养品质就越好。

3. 工艺品质与加工品质

（1）工艺品质。指影响产品质量的原材料特性。如棉纤维的长度、细度、整齐度、成熟度、转曲、强度等。再如，烟叶的色泽、油分、成熟度等外观品质也属于工艺品质。

（2）加工品质。一般指不明显影响产品质量，但对加工过程有影响的原材料特性。如糖料作物的含糖率，油料作物的含油率，向日葵、花生的出仁率，以及稻谷的出糙率等。

# 第二节　作物种植制度

种植制度是一个地区或一个生产单位的农田作物的组成、配置、熟制与间套作、轮连作等种植方式的总称。合理的种植制度能充分利用自然资源和社会资源，同时又能保护资源，保持农业生态系统平衡，达到作物全面持续增产，提高劳动生产率和经济效益，促进农村各行业全面发展。

## 一、作物布局

### （一）作物布局的概念和内容

作物布局是种植制度的重要内容，是指一个地区或生产单位种植制度的具体安排，即作物组成与配置的总称，包括作物种类、品种、面积比例，作物在区域或田地上的配置和分布。

作物布局的内容包括粮食作物与经济作物、绿肥作物、饲料作物之间的面积比例，各类作物内部不同类型的面积比例，同作物的不同品种之间的面积比例。多熟制地区的作物布局，不仅有平面（空间），还有季节（时间）。一年内不同作物组合，就形成了不同熟制。

### （二）作物布局的原则

合理的作物布局应以社会需要为前提，综合考虑当地的自然条件和社会经济技术条件，按照自然规律和经济规律来进行，遵循以下原则：满足国民经济发展和人民生活的需要；充分合理地利用自然优势；适应农田生态平衡的要求；综合考虑社会经济和科学技术因素[①]。

## 二、复种

### （一）复种及其概念

复种是指在同一块地上，一年内接连种植两季或两季以上作物的种植方式。最常见的复种有两种方式：平播和套播。种植指数是指一个地区或生产单位一年内作物总收获面积与耕地面积的百分比。当种植指数为100%时，表示没有复种；当种植指数小于100%时，表示尚有休闲或撂荒；当种植指数大于100%时，表示有一定程度的复种。在有复种的情况下，一般将种植指数称为复种指数。

### （二）复种的意义

（1）复种可以增加农产品的产量。复种可以充分利用生长季节内的自然资源，提高单位耕地的利用率，增加作物产量。

（2）复种可以充分利用土地资源、提高土地生产力。通过复种提高复种指数，可以充分利用现有土地资源，增加单位土地面积作物产量，解决我国人多地少的问题。

（3）复种是我国精耕细作，集约种植传统的重要组成部分。

（4）复种是解决粮食安全的重要手段。发展复种是人多地少而光、热、水资源相对较丰富的国家作为解决本国粮食安全的重要手段。

① 李迎春，高俊灵. 作物布局、耕作制度、栽培技术与棉铃虫调控 [J]. 新疆气象，2000（05）：20-22.

（三）复种的条件与技术

一定的复种方式是和一定的自然条件、生产条件与技术水平相适应的，才能达到提高复种指数的增产作用。

1. 自然条件

决定和影响复种方式的自然条件主要是热量和水分。

（1）热量。是决定能否复种和复种程度的首要条件，只有能满足各茬作物对热量的需求时，才有提高复种指数的可能。一般情况下，按积温划分，全年不小于 10℃积温在 2500~3600℃之间的地区，只有复种早熟青饲作物，或套种早熟作物；在 3600~4000℃之间的地区，则可一年二熟，但要选择生育期短的早熟作物或者采用套种移栽的方法；在 4000~5000℃之间，可进行多种作物的一年两熟；在 5000~6500℃之间，则可一年三熟；大于 6500℃可一年三熟至四熟。

（2）水分。热量条件充足的地区，能否实行复种的关键是水分。水分条件包括自然降水和灌溉水，单靠自然降水的地区，一年两熟至少需要 700 毫米降水；降水大于 1000 毫米的地区才能一年三熟，而且要注意降水季节之间分配不均，防止季节性的旱涝灾害发生；降水条件不能满足复种要求的地区，如果灌溉条件能够满足复种对水分的要求，则同样可以实行复种。

2. 生产条件

复种提高了土地利用率，用地水平的强度提高了，所以要求土壤具有较高的肥力水平，并且必须合理地增施肥料、培肥地力才能保证高产多收，提高复种的经济效益。

复种增加了种植次数，且要求在短时间内保质保量地完成前茬作物收获、后茬作物播种以及田间管理工作，因此对劳畜力和机械化条件的要求较高。

3. 技术条件

复种的技术措施的特点是要抢时间、赶季节，适当选用早熟品种，争取早收获、早播种，克服季节矛盾，争取季季高产，全年高产，提高复种的经济效益。

（1）选用早熟品种。选用早熟、抗逆性强的高产品种，力争每季作物都能提供较早的茬口，以使每季作物都能处于适宜的生长季节和光、温、水条件下。

（2）育苗移栽技术。采用温室育苗、覆膜育苗、营养钵、营养袋、营养块育秧技术解决生长季节矛盾。育苗移栽技术主要用于水稻、甘薯、油菜、烟草、蔬菜等作物。

（3）运用套作技术。即在前茬作物收获前在行间、株间或预留行间直接套播、套种后茬作物。

（4）抢时播种、缩短农耕期。复种的主要优势是充分利用农业自然资源，因此应及时收获上茬农作物，同时力争早播、早栽。

## 三、间、混、套作

### （一）间、混、套作的概念

（1）单作。是指在同一田地上，一个完整的生长期内只种一种作物的种植方式。单作是最常见的种植方式，其特点是作物单一、种植、管理与机械化作业方便，缺点是有时不能充分地利用当地自然资源和社会经济资源。

（2）间作。是指在同一生长期内，在同一块地里分行或分带状间隔地种植两种或两种以上作物的种植方式。间作是集约利用空间的种植方式，由于两种或两种以上作物是成行或成带种植，可以分别实行管理，便于机械化和半机械化作业。间作包括农作物与农作物之间的间作和农作物与林果等多年生木本作物的间作。

（3）混作。也称混种，是指在同一块地上，同期混合种植两种或两种以上生育期相近的作物的种植方式。混作与间作实质是一样的，都是两种或两种以上生长期相近的作物在同一地块里同季生长，但作物具体的分布形式各不相同，混作是不分行或同行混合在一起的种植方式。混作的特点是简便易行，集约利用空间，缺点是不便于田间管理和机械化作业。

（4）套作。也称套种，是指两种不同生长季节的作物在前季作物收获之前，于其株行间播种或移栽后季作物的种植方式。

### （二）间、混、套作增产的原因

间、混、套作是由不同作物组合在一起的种植方式，能充分发挥和利用自然资源的优势，达到增产的效果。

（1）充分利用空间、增加了叶面积系数。利用作物高矮不同地上部有分层的特点，利于对阳光的吸收，增加了叶面积系数，有效地利用了空间和时间，提高了光能利用效率。

（2）充分利用边行优势。间、混、套作下高秆作物有明显边行优势。

（3）用地与养地相结合。利用豆科、绿肥作物与其他作物进行间、混、套作，可以提高土壤肥力水平，达到用地与养地相结合的效果。间、混、套作还可以使土壤中的根系数量增加，通过根系作用改善土壤结构，根系本身又可增加土壤有机质含量。

（4）充分利用生长季节、发挥作物丰产性能。通过不同作物在生育时间上的互补特性，充分利用生长季节，延长群体光合作用的时间，也相对增加了生长期和积温，达到增产的效果。

（5）增强作物的抗逆能力，稳产保收。不同作物发生的病虫害种类不同，对恶劣气候的适应能力也不同。实行间、混、套作，利用不同作物的抗逆性和适应能力的不同，可减轻自然灾害的损失，达到稳产保收。

## （三）间、混、套作的技术

（1）选择适宜的作物及其品种。间、混、套作的作物之间，其生态适应性应基本相似。在生态适应性基本一致的前提下，应尽量将株高、株型、叶形、叶片角度、根系深浅等形态不同和对光、温、水需求不同的作物组合在一起，以避免作物之间相互竞争。

（2）采用合理的田间配置。间、混、套作的植株密度应高于单作，以利于发挥密植效应，为此可采用宽窄行等种植方式。同时还应合理安排各种作物的密度、行数、比例及作物之间的距离，使作物群体具有较好的通风透光条件，且能发挥边行优势。

（3）采用合理的管理技术。间、混作的作物之间存在着争光、争肥、争水的矛盾。解决这一矛盾要求有良好的生长条件，有充足的水分和养分，深耕细作，增施有机肥，合理灌溉，加强后期田间管理等。

套作的特点是土硬、肥水不足，共生期间下茬受光弱，生长不旺。其栽培技术要点是在共生期保全苗，上茬收获后促生长。套种作物容易缺苗，要适当加大播量，提高播种质量，适期浇水，加强对病虫害的防治。上茬作物成熟后应及时收获，收获后及时中耕松土，防止土壤水分蒸发，促进下茬作物根系发育，及时进行间苗、追肥、浇水，积极防治病虫害等，保证套种作物生长良好。

## 四、轮作

### （一）轮作的概念

在同一块农田上将不同种类的作物，按一定顺序在一定年限内轮换种植的方式称为轮作。

### （二）轮作的作用

实行轮作制度最大的意义在于可以促进用地与养地相协调，保证土地持续增产。

（1）均衡地利用土壤的养分，调节土壤肥力。不同的作物或同一作物的不同品种从土壤中吸收养分的种类、数量、吸收利用率和吸收程度、时期各不相同，通过利用不同生理特点的作物合理轮作，可以均衡地利用土壤养分，延缓地力的衰退，充分发挥土壤肥力的增产潜力。

（2）改善土壤理化性状。作物根系的形态不同，对不同层次土壤物理性状的改善作用也不同，不同作物进行合理轮作，可以起到相互补充的效果。水旱轮作还可以改善水田土壤通气状况和减少旱田土壤盐分含量等。

（3）减轻农作物病虫草害。农作物的许多病虫草害是通过土壤传播的，如果连年种植相同的作物，就会加重病虫草危害。通过轮作改变土壤环境和作物种类，可以有效地减少或消除病虫草对作物的危害。

# 第三节 作物营养与施肥

## 一、作物必需营养元素

新鲜植物中含有 75%~95% 的水分和 5%~25% 的干物质。干物质中包括有机物和无机物。干物质经燃烧后，有机物中的碳、氢、氧、氮等元素以二氧化碳、水蒸气、分子态氮、氨和氮的氧化物形态散失，一部分硫煅烧成硫化氢及二氧化硫，这些挥发的元素称为可挥发性元素。燃烧后存留下的固态物质是灰分。

灰分中的元素称为灰分元素，其中能被植物所利用的灰分元素，称为营养元素。研究证明作物生长发育必需营养元素共有 16 种，它们是：碳、氢、氧、氮、磷、钾、钙、镁、硫、铁、铜、硼、钼、锌、锰、氯。一般把碳、氢、氧、氮、磷、钾、钙、镁、硫 9 种元素称为大量元素，铁、铜、硼、钼、锌、锰、氯 7 种元素称为微量元素。

作物必需营养元素是指植物生长或生殖所必需的，直接参与植物体的新陈代谢，缺乏这种元素后，植物会表现出特有的症状，而且其他任何一种化学元素不能代替其作用，只有补充该元素后症状才能减轻或消失，当该元素完全缺乏时，植物的生长和生殖不能进行。

作物体内必需营养元素的一般生理功能为两类，一是构成植物体的物质成分，如氮、磷、硫、碳、氢、氧是组成植物体的主要成分；二是调节生命的代谢活动。例如，某些必需矿质元素是酶的辅基或活化剂。此外，还有维持细胞的渗透势、影响膜的透性、调节原生质的胶体状态和膜的电荷平衡等作用。

## 二、作物营养特性

每种作物在生长过程中所需养分不同，各类作物不仅对养分的需要有差别，而且吸收能力也不同。

（1）植物营养期。植物从种子萌发到种子形成的整个生长周期内，需经历许多不同的生长发育阶段。在这些阶段中，除前期种子营养阶段和后期根部停止吸收养分外，其他阶段都要通过根系从土壤中吸收养分。植物通过根系由土壤中吸收养分的整个时期，叫植物营养期。在植物营养期间，对养分的要求有两个极其重要的时期，一是作物营养临界期，另一个是作物营养最大效率期。

（2）植物营养临界期。是指营养元素过多或过少或营养元素间不均衡，对于植物生长发育起着明显不良的影响，即使在以后补施肥料也很难纠正和弥补。同一种植物，对不同营养来说，其临界期也不完全相同。大多数作物磷的临界期在幼苗期，氮的临界期比磷稍后，通常在营养生长转向生殖生长的时期。

（3）植物营养最大效率期。是指植物需要养分的绝对数量和相对数量都大、吸收速度快、肥料的作用最大、增产效率最高的时期。和植物临界期一样都是施肥的关键时期。植物营养最大效率期，大多是在生长中期。此时植物生长旺盛，对施肥的反应最明显。例如玉米氮素最大效率期在喇叭口至抽穗初期，小麦在拔节至抽穗期。另外，各种营养元素的最大效率期也不一致。

## 三、肥料及其施用

肥料是指以提供植物养分为其主要功效的物料，其作用不仅是供给作物以养分，提高产量和品质，还可以培肥地力，改良土壤，是农业生产的物质基础。肥料种类都可以用，常见的分类是按其化学成分分为有机肥料、无机肥料和复合肥料。

### （一）化肥的性质和施用

化肥与有机肥料相比具有以下特点：养分含量高，成分单一；肥效快但不够持久；不含有机质，有酸碱反应，容易运输，节省劳动力。化学肥料在粮食增产中占有重要地位，约占总增产效果的 50%。当前化学肥料发展总的趋势是高效化（高浓度有效成分）、复合化、液体化、长效化。

（1）氮肥。氮是作物生长发育必需的营养元素之一，与作物的产量形成和品质有密切的关系。大部分土壤都缺氮，施用氮肥都有显著的增产效果。根据氮肥中氮的形态，氮肥可分为：铵态氮肥、硝态氮肥、酰胺态氮肥。目前我国常用的氮肥有碳酸氢铵、硫酸铵、氯化铵和尿素。尿素是生产量和使用量最大的氮肥。

（2）磷肥。大部分土壤都缺磷，施用磷肥的效果一般都很好，尤其是当氮肥用量高时，施用磷肥常常起到事半功倍的效果。所有磷肥都是由磷矿石加工而来，根据其溶解性质，一般将磷肥分为水溶性、弱酸溶性和难溶性 3 大类。

（3）钾肥。常见的钾肥主要有硫酸钾、氯化钾、窖灰钾肥和草木灰。

（4）钙、镁、硫肥及微肥。大多数土壤的钙、镁、硫和微量元素的含量较高，一般不会出现供应不足。但随着农作物产量的提高，氮、磷、钾等高浓度肥料如尿素和磷铵的大量施用，在一些土壤和一些作物上，施用钙、镁、硫和微量元素肥料，不仅可以大幅度地提高作物产量和经济效益，而且使作物的品质得到改善。

（5）复合肥料。复合肥料是指其成分含有氮、磷、钾三要素或其中两种元素的化学肥料。常见的复合肥料一般都加工成颗粒，其基础肥料包括尿素、硫酸铵、氯化铵、硝酸铵、氯化钾、硫酸钾、普钙、重钙、钙镁磷肥、磷酸铵等。

### （二）有机肥料

1. 有机肥料的作用

有机肥料就是由各种有机物料加工而成的肥料，俗称农家肥料。有机肥料种类多、来源广、数量大，不仅含有作物必需的大量元素和微量元素，还含有丰富的有机质。有机肥料的作用是多方面的，主要表现在以下几个方面：

（1）改良和培肥土壤。有机肥料一般都含有大量的包括腐殖酸类的有机物质，长期施用有机肥料，可明显改善土壤物理结构，加强土壤颗粒的团聚，形成多级团粒结构体，孔隙状况得到改善，土壤容重下降，耕性变好，保水、保肥和缓冲性能得到提高。活化土壤养分，平衡养分供给。有机肥料尽管氮磷钾养分含量较低，但含有作物生长发育所需要的几乎所有营养元素，尤其是微量元素，不仅种类多，而且数量大，有效性高。有机肥料中的养分是缓效养分，可以平缓地供给作物全生育期所需的养分。

（2）提高土壤生物活性，维持生物多样性。长期施用有机肥料，不仅可以大大增加土壤生物的数量，而且种群数量和结构也会得到改善，有害病菌数量相对下降。

（3）促进作物生长，改善作物产品的品质。有机肥料含有腐殖酸类物质、氨基酸、糖等多种成分，有些物质对作物根系的生长具有一定的刺激作用。施用有机肥料，会使作物产品的品质得到很大的改善，蛋白质、维生素等含量得以提高，并且具有特色和风味，同时，硝酸盐等一些有害成分减少，并且产品比较耐贮存[①]。

（4）减轻环境污染，节约能源。有机肥料的制造材料主要来源于工业、农业和城市等有机废弃物，利用这些废弃物进行沼气发酵，不仅生产出优质肥料，而且还生产出沼气，可部分解决农村的燃料问题。

2. 有机肥料的种类及其特性

（1）粪尿类。包括人粪尿、家畜粪尿、禽粪等。粪尿肥不仅含有大量的氮、磷、钾，而且含有钙、镁、硫及微量元素，还含有多种氨基酸、纤维素、碳水化合物、酶等成分。

（2）饼肥类。油料作物的种子提取油脂后剩下的残渣含有丰富的营养成分，用作肥料时就称为饼。饼肥的种类都可以用，主要有大豆饼、菜籽饼、花生饼、棉籽饼等。

（3）秸秆类。农作物秸秆是有机肥料最重要的原材料来源，数量巨大。

（4）泥炭和腐殖酸类。泥炭又名草炭、泥煤、草煤等，它是在长期的积水和低温的条件下，植物的残体不完全分解，逐渐形成的一层棕黑色的有机物质。

（5）绿肥。凡是将鲜嫩作物直接翻压或割下堆沤作为肥料使用的都叫作绿肥，一般都是豆科作物，主要有紫云英、苜蓿等。

有机肥料的施用一般采取3种方式：经过发酵加工后施入农田，秸秆直接还田，与化学肥料混合后施入农田。

① 串丽敏，何萍，赵同科. 作物推荐施肥方法研究进展 [J]. 中国农业科技导报，2016，18（01）：95-102.

# 第四节　作物病虫害防治

各种病虫害的发生、发展都有其特殊性，病虫害种类不同，防治措施也不一样，但也有共同性，因而一种防治措施常对多种病害和虫害有效。了解病害和虫害的个性与共性，是各种防治措施的依据，这样就可以灵活地运用各种措施预防病虫害的发生，控制病虫害的发展，减少病虫害所致的损失，保证作物的丰产和优质。

## 一、植物检疫

### （一）植物检疫的意义

植物检疫工作是国家保护农业生产的重要措施。它是由国家颁布条例和法令，对植物及其产品，特别是种子、苗木、接穗等繁殖材料进行管理和控制，防止危险性病、虫、杂草传播蔓延。其基本属性是强制性和预防性。

### （二）植物检疫的实施

（1）植物检疫对象的确定。植物检疫分为对内检疫和对外检疫两类。每个国家有其对内和对外检疫对象名单。各省、市、自治区也都有对外检疫对象名单或补充名单。检疫对象的确定，必须具备3个基本条件：一是局部地区发生的；二是主要通过人为因素进行远距离传播的；三是危险性的，即只有那些给农林业生产造成巨大损失的危险性病、虫、杂草，才有对其实行检疫的必要性。

（2）植物检疫的实施和执行部门。对外植物检疫由设在口岸、海关的动植物检疫局（所）实施和执行。对内植物检疫由省、市、县植物检疫站实施，由车站、码头、机场、邮局等部门执行。检疫只能对国家法规中所规定的检疫对象进行检疫，不能随意扩大或缩小检疫的范围[①]。

## 二、农业防治

农业防治就是利用农业生产过程中各种技术环节加以适当改进，创造利于植物生长发育，不利于病虫害发生和危害的条件，避免病虫害的发生或减轻危害，从而获得丰产丰收的根本措施。农业防治措施大都是农田管理的基本措施，可与常规栽培管理结合进行，不需要特殊设施。它是最经济、最基本的防治方法。

### （一）使用无病虫害繁殖材料

生产和使用无病虫害种子、苗木、种薯以及其他繁殖材料，可以有效地防止病虫害传播和压低病虫数量。在病害方面，为确保无病种苗生产，必须建立无病种子繁育制度，种

---

① 张红，聂燕，王玉涛，张树秋，王文正，陈子雷，赵玉华，张新明. 国内外植物检疫体系研究及对中国的启示 [J]. 中国农学通报，2016，32（26）：65-70.

子生产基地需设在无病或轻病地区，并采取严格的防病和检验措施。商品种子应实行种子健康检查，确保种子健康水平。带病虫害种子需进行种子处理。

### （二）建立合理的种植制度

轮作与病虫害防治已成为栽培防治的主要措施之一，特别是土传病害中的苗期及成株期根腐病等真菌病害，以及马铃薯环腐病和蔬菜、豆科作物的线虫病等，大多可以通过适当的轮作得到控制。

### （三）加强田间栽培管理

加强田间管理工作在病虫害防治工作中也具有重要的作用，它不是单项技术措施，而是关于土、肥、水、种、保及气候等有关方面的有机综合运用。主要包括：精选种子、适期播种、及时中耕、消灭杂草、整枝间苗、清洁田园等措施，这对减轻病虫害都必不可少。

### （四）利用抗病虫品种

利用抗病虫品种防治植物病害是一种经济有效的措施。例如稻、麦、棉、麻、油等大田和经济作物中稻瘟病、小麦锈病、棉花枯萎病等大多是通过抗病品种或以抗病品种为主的综合措施而得到控制的。

## 三、生物防治

运用有益生物防治植物病害及利用天敌和微生物治虫的方法，称为生物防治法。

### （一）植物病害的生物防治

（1）拮抗微生物的利用。一种微生物的存在对另一种微生物不利的现象，称为拮抗现象。凡是对病原菌有拮抗作用的菌类都叫抗生菌，土壤中的放线菌许多都是抗生菌。利用拮抗微生物来防治病害是生物防治中最重要的途径之一。

（2）病原物的寄生物的利用。病原物的寄生物就是病原物的病原物，利用它可以消灭病原物。例如应用鲁保一号（人工培养的能寄生菟丝子的一种炭疽菌）防治菟丝子。

（3）抗生素的利用。抗生素是抗生菌所分泌的某种特殊物质，可以抑制、杀伤甚至溶化其他有害微生物。抗生素的选择性一般都很强。用于植物病害防治的有井冈霉素、多抗霉素、庆丰霉素、农抗 120 等。

（4）植物抗菌剂的利用。葱、蒜等植物体内含有抗菌性物质，对周围植物有很强的杀灭作用。抗菌剂 401 就是人工合成的大蒜素，抗菌剂 402 是同系物，两者对真菌、细菌有杀死和抑制作用。

### （二）植物害虫的生物防治

（1）以天敌昆虫治虫。昆虫纲中以肉食为生的约有 23 万余种，其中大量是捕食和寄生于植食昆虫的，它们是农业害虫的天，生产上利用最多的、最常见的捕食性昆虫有草蛉、胡蜂、瓢虫、食蚜蝇幼虫等。寄生性昆虫也都可以用，如各种寄生蜂、寄生蝇类。

（2）以菌治虫。就是利用害虫的致病微生物来防治害虫，有的还可以使昆虫种群产生流行病，达到长期控制的效果。昆虫的致病微生物中多数对人畜无害，不污染环境，制成一定制剂后，可像化学农药一样喷洒。

## 四、物理机械防治

物理机械防治就是利用各种物理因素及机械设备或工具防治病虫害。这种方法具有简单、方便、经济有效、副作用少的优点。

### （一）机械防治

（1）清除法。对于作物种子中间混杂的菌核、害虫、杂草种子等，根据它们与作物种子形状大小、轻重不同，可用筛子筛一筛，把其清除掉。生产上经常用清水或20%盐水漂选，把漂浮在水面的病虫种子和杂质清除掉。

（2）捕杀法。利用人力或简单器械，捕杀有群集性、假死性的害虫。

### （二）物理防治

物理防治就是通过热处理、射线、高频电流、超声波等物理因素防治植物病虫害的方法。其主要方法有以下几种。

（1）诱杀法。利用害虫的趋性，设置灯光、特殊颜色、毒饵等诱杀害虫。

（2）热力处理。利用热力（热水或热气）消毒来防治病害。种子的温汤浸种就是利用一定温度的热水杀死病原物。

（3）物理新技术防治病虫。用 $\gamma$ 射线处理土壤，用激光消灭害虫，用紫外线杀灭真菌和细菌。

## 五、化学防治

化学防治法是用农药防治植物病虫害的方法。农药具有高效、速效、使用方便、经济效益高等优点，但使用不当可使植物产生药害，引起人畜中毒，杀伤有益微生物，导致病虫产生抗药性，农药的高残留还可造成环境污染。当前化学防治是防治植物病虫害的关键措施。

### （一）农药的种类

按农药来源与化学组成分类：

（1）无机农药。矿物原料经加工制造而成，如波尔多液、石硫合剂、砷素剂、氟素剂等。

（2）有机农药。有机合成的农药主要有有机硫杀菌剂、有机磷杀菌剂、苯并咪唑类、有机氯杀虫剂、有机氮杀虫剂等。

（3）植物性农药。用植物产品制造的农药，其中所含有效成分为天然有机化合物，如烟草、鱼藤、除虫菊等。

（4）微生物农药。用微生物或其代谢产物所制造的农药，如抗菌剂、白僵菌、青虫菌等。

## （二）合理使用农药的原则和方法

（1）对症下药。各种农药都有一定的防治范围和对象。必须搞清防治对象，然后对症下药。此外，任何一种高效农药都不宜连续使用，要轮换使用。

（2）适期施药。必须在时间上抓紧，看准虫情、天气、被保护作物的种类、生育期等，抓住其有利时机，进行防治。

（3）合理的用药量和施药次数。任何一种农药，施用的量和浓度都要适当。浓度过大会污染环境使病虫产生抗药性，还会引起药害；浓度太低则达不到防治的效果。要在调查和测报的基础上，根据病虫害发生的实际情况，按综合防治原则，决定使用药剂的用量、次数和时间。

（4）选用适当的剂型和施药方法。每一种药剂都有它的特点，实际应用时必须加以全面考虑。农药混合适当，其防治效果比单独使用一种农药为好，能起到兼治和增效作用。通常施药的方法是喷雾或喷粉，它们各有优缺点，应根据具体条件，选用适当的施药方法。

（5）注意保护天敌。进行化学防治时，一些农药对害虫天敌往往有严重杀伤作用，破坏了原来的生态平衡，引起害虫的猖獗发生，要注意克服这个现象。为了避免产生抗药性和杀伤天敌，在施药方法上，可采取分区挑治、轮流喷药、药剂涂茎、包扎等。

# 第四章 农产品加工共性技术原理

## 第一节 农产品的干藏

农产品的干藏就是将农产品干燥，使其水分降低到足以防止腐败变质的水平后，始终保持低水分进行长期贮藏的过程。适宜于干藏的干制品的水分含量因农产品的种类而异，水分含量最低可达1%~5%。

### 一、农产品干制基本原理

#### （一）水分活度与平衡水分

（1）水分活度。微生物经细胞壁从外界摄取营养物质并向外界排泄代谢物时都需要水作为溶剂或媒介质，故而水实为微生物生长活动必需的物质。各种微生物所需的水分并不相同，细菌和酵母只在水分含量较高（30%以上）的农产品中生长，芽孢发芽也需要大量水分。而霉菌则在水分下降到12%的农产品中还能生长，有的甚至于在水分低于5%的农产品中仍能生长，有时水分即使已降低到2%，若环境特别适宜，也有长霉菌的可能。严格来说，决定性的影响因素并不是农产品的水分总含量，而是它的有效水分。

农产品所含水分有结合水分和自由水分，但只有自由水分才能被细菌、酶和化学反应所触及，此即有效水分，可用水分活度（aw）估量。

水分活度又叫水分活性，是溶液中水的蒸汽压与同温度下纯水的蒸汽压之比。

（2）平衡水分。某种原料与一定温度和湿度的干燥介质相接触，当其排出水分与吸收水分相等时，只要干燥介质不发生变化则原料中所含水分保持不变。此原料水分即为此干燥介质条件下的平衡水分。在任何情况下干燥介质的温度、湿度不变，在这相对条件下，原料"平衡水分"就是该原料可以干燥的极限。自由水是能在干燥作用下排除的水分，是原料水分中大于平衡水分的部分。

#### （二）对湿热转移有影响的重要因素

不论采用哪一种干制方法，将热量传递给农产品并促使农产品组织中水分向外转移是农产品脱水干制的基本过程。但是对热量传递和水分外逸的要求常常并不一定能由单一的操作来完成，因为农产品干制过程中既有热的传递也有水分的转移。

（1）农产品表面积。为了加速湿热交换，农产品常被分割成薄片或小块后，再进行脱水干制。物料切制成薄片或小颗粒后，缩短了热量向农产品中心传递和水分从农产品中心外移的距离，增加了农产品和加热介质相互接触的表面积，为农产品内水分外逸提供了更多的途径，从而加速了水分蒸发和农产品的脱水干制。农产品表面积愈大，干燥效果愈好。

（2）温度。传热介质和农产品间温差愈大，热量向农产品传递的速率也愈大，水分外逸速度因而加速。若以空气为加热介质，则温度就降为次要因素。原因是农产品内水分以水蒸气状态从其表面外逸时，将在其周围形成饱和水蒸气层，若不及时排除掉，将阻碍农产品内水分进一步外逸，从而降低了水分的蒸发速度。空气温度愈高，在达到饱和状态前所能容纳的蒸汽量愈多。显然，提高农产品附近空气温度将有利于容纳较多的水分蒸发量，同时若接触的空气量愈大，所能吸取水分蒸发量也就愈多。

（3）空气流速。加速空气流速，不仅因热空气所能容纳较多的水蒸气量，还能及时将聚集在农产品表面附近的饱和湿空气带走，以阻止农产品内水分进一步蒸发，同时还因和农产品表面接触的空气量增加，显著地加速农产品中水分的蒸发。空气流速愈快，农产品干燥也愈迅速。

## 二、农产品的干燥方法

基本干制方法不少，经过修改的基本干制方法更多。干制方法的选择，应根据被干制农产品的种类、制品品质的要求及干制成本的合理程度加以考虑。

最常见的一些干燥方法有箱式干燥、窑房式干燥、滚筒干燥、隧道式干燥、流化床干燥、喷雾干燥、架式真空干燥、输送带式真空干燥及冷冻干燥等。

总的来看，干制方法可以区分为自然和人工干制两大类。自然干制就是在自然环境条件下干制农产品的方法，属于这类干制方法的有晒干，风干和阴干等。人工干制就是在常压或减压环境中以传导、对流和辐射传热方式或在高频电场内加热的人工控制条件下干制农产品的方法。

### （一）晒干

就是直接在阳光下暴晒物料，利用辐射能进行干制的过程。物料获得来自太阳中的辐射能后，其温度随之上升，物料内水分因受热而向其表面的周围介质蒸发，物料表面附近的空气则处于饱和状态，并和周围空气形成水蒸气分压差和温度差，于是在空气自然对流中不断促使农产品中水分向空气中蒸发，直至它的水分含量降低到和空气温度及其相对湿度相适应的平衡水分为止。晒干过程中农产品的温度比较低。炎热干燥和通风是最适宜于晒干的气候条件，我国北方和西北地区的气候多具这样的特点。原料采收季节常遇潮湿多雨气候的地区就难以采用晒干方法。晒干多用于干制固态农产品如果、蔬、食用菌、鱼、肉等。

晒干需要场地，应尽可能靠近原料产区或在产区中心，以利于原料往返运输，可减少原料损耗。场地宜向阳、通风、空旷，为迅速干燥创造条件，以利于提高场地的利用率。

农产品的晒干有采用悬挂架的，有用 0.4~0.7 米高的晒架并可在晒架上搁置大小为 0.6 米 ×0.8 米或 0.8 米 ×0.1 米用铁丝、竹篾编制或木板制成的晒盘，也有用竹篾编成的晒席，可直接铺在场地上，以供待晒干的物料所用。

为了加速并保证农产品均匀干燥，晒时应常翻动物料，同时应注意防雨和鸟兽危害。晒干时间随农产品种类和气候条件而不同，一般需 2~3 天，长的则需 10 余天，最长可达 3~4 周[①]。

### （二）空气对流干燥

空气对流干燥是最常见的农产品干燥方法。这类干燥在常压下进行，农产品可分批或连续地干制，物料从自然地或强制对流的热空气中获得热量后，其表面上的水分就会蒸发成水蒸气，充满在物料表面邻近的空气层内，形成饱和水蒸气层，并在它和周围空气内蒸汽分压差的影响下自然地进一步向周围空气扩散，或由流动的空气带走。

空气对流干燥常用的设备有间歇性工作的箱式干燥设备和气流干燥设备、连续性工作的隧道干燥设备和输送带式干燥设备等。

### （三）真空干燥

真空干燥是在 0.332~0.665 千牛 / 平方米绝对压力（2.5~5.0 毫米汞柱）和 37~82℃温度条件下使农产品中的水分从液态转化成气态，从而使农产品干燥。

真空干燥的主要目的就是在较低的温度条件下进行干燥。气压愈低，水的沸点也愈低。只有在低气压下才有可能用较低的温度干燥物料。

真空干燥在非常稀薄的空气中进行，特别适宜于在干燥高温条件下易氧化或发生化学变化而导致质量劣化的农产品，对那些结构、质地、外观和风味在高温条件下容易发生变化或分解的农产品损害较小。

真空干燥时农产品温度和干制速度取决于真空度和物料受热强度。真空干燥室内的热量通常借传导或辐射向农产品传递。

### （四）冷冻干燥

冷冻干燥时物料水分在冻结状态下干燥，即从冰晶体直接升华成水蒸气，因此冷冻干燥又称为升华干燥。

冷冻干燥时，物料应先冻结，而后才在高真空室内干燥，但是如要使物料的水分直接

---

① 徐小东，崔政伟. 农产品和食品干燥技术及设备的现状和发展 [J]. 农业机械学报，2005（12）：171-174.

从冰晶体蒸发成水蒸气，物料内水溶液温度必须保持在三相点以下。在水的三相点上，温度为 0℃ 而绝对压力则为 0.625 千牛 / 平方米。如果干燥室内的真空度低于 0.625 千牛 / 平方米绝对压力和物料温度低于 0℃，物料内纯水形成的冰晶体才能直接升华成水蒸气。水溶液冻结时它则成为低共熔混合物。因而随着溶液浓度增加，它的熔点或冻结点和它的水蒸气压也相应下降。故冻结农产品中部分冰晶体的冻结点常低于 0℃，一般低于 –4℃，并因农产品的种类而不同。

冷冻干燥时首先要将原料进行冻结，常用的有自冻法和预冻法两种。自冻法就是利用物料表面水分蒸发时从它本身吸收汽化潜热，促使物料温度下降，直至它达到冻结点时物料水分自行冻结的方法。大部分预煮的蔬菜可用此法冻结。不过水分蒸发时常会出现变形或发泡等现象。一般只适用于干制如芋头、预煮碎肉、鸡蛋一类的粉末状冷冻干燥制品。此法的优点是可降低每蒸发水分所需的总热耗量。

预冻法就是干燥前用一般的冻结方法，如高速冷空气循环法、低温盐水浸渍法、低温金属板接触法等将物料预先冻结，为进一步冷冻干燥做好准备。

# 第二节　农产品冷冻保藏

## 一、低温防腐基本原理

### （一）低温对微生物的影响

一般而言，温度降低时，微生物的生长速率降低，当温度降低到 –10℃ 时，大多数微生物会停止繁殖，部分出现死亡，只有少数微生物可缓慢生长。低温抑制微生物生长繁殖的原因主要是：低温导致微生物体内代谢酶的活力下降，各种生化反应速率下降；低温还导致微生物细胞内的原生质浓度增加，影响新陈代谢；低温导致微生物细胞内外的水分冻结形成冰结晶，冰结晶会对微生物细胞产生机械刺伤，而且由于部分水分的结晶也会导致生物细胞内的原生质浓度增加，使其中的部分蛋白质变性，而引起细胞丧失活性，这种现象对于含水量大的营养细胞在缓慢冻结条件下容易发生。

### （二）低温对酶的影响

温度对酶的活性影响很大，高温可导致酶的活性丧失，低温处理虽然会使酶的活性下降，但不会完全丧失。一般来说，温度降低到 –18℃ 才能比较有效地抑制酶的活性，但温度回升后酶的活性会重新恢复，甚至较降温处理前的活性还高，从而加速农产品的变质。

不同来源的酶的温度特性有一定的差异，来自动物（尤其是温血动物）性食品中的酶，酶活性的最适温度较高，温度降低对酶的活性影响较大，而来自植物（特别是在低温环境下生长的植物）性食品的酶，其活性的最适温度较低，低温对酶的影响较小。

## 二、农产品的冻藏

农产品冻藏就是采用缓冻或速冻方法先将农产品冻结，而后再在能保持其冻结状态的温度下贮藏的保藏方法。

### （一）农产品的冻结

农产品的冻结是农产品冻藏前的必经阶段，农产品冻结技术对冻制品质量及其耐藏性有一定的影响。

为了保证农产品的质量，应以最快速度通过最大冰晶生成带。最大冰晶生成带是指当农产品温度为 −5℃时，其中可冻结水分的 80% 左右都已结冰，故把 −5℃至 −1℃这一温度区域称为最大冰结晶生成带。在最大冰结晶生成带，单位时间内的结冰量最多，热负荷最大。

### （二）影响农产品快速冻结的因素

（1）农产品成分的影响。各种农产品的导热性因其成分不同而不同。含水量较高的农产品比含空气和脂肪高的农产品导热性高。在快速冻结过程中当冻结温度一定时，不同农产品应保持不同的冻结时间。

（2）农产品规格的影响。较大、较厚的农产品其冻结速度不可能很快，因为越接近食品的中心部位冻结越缓慢。减少农产品的厚度是提高冻结速度的重要措施。一般认为 3~100 毫米的农产品可以获得最有利的冻结条件。

（3）农产品冻结终止温度的影响。农产品冻结终止温度一般应低于或等于贮藏温度（−18℃），以有利于保持农产品快速冻结状态下形成的组织结构。如果农产品冻结终止温度高于贮藏温度，那么就会出现农产品的缓慢冻结，农产品组织内部未冻结的水分就会生成较大的冰晶，从而出现组织结构被破坏、蛋白质变性、解冻时汁液流失增加等不良现象，影响速冻食品的质量。

（4）冷却介质温度及流速的影响。在相同条件下，冷却介质与农产品间温差愈大，冻结速度愈快。目前我国一般采用冷却介质温度范围为 −30~−45℃。

空气流速愈快，冻结速度愈快。但这种效果因农产品的厚度不同而不同。只有农产品较薄时它的冻结速度才会随着空气流速的增加而显著增长。农产品越厚，这种关系就越不显著。

## 三、农产品的速冻方法

### （一）空气冻结法

空气冻结法也叫鼓风冻结法，主要是利用低温和空气高速流动，促使农产品快速散热，以达到迅速冻结的要求。实际生产中所用的方法虽然差别很大，但农产品的速冻常在它的周围有高速流动的空气循环条件下进行。不论所用的方法如何不同，速冻设备的关键就是保证空气流畅，并使之和农产品所有部分都能密切接触。

### （二）间接接触冻结法

用制冷剂或低温介质（如盐水）冷却的金属板和农产品密切接触而使农产品冻结的方法称为间接接触冻结法。可用于冻结未包装的和用塑料袋、玻璃纸或纸盒包装的农产品。常用的有平板、浅盘、输送带等。食盐水、氯化钙溶液等为常用的低温介质，或静止，或流动。

## 四、冻结农产品的包装与贮藏

### （一）冻结农产品的包装

未包装农产品在冻结特别是冻藏时会严重失水。冻制农产品中的水分是以升华的方式直接由冰晶体向空气中蒸发，农产品因此就会出现冻伤现象，而且农产品还会发生氧化、味道变化和维生素损耗等，这就会影响冻制农产品的耐藏性。如用合理的包装就能显著地减少冻制农产品的脱水干缩。除少数农产品外，几乎所有农产品都在冻制前包装。有些散体农产品如青豆常在冻结后包装。为了预防脱水氧化，包装材料的不渗透性应达到100%的程度。包装时应力求密实，尽可能将包装袋内空气排除干净。如果包装内有空气，它的绝热作用会降低冻结速度，并增加冻制成本[①]。

大多数农产品冻结时，体积会膨胀，有些可增长到原容积的10%，因而所用的包装材料的质地应坚实，但又要有一定程度的柔软性，而且包装容积应留有余地。冻结农产品长期冻藏时，包装材料不宜透光。

### （二）冻结农产品的贮藏

冷冻农产品贮藏室必须具备良好的清洁卫生状态，不存在对农产品有害物质，如异味和对脂肪有害的强烈氧化剂。农产品贮藏的工艺条件如温度、相对湿度和空气流速是决定农产品贮藏期和品质的重要因素。如果贮藏温度足够低，而且不波动的话，对贮藏温度的精确性就不一定要求非常严格。短期冻藏的适宜温度一般为 -18℃，而长期冻藏的最适宜温度，一般为 -18~-21℃。带有不稳定脂肪（易氧化成游离脂肪酸）的农产品贮藏时，不论其量多少，为了获得最高贮藏期，贮藏温度宜在 -23℃以下。进入冷藏室时，农产品平均最终温度应和贮藏温度相等，以免贮藏温度的回升。

冻结农产品在冷藏室内的堆放情况也很重要。应使贮藏农产品和贮藏室墙壁间留有适当的间距或空间，以确保周围有流动的空气，避免农产品直接吸收来自墙壁的热量。

① 刘利娟，郭玉明. 关于农产品冷冻干燥加工能耗影响因素的研究 [J]. 金陵科技学院学报，2009，25（02）：10-14.

# 第三节　农产品的罐藏

农产品罐藏就是将农产品密封在容器中，经高温处理，将绝大部分微生物消灭掉，同时在防止外界微生物再次入侵时，以此获得在室温下长期贮存的保藏方法。凡用密封容器包装并经高温杀菌的食品称为罐藏食品。它的生产过程是由农产品预处理（包括清洗、非食用部分的清除、切割、检剔、修整等），预煮，调味或直接装罐，加调味液或免加（干装），以及最后经排气密封和杀菌冷却等工序组成。预处理及调味加工等随原料的种类和产品类型而异，但排气，密封和杀菌冷却为必经阶段。后三者为罐头食品的基本生产过程。

## 一、排气

排气是食品装罐后密封前将罐内顶隙间的以及装罐时带入的和原料组织细胞内的空气尽可能从罐内排除的技术措施，从而使封口后罐头顶隙内形成部分真空的过程。

排气的目的主要有以下几点：①阻止需氧菌和霉菌的发育生长。②防止或减轻因加热杀菌时空气膨胀而使容器变形或破损。③控制或减轻罐藏食品贮藏中出现的罐内壁腐蚀。④避免或减轻食品色、香、味的变化。⑤避免维生素和其他营养素遭受破坏。

排气主要有热力排气、真空封罐法和喷蒸汽封罐法三种。热力排汽就是利用空气、水蒸气和食品受热膨胀的原理，将缺罐内的空气排除的方法。真空封罐法是在真空环境中进行排气封罐的方法，一般都在真空封罐机中进行。喷蒸汽封罐排汽法是在封罐时向罐头在顶隙内喷射蒸汽，将空气驱走而后密封，待顶隙内蒸汽冷凝时便形成部分真空的方法。

## 二、罐藏食品的杀菌与冷却

罐藏食品杀菌的目的是杀死食品中的致病菌、产毒菌、腐败菌，并破坏食物中的酶，使食品耐藏达到二年以上而不变质。但是热力杀菌时必须注意尽可能保存食品品质和营养价值，最好还能做到有利于改善食品品质。

罐头杀菌与医疗卫生，微生物学研究方面的"灭菌"的概念有一定的区别。它并不要求达到"无菌"水平，不过不允许有致病菌和产毒菌存在，罐内允许残留有微生物或芽孢，只是它们在罐内特殊环境中，在一定的保存期内，不至于引起食品腐败变质。

罐头杀菌常用高温热处理及巴氏杀菌。高温热处理指的是在 100℃ 以上加热介质中的高温杀菌。不论用蒸汽或水作为加热介质，高压常是获得高温杀菌的必要条件，故又常称为高压杀菌。巴氏杀菌指的是在 100℃ 以下的加热介质中的低温杀菌，加热介质常用热水[①]。

凡能导致罐头食品腐败变质的各种微生物称为腐败菌。随着罐头食品的种类、性质、加工和贮藏条件的不同，罐内腐败菌可以是细菌和、酵母或霉菌，也可以是混合而成某些

① 廖建龙. 罐藏食品腐败变质的原因及对策 [J]. 福建农业科技，2013（11）：68-69.

菌类。

根据腐败菌对酸性环境适应性及其耐热性不同,罐头食品按照pH可分成四类:低酸性、中酸性、酸性和高酸性,如表4-1。

**表4-1 罐头食品按照酸度的分类与杀菌要求**

| 酸度级别 | pH | 食品种类 | 常见腐败菌 | 热力杀菌要求 |
|---|---|---|---|---|
| 低酸性 | 5.0以上 | 虾、蟹、贝类、禽、牛肉、猪肉、火腿、羊肉、蘑菇、青豆、青刀豆、芦笋、笋 | 嗜热菌、嗜温厌氧菌、嗜温兼性厌氧菌 | 高温杀菌105~121℃ |
| 中酸性 | 4.6~5.0 | 蔬菜肉类混合制品、汤类、面条、沙司制品、无花果 | | |
| 酸性 | 3.7~4.6 | 荔枝、龙眼、桃、樱桃、李、枇杷、梨、苹果、草莓、番茄、什锦水果、番茄酱、荔枝汁、苹果汁、草莓汁、番茄汁、樱桃汁 | 非芽孢耐酸菌、耐酸芽孢菌 | 沸水或100℃以下介质中杀菌 |
| 高酸性 | 3.7以下 | 菠萝、杏、葡萄、柠檬、葡萄柚、果酱、草莓酱、果冻、柠檬汁、酸泡菜、酸渍食品等 | 酵母、霉菌、酶 | |

## 三、罐藏食品的冷却

罐藏食品加热杀菌结束后应当迅速冷却,因为罐藏食品仍处于高温状态,还在继续对它进行加热作用,如不立即冷却,食品的质量就会受到严重影响,如色泽变暗、风味变差、组织软烂等,甚至失去商品价值。冷却缓慢时,如果在高温阶段(50~55℃)停留时间过长,可能造成嗜热性细菌的繁殖,致使罐头变质腐败。继续受热也会加速罐内壁的腐蚀作用,特别是含酸高的食品。罐头杀菌后冷却越快越好,但对玻璃罐的冷却速度不宜太快,常采用分段冷却的方法,以免爆裂受损。

按冷却的位置,冷却方式可分为锅外冷却和锅内冷却。常压杀菌常采用锅外冷却,加压杀菌常采用锅内冷却。按冷却介质,有空气冷却和水冷却,以水冷却效果为好。水冷却时,为了加快冷却速度,一般以流水浸冷法最为常见。冷却用水必须清洁,符合饮用水标准。罐头冷却的最终温度一般控制在40℃左右,过高会影响罐内食品质量,过低则不能利用罐头余热将罐外水分蒸发,造成罐外生锈。

# 第四节 农产品的腌制与糖制

农产品在腌渍过程中，让食盐或食糖渗透进入农产品组织内部，从而降低了其游离水分，提高了结合水分及其渗透压，借以有选择地控制微生物的活动和发酵，抑制腐败菌的生长，从而防止农产品腐败变质，保持其食用品质，这种的过程称为农产品的腌渍。

## 一、农产品腌渍保藏的原理

如果溶液浓度高于细胞内可溶性物质的浓度时，周围介质的吸水力大于细胞，细胞内的水分将向细胞间隙内转移，于是原生质紧缩，这种现象称为质壁分离。质壁分离的结果，使得微生物停止生长活动。腌渍就是利用这种原理以达到保藏食品的目的。如食糖、盐和香料腌渍时，它们的浓度达到足够高时就可以抑制微生物的生长活动。在卷心菜、黄瓜、莴苣、蛋、肉、鱼奶油、干酪中加盐能够部分控制微生物活动并赋予食品以特有的风味。

在高渗透压下微生物的稳定性决定于它们的种类，其质壁分离的程度决定于原生质的渗透性。如果溶质极易通过原生质，细胞内外的渗透压就会迅速达到平衡，不再存在质壁分离的现象。微生物种类的不同，对盐液浓度反应就不同。为此，腌渍时不同浓度盐液中生长的微生物种类就会不同，从而对发酵产生影响，同时在不少情况下因不良微生物受到抑制，从而有利于农产品进行发酵。

## 二、食盐对微生物细胞的影响

（1）脱水作用。1% 食盐溶液可以产生 61.7 千牛 / 平方米的渗透压，而大多数微生物细胞的渗透压为 30.7~61.5 千牛 / 平方米。一般认为食盐的防腐作用是在它的渗透压影响下，微生物细胞质膜分离的结果。实际上，食盐的防腐作用不完全是脱水影响的结果，如果仅是由于脱水而起着防腐作用，那么脱水能力比食盐强的 $Na_2SO$ 的防腐作用就要比食盐强，事实并非如此。

（2）离子水化的影响。NaCl 溶解于水后就会离解，并在每一离子的周围聚集着一群水分子。水化离子周围的水分聚集量占总水分量的百分率随着盐分浓度的提高而增加。在 20℃时 100 克水中仅能溶解 36 克盐，也即食盐溶液达到饱和程度时的浓度为 26.5%，微生物在饱和食盐溶液中不能生长，一般认为这是由于微生物得不到自由水分的缘故。

（3）毒性作用。微生物对钠很敏感。NaCl 对微生物的毒害可能来自离子，氯离子和细胞原生质结合，从而促使其死亡。

（4）微生物分泌出来的酶活性物质常在低浓度盐液中就遭到破坏。

（5）盐液中缺氧的影响。由于氧很难溶解于盐水中，就形成了缺氧的环境，在这样的环境中需氧菌就难以生长[①]。

① 施云波. 腌制盐的种类及各类腌制盐的质量要求 [J]. 中国盐业，2018（10）：52-55.

## 三、食糖在农产品保藏中的作用

食糖本身对微生物并无毒害作用，它主要是降低介质的水分活度，减少微生物生长活动所能利用的自由水分，并借渗透压导致细胞质壁分离，得以抑制微生物的生长活动。食品在糖藏时有直接加糖于其中，也有先配成各种浓度的糖浆后再加入。食品加糖后仍可保持其品质，并可改进其风味。

糖的种类和浓度起到加速或停止微生物生长的作用。1%~10%糖液浓度实质上会促进某些菌种的生长，50%糖液浓度就会阻止大多数酵母的生长。一般地，糖液浓度要达到65%~85%才能抑制细菌和霉菌的生长。为了保藏食品，糖液的浓度至少要达到50%~75%，以70%~75%为最适宜。

## 四、农产品的腌制方法

农产品的腌制方法都可以用，大致可归纳为干腌、湿腌、混合腌制以及肌肉或动脉注射腌制等。其中干腌和湿腌是最基本的腌制方法，而肌肉或动脉注射腌制仅适用于肉类腌制。无论何种方法，腌制时都要求腌制剂渗入到农产品内部并均匀地分布在其中，这时腌制过程才基本完成。

### （一）干腌法

干腌法是利用干盐（结晶盐）或混合盐，先在农产品表面擦透，即有汁液外渗现象，而后层堆在腌制架上或层装在腌制容器内，各层间还应均匀地撒上食盐，各层依次压实，在外加压或不加压条件下，依靠外渗汁液形成盐液进行腌制的方法。

干腌的优点是操作简便，制品较干，易于贮藏，营养成分流失少。缺点是腌制不均匀，失重大、味太咸、色泽较差。

### （二）湿腌法

湿腌法即盐水腌制法，就是在容器内将农产品浸没在预先配制好的食盐溶液内，并通过扩散和水分转移，让腌制剂渗入农产品内部，并获得比较均匀的分布，直至它的浓度最后和盐液浓度相同的腌制方法。显然，腌制品内的盐分取决于腌制的盐液浓度。常用于腌制分割肉、鱼类和蔬菜，也可用于腌制水果，但仅作为盐胚贮藏之用。

湿腌时，从农产品由内向外扩散的水分就会促使盐液原有的浓度迅速下降，这也要求腌制过程中必须增添食盐，以维持一定的浓度。

湿腌的主要优点是腌制均匀，失重较小。缺点就是其制品的色泽和风味不及干腌制品，腌制时间比较长，所需劳动量比干腌法大，腌肉时肉质柔软，但蛋白质流失较大；因含水分多不易保藏。

# 第五章　测土配方施肥技术

## 第一节　测土配方施肥概述

### 一、测土配方施肥的意义分析

所谓测土配方施肥技术，主要指的是根据农业土壤测试与肥料田间试验为核心，按照农作物的需肥规律，以及土壤供肥情况，在适量施加有机肥的同时，施加一定量的氮肥、钾肥与微量元素的施肥方法。简单来说，测土配方施肥技术是在农业技术人员的专业指导下，为农作物施加适量的配方肥[①]。通过合理运用测土配方施肥技术，能够保证农作物需肥和土壤供肥间的问题得到有效解决。对于需要补充营养元素的农作物，有针对性地施加肥料，确保肥料养分的供需平衡性，在满足农作物生长发育需求的同时，提高肥料利用效率，保证农作物产品品质得到更好改善，真正实现节支增收的目标。此外，在以往的农业施肥方式中，因为农业施肥过于盲目，会浪费大量的肥料与能源，对周围生态环境产生不利影响。比如，磷肥的大量施加，导致土壤吸收营养物质不够全面，受外界降雨影响，肥料特别容易被冲刷到河流中，引发水体的富营养化。而测土配方施肥技术的有效运用，能够满足农作物生长发育所需养分，缩短肥料在环境中停留时间，保证土壤结构得到良好改善，从而提升农作物产量与品质。

### 二、测土配方施肥的原则

#### （一）协调营养平衡原则

作物的正常生长发育既要求所需的各种养分有充足的供应量，又要求各种养分的供应量之间保持适当的比例。测土配方施肥技术通过野外调查、取样测试、配方施肥等系列工作以达到营养平衡，保证作物生长所需的各种适量营养且按比例供给。

#### （二）增加产量与改善农产品品质相统一的原则

农产品的品质主要取决于作物本身的遗传特性，但也受外界环境条件的影响，其中包括施肥。尤其是在作物的产量和品质对施肥的反应不同步时，测土配方施肥可以有多种目

① 陈统政. 关于测土配方施肥的意义及技术措施 [J]. 低碳世界，2020，10（04）：30+32.

标选择：一是在不至于使产品品质显著降低或对人、畜安全产生影响的情况下，以实现最高产量为施肥目标；二是在不至于引起产量显著降低时，以实现最佳品质为施肥目标，三是当产量和品质之间的矛盾比较大时，在有利于改善品质的前提下，尽可能提高产量为施肥目标。对因品质良好即具有较高商品价值而全部或部分弥补由于产量的降低所造成的经济损失的产品，可选择最好或较好的品质为施肥目标，在食品或饲料作物严重短缺的情况下，在保证产品不对人、畜产生危害的前提下，可选择最高或较好的产量为施肥目标。

### （三）提高肥料利用率的原则

施肥技术是影响肥料利用率的主要因素之一。有机肥料和无机肥料配合施用是提高肥料利用率的有效途径之一，各种养分的配合施用，如氮、磷、钾的配合施肥，大量营养元素肥料与微量营养元素肥料的配合施用，不仅为作物生长发育平衡供应各种养分，还可充分发挥各养分之间的相互促进作用，从而提高施肥效果和肥料利用率。

### （四）保护生态环境的原则

肥料施入土壤后，一些肥料的成分或肥料与土壤发生相互作用的产物不可避免地进入与土壤密切相关的大气圈、水圈和生物圈而合理施肥能最大限度地减少这些物质进入环境产生污染，而保护生态环境。

### （五）保障农业生产可持续发展的原则

培肥地力是保障农业生产可持续发展的根本。地力水平及变化趋势不仅取决于土地本身，更受到外部自然环境及人类社会生产活动的影响。人类社会生产活动尤其是施肥，不仅直接影响着地力发展变化的方向和速度，还决定着农业生产的水平和发展趋势。测土配方施肥的最根本原则，就是维持并提高地力以保障农业生产的可持续发展。

# 第二节　测土配方施肥方法

目前在全国开展的测土配方施肥技术，有测土施肥、配方施肥、微机优化配方施肥或优化配方施肥、平衡施肥及当前的测土配方施肥五个过程。逐步形成以下的测土配方施肥方法。

## 一、土壤、植株测试推荐施肥法

根据氮、磷、钾和中微量元素养分的不同特征，采取不同的养分优化调控与管理策略。氮素推荐根据土壤供氮状况和作物需氮量，进行实时动态监测和精确调控，包括基肥和追肥的调控，磷钾肌肥通过土壤测试和养分平衡进行监控，中微量元素采用因缺补缺矫正施肥策略。

氮素实时监控施肥技术，根据目标产量确定作物需氮量，以需氮量的 30%~60% 作为基肥用量。具体实施比例根据土壤全氮含量，参照当地丰缺指标来确定，一般在全氮含量偏低时，采用需氮量的 50%~60% 作为基肥，在全氮含量居中时，采用需氮量的 40%~50% 作为基肥，在全氮含量偏高时，采用需氮量的 30%~40% 作为基肥。

## 二、肥料效应函数法

根据田间试验结果建立当地主要农作物的肥料效应函数，一般进行单因素或两因素以上的多因素肥料效应试验，将所得的产量结果进行统计分析，求出产量与施肥量之间的函数关系（即肥料效应方程）。根据此方程，计算出最高产量施肥量、经济施肥量、施肥上限和施肥下限。这一方法的优点是能客观地反映出肥料等因素的单一和综合效果，施肥精确度高，符合实际情况，缺点是地区局限性强，不同土壤、气候、耕作、品种等需开展多点不同试验[1]。

## 三、土壤养分丰缺指标法

通过土壤养分测试结果和田间肥效试验结果，建立不同作物、不同区域的土壤养分丰缺指标。土壤养分丰缺指标可根据田间试验收获后，不同处理的产量对比计算土壤养分的丰缺情况。相对产量低于 50% 的土壤养分为极低，相对产量 50%~70% 为低，75%~95% 为中，大于 95% 为高，从而确定出适用于某一区域、某种农作物的土壤养分丰缺指标及对应的肥料施用量。对该区域其他田块，通过土壤养分测定，了解土壤养分的丰缺情况，就可以得出相应的优化施肥配方。

## 四、氮、磷、钾比例法

根据田间肥料试验所得到的氮、磷、钾等养分的最佳施用比例，实际应用时只需确定某种养分如氮肥的用量，其他养分施用量可根据这一比例来估计。一般用氮定磷钾或以磷定氮钾。如叶菜类，白菜在施足有机肥的基础上，施入 N、P、K 比例为 1：0.36：0.55，瓜类 N、P、K 的需求比例大约为 1：0.36：1.15，红薯 N、P、K 比例为 1：0.46：1.54，葡萄吸收 N、P、K 比例为 1：0.5：1.2，观叶花卉的 N、P、K 比例为 4：0.1：5。

## 五、目标产量法

作物产量的构成，是由土壤和肥料两个方面供给养分的结果。目标产量法就是根据这个原理来计算肥料施用量。一季作物取走的养分，扣除土壤提供的养分，则为肥料提供养分，除以肥料利用率，则为需要施用的肥料养分。它又分养分平衡法和地力差减法。

---

[1] 串丽敏，何萍，赵同科. 作物推荐施肥方法研究进展 [J]. 中国农业科技导报，2016，18（01）：95-102.

（一）养分平衡法

以养分测定值来计算土壤供肥量，作物需要的养分包括土壤提供的养分和施用肥料所含养分，即

应施肥料养分 = 作物需要吸收的养分 – 土壤养分供应量

肥料需要量 =（目标产量 × 作物单位产量养分吸收量 – 土壤养分测定值 ×0.15× 校正系数）/ 肥料养分含量 × 肥料当季利用率）

1. 目标产量确定

作物需要吸收的养分 = 目标产量 × 作物单位养分吸收量

目标产量：可采用平均单产法来确定，平均单产法是利用施肥区前三年平均单产和年递增率为基础确定目标产量。

计算公式为：

目标产量 =（1+ 递增率）× 前 3 年平均单产

作物单位产量养分吸收量随品种和施肥等条件而变化。

2. 土壤养分供应量

土壤养分供应量 = 土壤测定值 ×0.15× 校正系数

任何土壤测定值都不能完全代表土壤养分的供给量，一般用测定值与作物产量之间存在的相关性对土壤测定值加以校正，校正系数实际上就是土壤中养分的利用效率。

3. 肥料当季利用率

当季肥料利用率是指肥料施入土壤后，作物当季吸收利用的养分量占所施养分总量的百分数。它是一个不确定数值，因土壤肥力状况、气象条件、耕作方式、施肥量等变化而变化。

某元素肥料利用率（％）=（施肥区作物吸收该元素量 – 不施肥区作物吸收该元素量）/ 施入肥料中含该元素总量 ×100%

一般氮肥利用率在水田为 20%~25%，在旱田为 30%~40%：磷肥利用率在旱田为 10%~25%，在水田为 30%~40%；钾肥利用率为 40%~50%。

肥料养分含量，化肥、商品有机肥料含量按其标明有效含量计，不明养分含量的有机肥料，其养分含量可参照当地同类型有机肥料养分平均值获取。

（二）地力差减法

在没有条件进行土壤测试的地方，可以用田间试验之空白区域的植物产量（即空白产量）来代表地力产量。目标产量减去地力产量后的差额乘以单位产量的养分吸收量，就是需要用肥料来满足供应的养分数量。其计算公式为：

肥料需要量 =（目标产量 – 空白产量）× 单位产量养分吸收量 /（肥料养分含量 × 肥料当季利用率）

# 第三节　测土配方施肥的实施

## 一、采集土样和化验

### （一）土壤样品采集

看病需对症下药，测土配方施肥就是为耕地做诊断，缺什么补什么。而取土作为测土的第一步，则成为整个测土配方施肥过程的关键，取土是否科学合理直接影响着测土的结果，继而影响施肥的最终效果。参照《测土配方施肥技术规范》要求，科学的取土方法为：

1. 采样时间和周期

采样时间应在作物收获后或播种施肥前采集，一般在秋后。设施蔬菜在晾棚期采集，果园在果品采摘后的第一次施肥前采集。进行氮肥追肥推荐时，应在追肥前或作物生长的关键时期采集。不同的作物土壤取样时期也不同。对果树地而言，取土应在果树收获前两周、秋梢老熟期、落花期为宜；果菜地在种植前、收获后、果实膨大期；叶菜地在种植前、收获后；水稻地在种植前、分蘖盛期为宜。同一采样单元，无机氮及植株氮营养快速诊断每季或每年需采集一次，土壤有效磷、速效钾等一般2~3年采集一次；中、微量元素一般3~5年采集一次。

2. 采样深度和样点数量

采样深度。一般取耕层0~20厘米混合土样。土壤无机氮含量测定，采样深度应根据不同作物、不同生育期的主要根系分布深度来确定。

采样点数量。要保证足够的采样点，方能代表采样单元的土壤特性。每个样品采样点的多少，取决于采样单元的大小、土壤肥力的一致性等。采样必须多点混合，每个样品取15~20个样点[①]。

3. 采样路线

采样时应沿着一定的线路，按照"随机""等量"和"多点混合"的原则进行采样。在采样区内沿"之"字形线或S形（蛇形）线等距离随机取10~30个样点的土样。采用S形布点采样，能够较好地克服耕作、施肥等所造成的误差。在地形变化小、地力较均匀、采样单元面积较小的情况下，也可采用梅花形布点取样。要避开路边、田埂、沟边、肥堆等特殊部位。

4. 采样方法

每个采样点的取土深度及采样量应均匀一致，土样上层与下层的比例要相同。取样器应垂直于地面入土，深度相同。用取土铲取样时应先铲出一个耕层断面，再平行于断面取土。因需测定或抽样测定微量元素，所有样品都应用不锈钢取土器进行采集。

---

① 唐桂枝.采集化验土样的方法与土样化验分析效率提升研究 [J].绿色环保建材，2017（07）：11.

5. 样品量

混合土样以取土 1 千克左右为宜（用于推荐施肥的 0.5 千克，用于试验的 2 千克以上，长期保存备用），可用四分法将多余的土壤弃去。方法是将采集的土壤样品放在盘子里或塑料布上，弄碎、混匀，铺成正方形，画对角线将土样分成四份，把对角的两份分别合并成一份，保留一份，弃去一份。如果所得的样品依然都可以用，可再用四分法处理，直至所需数量为止。

最后将土样装入土袋后。写好标签，注明采样地，采样深度、日期，采样人姓名，村乡地名等。

## （二）土壤样品分析

按照《测土配方施肥技术规范》，主要养分测定标准方法如下：

（1）土壤有机质采用油浴加热重铬酸钾氧化容量法（滴定法）测定。

（2）土壤氮测定包括全氮和水解性氮：土壤全氮采用凯氏蒸馏法测定，土壤水解性氮采用碱解扩散法测定。

（3）土壤有效磷采用碳酸氢钠或氟化铵—盐酸浸提—钼锑抗比色法测定。

（4）土壤钾包括速效钾和缓效钾测定：土壤缓效钾采用硝酸提取一火焰光度计或原子吸收分光光度计法测定，土壤速效钾采用乙酸铵浸提一火焰光度计或原子吸收分光光度计法测定。

（5）土壤交换性钙镁为 pH<6.5 的样品必测项目，采用乙酸铵交换—原子吸收分光光度法测定。

（6）土壤有效硫采用磷酸盐—乙酸或氯化钙浸提—硫酸钡比浊法测定。

（7）土壤有效铜、锌、铁、锰采用 DTPA 浸提—原子吸收分光光度法测定。

（8）土壤有效硼采用沸水浸提—甲亚胺—H 比色法或姜黄素比色法测定。

（9）土壤有效钼对于一般区域选 10% 的样品测定，对于豆科作物主产区则需全测。采用草酸—草酸铵浸提—极谱法测定。

## 二、确定配方、购肥配肥

获得土壤养分测定值后，根据栽培作物养分需求特性，及肥料利用率等因素按照前述科学的配方施肥方法确定作物各养分需求量，并根据土壤性状，肥料特性，作物营养特性肥料资源等综合因素来确定肥料种类，选用单质或复混料自行面制面方肥料也可以直接购买配方肥料。要注意在养分需求与供应平衡的基础上，坚持有机肥料与无机肥料相结合，大量元素与中量元素、微量元素的结合施用。

# 三、配方肥料合理施用

在确定肥料用量和肥料配方后，配方施肥的重点放在确定合理的施肥时期和施肥方法上，要根据各种因素并掌握合理的施肥时机。

## （一）施肥方式

常用的施肥方式有撒施后耕翻、条施、穴施等。应根据作物种类、栽培方式、肥料性质等选择适宜的施肥方法。例如氮肥应深施覆土，施肥后灌水量不能过大，否则造成氮素淋洗损失；水溶性磷肥应集中施用，难溶性磷肥应分层施用或与有机肥料堆沤后施用；有机肥料要经腐熟后施用，并深翻入土。

## （二）施肥时期

根据肥料性质和植物营养特性，要适时施肥。施肥时期的确定，应以提高肥料增产效益为原则。每种作物都有需肥的关键时期，如营养临界期和肥料最大效率期等植物生长旺盛和吸收养分的关键时期应重点施肥，有灌溉条件的地区应分期施肥。在土壤养分释放较快，供肥充足时，应适当推迟施肥时间；反之，应提前施肥时间。在肥料不足的情况下，应当将肥料集中施在作物营养的最大效率期，如玉米的氮肥最大效率期在大喇叭口至抽雄初期；冬小麦在起身拔节期；棉花在花铃期。土壤瘠薄、底肥不足和作物生长瘦弱的情况下，施肥时期应适当提前。在土壤供肥良好、幼苗生长正常和肥料充足的情况下，应采取分期施肥，侧重施于最大效率期的方法。

## （三）施肥方法

可分为全层施肥、分层施肥和分期施肥。

1. 全层施肥

是基肥施用方法之一。根据所用肥料性质，通过耕作，使肥料均匀分布于土壤耕层。撒播、密植或施肥量大的作物都可采用此法。全层施肥可加速土壤的熟化过程，作物在整个生长期中能不断得到养分，并能使作物根系向下延伸。

2. 分层施肥

也是施用基肥的一种方法。结合深耕深翻，把大量的迟效性肥料施入土壤表层，做到各层土壤中养分均匀分布。

3. 分期施肥

是植物生长发育时期供给养分的一种施肥方法。在具体应用上可分为基肥、种肥、追肥。有机肥料，如厩肥、堆肥或绿肥等通常采用基施的方式，基肥施用量一般较大。基肥施用应结合深耕施用，并使肥料处于湿润的土层中，做到土肥相融。在养分贫瘠的地块上，适当地浅施。无机肥料，往往采取开沟条施集中施肥的方式。多种肥料混合施用时要注意肥料的配合使用技术。

追肥指在作物生长期间施用。用作追肥的肥料一般都是速效性化肥或腐熟良好的有机肥料，氮肥如尿素、硫酸铵、硝酸铵等，磷肥如过磷肥等。磷、钾肥一般施在根系密集层附近，而且要深施覆土。密植作物的追肥往往难以做到深施，如小麦春季追肥，可采用随撒施随灌水的方法。

根外追肥是用肥少、收效快的一种辅助性施肥措施。但根外追肥对外界条件要求比较严格，一般在阴天或无风的晴天、清晨和傍晚喷施效果更佳。根外施肥的用量一定要严格按照肥料的使用说明进行施用，特别要注意根外追肥的浓度。

## 四、田间监测、修订配方

配方施肥后，科技人员和农民应做好田间跟踪调查，进行详细记录，建立施肥档案，以便根据施肥反应及时进行配方的修改和调整。

# 第四节　测土配方施肥常用肥料

## 一、常见氮肥

按照含氮的形态，氮肥分为三种类型：即铵态氮肥、硝态氮肥和酰胺态氮肥。

### （一）铵态氮肥

凡含有氨或铵离子（$NH_4^+$）形态的氮肥均属铵态氮肥。如硫酸铵 [（$NH_4$）$_2SO_4$]、氯化铵（$NH_4Cl$）、碳酸氢铵（$NH_4HCO_3$）、氨水（$NH_4OH$）等。其共同特性为速效氮肥，易溶于水，易被作物吸收利用；铵离子（$NH_4^+$）能被土壤黏土矿物和胶体代换吸收，不易流失；铵离子在硝化细菌作用下，可变成硝态氮（$NO_3–N$），也能为作物吸收利用，肥效不降低，但硝态氮不被土壤吸收，而容易造成氮素流失；还有它们遇碱性物质则分解，形成氨气而挥发，使氮素遭受损失。但是，它们也有各自的不同特性。

1. 碳酸氢铵

为白色结晶，略带氨臭，含氮量在17%左右，为化学碱性、生理中性肥料，不板结土壤，但吸湿性大，性质极不稳定，容易分解挥发释放出 $NH_3$，分解速度随着温度和湿度的升高而加剧。碳酸氢铵适合于各种作物和各类土壤，可以做基肥和追肥，但不适宜做种肥，因分解时放出的氨会影响种子发芽和幼苗生长。如果用作种肥时，必须与种子隔开施用。无论做基肥还是做追肥都要深施，减少氨的挥发损失。

2. 硫酸铵

一般为白色结晶，含有杂质时，呈灰白、黄棕、浅绿等色。含氮是20%~21%，属化学酸性、生理酸性肥料，不易吸湿结块，但长期大量地单独施用，因活性氢离子的增多或钙胶体的减少。引起土壤变酸或板结。硫铵适合于各种作物和土壤，可做基肥，追肥和种肥，旱地施后要立即盖土，水田要深施或追肥结合耕犁，防止硝化作用和反硝化作用交替进行，产生毒害。

3.氯化铵

为白色或淡黄色的结晶，含氮量24%~25%，属化学酸性、生理酸性肥料，吸湿性较大，易潮解。由于$Cl^-$对硝化细菌有抑制作用，氮素损失较小。但是，Cl与$Ca^{2+}$易生成$CaCl_2$，容易使干旱地区或排水不良的土壤板结。另外，由于$Cl^-$促使碳水化合物水解，影响作物体中淀粉和糖分的形成，或者增加烟草辣味和影响其燃烧性能，故不适用烟草、马铃薯、甘薯、甘蔗、甜菜、茶叶、柑橘、葡萄等多种作物施用，但能提高棉麻纤维的韧性和抗拉性，特别适合于棉麻类作物。氯化铵适宜做基肥和追肥，不适宜做种肥。用量比硫铵少，水田施用效果比硫铵好[1]。

### （二）硝态氮肥

凡含有硝酸根离子($NO_3^-$)形态的氮肥均属硝态氮肥。如硝酸铵($NH_4NO_3$)、硝酸钙[($Ca(NO_3)_2$)]、硝酸钠（$NaNO_3$）等其中常用的有硝酸铵。它们的共同特性是易溶于水，硝酸根离子能被作物根系直接吸收获得氮素养分，有较强的吸湿性和助燃性；硝酸根离子不被土壤胶体吸收，随水分的移动而移动，容易流失；在土壤缺氧的环境下，会产生反硝化作用，硝态氮转化成氨或游离态氮，造成氮素损失。

硝酸铵是含有硝态与铵态两种形态的氮肥。为白色或淡黄色结晶，含氮量33%~35%，铵态氮和硝态氮各占一半，均可被作物吸收利用，无残留，且为化学弱酸性、生理中性肥料，故对土壤性质没有不良影响。但吸湿性很强，最易结块，给施用带来很大的不便。硝酸铵适合在干旱地区使用，宜做追肥。在多雨地区要防止淋失，施用时也要深施覆土。不宜用于水田，因为容易发生反硝化作用。硝铵因吸湿性强也不提倡做种肥。不宜与碱性物质和碱性肥料混合使用，也不宜与有机肥混合堆沤。

### （三）酰胺态氮肥

凡含有酰胺基（$CO(NH_2)_2$）或在分解过程中产生酰胺基的氮肥，叫作酰胺态氮肥。如尿素和石灰氮等。作物不能直接吸收酰胺基，只有在土壤中转化成铵离子或硝酸根离子后才能被作物吸收利用，但作物可以直接吸收少量尿素分子。

纯尿素为白色针状结晶，或略带黄色的细结晶颗粒；含氮量达45%~46%；易溶于水，呈分子状态，属化学中性、生理中性肥料，不使土壤酸化或碱化；供肥平稳，劲较长；但要经过土壤内尿细菌分泌的尿酶作用，转化成碳酸铵后，才能被作物吸收利用；由于其含有酰胺基，且要经过尿酶转化，故属有机化肥。其主要缺点是含有一定量的缩二脲的有毒

① 苗艳芳，吕静霞，李生秀，王朝辉，李晓涵，罗来超，李娜.铵态氮肥和硝态氮肥施入时期对小麦增产的影响 [J].水土保持学报，2014，28（04）：91-96.

物质，故不能做种肥。尿素适合于各种土壤和作物，一般做基肥和追肥，施后要立即覆土。做追肥应提前使用。

### （四）缓效态氮肥

如涂层尿素，具有氮素损失少，利用率高，省工省钱，缓效、高效、长效的特点．往往表现为前期肥效缓，中期平稳，后劲足的施肥效果。在施用上一般全部做底肥，用量比普通尿素减少 10%，做追肥时也要早施，一般比普通尿素早 10 天以上。

## 二、常见磷肥

按磷肥溶解性的不同分为水溶性磷肥、弱酸溶性磷肥和难溶性磷肥三类。

### （一）水溶性磷肥

指所含的磷素养分主要成分能溶于水，易为作物吸收利用，见效快，但易被土壤固定。如普通过磷酸钙、重过磷酸钙等。这两种磷肥的成分和性质又有不同。

1. 过磷酸钙 [$Ca(H_2PO_4)_2$]

简称普钙，其主要成分是磷酸一钙和硫酸钙的混合物，还含有铁、铝等杂质和游离硫酸及磷酸。一般为灰白色或灰褐色粉末，易溶于水，属速效性磷肥，有效磷（$P_2O_5$）含量为 16%~20%，石膏占 50%，含游离酸 2%~5%，属化学酸性肥料，具有吸湿性、腐蚀性，易于结块，长期储藏发生化学变化，使水溶性磷变成难溶性磷而降低肥效。

2. 重过磷酸钙（重钙）

主要成分 $Ca(H_2PO_4)_2$，无色三斜晶系结晶或白色结晶性粉末。稍有吸湿性，易溶于盐酸、硝酸，微溶于冷水，几乎不溶于乙醇。在 30℃时，100 毫升水中可溶磷酸二氢钙 1.8克。水溶液显酸性，加热水溶液则水解为正磷酸氢钙。在 109℃时失去结晶水，203℃时则分解成偏磷酸钙。

水溶性磷肥，作物能直接吸收利用，肥效快，适用于各种作物，做基肥、种肥和追肥都是有效的。但施入土壤后，大部分固定在施肥点附近，呈不稳定的化合物而沉淀，最后转变为难以利用的形态，所以宜早施、集中施、根外喷施，以减少磷的固定。

### （二）弱酸溶性磷肥

又叫枸溶性磷肥。这类磷肥所含的磷素养分主要成分是磷酸二钙（$CaHPO_4$）或者磷酸四钙（$Ca_4P_2O_9$），不溶于水而溶于作物根系分泌的弱酸（柠檬酸）；肥效不如水溶性磷肥快，但较持久，不会流失，也不易固定，宜做基肥。如钙镁磷肥、钢渣磷肥，沉淀磷肥等。其中常用的是钙镁磷肥。

钙镁磷肥 [ 主成分：$\alpha$ -$Ca_3(PO_4)_2$]：它是利用磷矿石、白云石混合在 1300~1500℃的高温下熔融而成，为绿色、棕色乃至黑色的玻璃状物，其粉状成品为浅绿色或灰绿色的细粒或粉末。无味、无臭、无腐蚀性和吸湿性，不结块。磷素主要以 [$\alpha$-$Ca_3$（$PO_4$）$_2$] 的形态存在，一般含 $P_2O_5$14%~18%，不溶于水，溶于 2% 的柠檬酸，属弱酸溶性磷肥，能被作物根酸溶解而吸收。尚含一定数量的氧化钙（CaO）、氧化镁（毫克O）和二氧化硅（$SiO_2$）等成分。故呈化学碱性反应。施在酸性土壤上，既能中和酸性，又有利于磷肥的溶解，增产效果比过磷酸钙好。钙镁磷肥适合做基肥施用，或者与有机肥一起堆沤后施用效果更好，在酸性土壤上也可用做拌种或蘸秧根，一般不作追肥施用。

### （三）难溶性磷肥

这类磷肥所含磷素养分主要成分是磷酸三钙 [$Ca_3$（$PO_4$）$_2$] 或含氟磷酸钙 [$Ca_5F$（$PO_4$）$_3$]，难溶于水和弱酸，只在较强酸性下才可溶解，加之含有大量的碳酸钙和少量的铁、铝、硅、氟、氯等成分，作物不能直接吸收利用，只有在酸性条件下，经过酸化作用，才能转化为作物吸收形态的磷，故肥效迟缓，用量大，后效长，如磷矿粉，骨粉之类。它们适宜施于酸性土壤上和吸磷能力强的作物，与有机肥混合或一起堆沤施用，有利于磷的释放和肥效发挥。

## 三、常见钾肥

生产上常用的钾肥有硫酸钾、氯化钾、草木灰，它们的成分和性质互不相同。

### （一）硫酸钾

为细小结晶粉末，一般白色，也有灰白色或淡黄色，含 $K_2O$48%~52%，易溶于水，肥效迅速，属化学中性、生理酸性肥料，没有吸湿性，便于储存和施用。但能破坏土壤结构，板结土壤。硫酸钾适合于各种土壤，可做基肥、种肥、追肥和根外追肥。但在水田施用效果不如氯化钾好。对作物应优先使用忌氯作物，对油菜、马铃薯、葱、蒜等喜硫作物效果显著。

### （二）氯化钾

一般为白色结晶，也有淡红色的。含 $K_2O$ 为 50%~60%，其性质与硫酸钾相同，也属化学中性、生理酸性的速效肥料。但易结块，同时含有氯离子，对忌氯作物如烟草、马铃薯、葡萄、柑橘、茶叶、甜菜等生长和品质有不良影响，但对麻类、棉花等纤维作物能提高纤维含量和质量。氯化钾宜在水田施用，酸性土壤上长期施用，应配合施用石灰和有机肥防止酸化，不适合在盐碱地上施用。一般做基肥和追肥使用，不宜做种肥和根外追肥。

### （三）草木灰

它是植物体燃烧后的灰分。成分极为复杂，含有钾、磷、镁、硫、铁、钙、硅、钠及微量元素，养分主要是钾，含 $K_2O$6，%~12%，其次是磷，含 $P_2O_5$1.5%~3%。其钾主要为碳酸钾形态，约占 60% 以上，其次是硫酸钾，而氯化钾很少；其磷主要是磷酸三钙形态，能溶于弱酸。由于草木灰还含有大量石灰质，而碳酸钾本身又是强碱弱酸盐，所以呈碱性反应。草木灰为优良钾肥，除在盐碱地上不宜施用，其他土壤皆可施用，也适合于各种作物，尤其适用于喜钾或喜钾忌氯作物，如马铃薯、甘薯、烟草、葡萄、向日葵、甜菜等。可做基肥、追肥、种肥和根外追肥。适合做水稻、蔬菜、花卉等植物育秧时的盖种肥，还可用1%的浸出液进行叶面喷肥。草木灰为碱性肥料，不能和腐熟的有机肥、人粪尿和铵态氮肥混存、混施，也不能和磷肥混合施用，以免降低磷肥的有效性。

# 第六章 现代节水灌溉技术

## 第一节 节水灌溉概述

### 一、节水灌溉的目的

节水农业是提高农业用水有效性的农业，它包括农艺节水、工程节水、管理节水三大部分。工程节水措施是节水灌溉的主要内容，节水灌溉是节水农业的核心之一，也是水利现代化的主要标志之一。

节水灌溉目的就是用少量的水，获取最多的农作物产量、最好的经济效益和最佳的生态环境。其最大的特点是在科学灌溉制度指导下，运用节水灌溉设备与设施，实现农业高效用水，使农作物增产获利[①]。

农业是用水大户，我国的农业用水约占全国总用水量的 3/4，由于在落后的灌溉制度指导下，采用传统的地面漫灌方式，使灌溉水的利用率仅有 0.3~0.4 左右，灌溉水的生产效率不足 1.0 千克（粮）/ 立方米（水），均远远落后于发达国家的先进指标（灌溉水的利用率为 0.7~0.8，灌溉水的生产效率为 2 千克 / 立方米）。落后的灌溉制度和传统的灌溉方式已经制约了节水灌溉技术的推广。

推广节水灌溉技术是我国农业可持续发展的基础，它的核心内容包括科学的灌溉制度和节水灌溉设备。

### 二、农作物灌溉制度

科学的灌溉制度就是根据土壤的持水能力，特别是作物根系层的持水能力、土壤的水分入渗率、作物不同生育期的根系状况及需水量与蒸腾量等因素，研究影响水流运动、水分保持和利用土壤与作物的物理特性，科学地制定出作物不同生育期所需要的灌水定额、灌溉周期等重要指标，因地制宜地选择不同的节水灌溉设备进行适时、适量的科学灌溉。

### 三、节水灌溉设备

① 袁寿其，李红，王新坤 . 中国节水灌溉装备发展现状、问题、趋势与建议 [J]. 排灌机械工程学报，2015，33（01）：78-92.

节水灌溉设备是指实现节水灌溉机械化所采用的机电装置和金属与塑料制造的器材。从某种意义上讲，使用什么样的生产工具进行农业灌溉，也是那个时代生产力发展水平的客观表现。千百年来，人们从锹镐开渠的引水灌溉到机械化的人工降雨浇田，其演变过程就是一部生动的节水灌溉设备发展史。由于传统的农业灌溉，要付出的劳务很繁重，约占农业生产全部投劳的 50% 以上。人们不断地在寻找提高劳动生产率、改善灌溉作业劳动条件的灌溉工具。尤其是进入 20 世纪以来，随着日新月异的科学技术进步，20 年代出现的自压管道式人工降雨系统，30 年代出现的摇臂式喷头，40 年代出现的滴灌技术，这是节水灌溉机械化史上的一次革命。50 年代，自动化宽幅喷酒作业的圆形喷灌机出现，是自从拖拉机取代耕畜以来，意义最重大的农业机械发明。进入 60 年代以后，绞盘式喷灌机、微喷、渗灌、小管出流灌、坐水种灌、膜上灌、集雨灌、虹吸灌、波涌灌、闸管灌等设备和器材相继投入使用，极大地丰富了节水灌溉设备市场，基本上能满足不同自然地貌的使用条件和不同经济条件的选购空间。

## 四、节水灌溉机械化

节水灌溉机械化是农业机械化的重要组成部分。节水灌溉设备只有在科学灌溉制度指导下与农艺相结合，与其他农机具相结合，才能真正发挥出综合经济效益优势。只要有了经济效益，我们才可以说今天的灌溉是为了明天的丰收。

# 第三节　低压管道输水灌溉技术

低压管道输水技术是利用机泵抽取河水，经过塑料或混凝土等管道把水直接输送到田间沟、畦灌溉农田，以减少水在输送过程中渗漏和蒸发损失，效率非常好。另外，加快水资源运输的速度，减少渠道占地。低压管道输水技术在我国北方推行反响良好，普及度比较高，但大型自流灌区目前还在试验中并未大范围推行。

## 一、低压管道输水灌溉技术的特点

低压管道输水灌溉技术是一种以管道代替明渠输水灌溉的工程形式，通常包括水源工程、首部枢纽、输配水管网、给水装置等，主要是通过施加一定的压力，将灌溉水由分水设施输送到田间。这种采用管道将灌溉水通过管道送至田间，将水直接输送到田间灌溉作物，可以减少输送过程中的渗漏和蒸发损失，具有省水，节能，节地，易管理和省时省工等优点。特别是 20 世纪 80 年代，随着塑料工业的发展，采用 PVC 管道，投资相对较低，平均投资 3750 元 / 公顷。同时采用质量轻、长度大、输水阻力小、施工简便的塑料管道。

与明渠输水灌溉相比，低压管道输水灌溉技术主要具有以下优点：

（1）以管代渠，可以提高灌溉水利用效率。相关研究表明，采用低压管道输水灌溉技术，可使灌溉水利用率提高到 92%~95%，使毛灌水定额减少 30% 左右，比土渠输水灌溉节约能耗 25% 以上。

（2）较少占地，提高土地利用率，一般在井灌区可减少占地 2% 左右。

（3）提高灌水效率，达到增产增收。由于输水管道埋于地下，便于机耕及养护，耕作破坏和人为破坏大大减少。加之管道输水速度明显高于土渠，灌溉速度大大提高，入畦流量增大，缩小了灌溉时间，达到了按作物用水要求进行适时灌溉，从而及时有效地满足作物生长期的需水要求，显著提高灌水效率。特别是在某些作物需水关键期，土渠灌溉往往因为轮灌周期长，灌水不及时，影响作物生长造成减产，管道输水灌溉较好地克服了这一缺点，从而起到了增产增收的效果。

（4）节省管理用工。管道代替土渠之后，避免了跑水漏水，从而大大减少相关修复工作，节约了一定的维护劳力[①]。

## 二、渠灌区低压管道输水灌溉

### （一）渠灌区低压管道输水灌溉系统的组成

从水源取水，并通过压力管网输水、配水及向农田供水、灌水的工程系统叫作低压管道输水灌溉系统。它通常由水源与首部枢纽、输配水管网、田间灌水系统以及低压管道输水灌溉系统给水装置和附属建筑物组成。

1. 水源

低压管道输水系统与别的灌溉系统相同，第一，必须有合乎条件的水源。其中泉井、坝塘、水库、湖泊河流以及沟渠等都可作为水源，但水质应当符合农田灌溉用水水质要求。低压管道输水灌溉系统与明渠灌水系统相比较更应该严格要求水质，水中不能含有大量易于堵塞管网的物质，比如污泥、泥沙及杂草等，否则首先必须进行拦污、沉积甚至净化等预处理后才可以利用。在渠灌区，低压管道输水灌溉系统常以渠道为水源，也有的将排水沟作为水源的。

2. 首部枢纽

水源种类决定了首部枢纽形式，首部枢纽从水源取水，并为达到符合水质、水压和水量三方面的要求而进行处理。

灌溉系统首部枢纽通常与水源工程布置在一起，但若水源工程距灌区较远，也可单独布置在灌区附近或灌区中间，以便操作和管理。当有几个可用的水源时，应根据水源的水量、水位、水质以及灌溉工程的用水要求进行综合考虑。通常在满足灌溉水量、水质需求的条件下，选择距灌区最近的水源，以便减少输水工程的投资。

① 朱林 . 低压管道输水灌溉优势及应用 [J]. 河南水利与南水北调，2018，47（09）：24-26.

首部枢纽及与其相连的蓄水和供水建筑物的位置，应根据地形地质条件确定，必须有稳固的地质条件，并尽可能使输水距离缩短。在需建沉淀池的灌区，可以与蓄水池结合修建。规模较大的首部枢纽，除应按有关标准合理布设泵房、闸门以及附属建筑物外，还应布设管理人员专用的工作及生活用房和其他设施，并与环境相协调。

3. 输配水网管

输配水网管组成包括低压管道、管件及附属管道装置等。当灌区灌溉面积较大时，输配水网管主包括干管、支管等多级管道。当灌区灌溉面积较小时，通常只包括单机泵、单级管道。

井灌区输配水管网一般采用1~2级地面移动管道，或一级地埋管和一级地面移动管，渠灌区输配水管网多由多级管道组成，一般均为固定式地埋管。用作地埋管的管材目前我国主要采用混凝土管、硬塑料管、钢管等。输配水管网的最末一级管道，可采用固定式地埋管，也可采用地面移动管道。地面移动管道管材目前主要选用薄塑料软管、涂塑布管，也有采用造价较高的如硬塑管、锦纶管、尼龙管和铝合金管的管材。

4. 田间灌水系统

渠灌区低压管道输水灌溉系统的田间灌水系统可以采用多种形式，常用的主要有三种形式：

（1）田间灌水管网输配水，田间毛渠和输水垄沟被地面移动管道代替，采用退管灌法灌水。这种方式输水损失最小，可避免田间灌水时灌溉水的浪费，而且管理运用方便，也不占地，不影响耕作和田间管理。

（2）采用明渠田间输水垄沟输水和配水，并在田间应用常规畦灌、沟灌等地面灌水方法。这种方式仍要产生部分田间输配水损失，不可避免地还要产生田间灌水的无益损耗和浪费，劳动强度大，田间灌水工作也困难，而且输水沟还要占用农田耕地，因此最为不利。

（3）仅将地面移动管道配水、输水应用于田间输水垄沟，而田地内部仍然采用常规的沟灌、畦灌等地面灌水方法。这种方式的优缺点介于前两种方式之间，但因无需购置大量的田间浇地用的软管，因此投资可大为减小。田间移动管可用闸孔管道、虹吸管或一般引水管等，向畦、沟放水或配水。

5. 分水给水装置

分水给水装置是在各级管道之间设置分水井、配水阀门等，在竖管出口处设置向田间配水的出水口（或给水栓）。

6. 其他附属设施

为防止机泵突然关闭或其他事故等产生的水锤，致使管道变形、弯曲、破裂等现象，在管道系统首部或适当位置安装调压阀或进排气阀等保护设施，以保证管道系统安全运行。

（二）渠灌区低压管道输水灌溉系统的分类

灌溉管道系统类型都可以用，特点各异，一般可按以下两个特点进行分类：

1. 按获得压力的来源分类

（1）机压式灌溉管道系统。当水源的水面高程低于灌区的地面高程，或虽略高一些但不足以提供灌区管网配水和田间灌水所需要的压力时，则要利用水泵机组加压。在其他相同条件情况下，这类系统因需要消耗能量，故管理费较高。我国井灌区和提水灌区的管灌系统均为此种类型。

（2）自压式灌溉管道系统。当水源水面高程高于灌区地面高程，管网配水和田间灌水所需要的压力完全依靠地形落差所提供的自然水源得到。这类系统不用油、不用电，不用机、不用泵，故可降低工程投资。在有利的地形条件下可利用的地方均应该首选考虑采用自压式灌溉管道系统。

2. 按灌溉管道系统在灌溉季节中各组成部分的可移动程度分类

（1）固定式灌溉管道系统。灌溉管道系统的所有组成部分在整个灌溉季节中或常年都固定不动。该系统的各级管道通常均为地埋管。固定式灌溉管道系统只能固定在一处使用，故需要管材较大，单位面积投资较高。

（2）移动式灌溉管道系统。除水源和首部枢纽外，各级管道等组成部分均可移动。它在灌溉季节中轮流在不同地块上使用，非灌溉季节时则集中收藏保管。这种系统设备利用效率高，单面积投资低，效益高，适应性较强，使用方便，但劳动强度大。

（3）半固定式灌溉管道系统，又称为半移动式灌溉管道系统。该灌溉系统的组成部分有些是固定的，有些是移动的。最常见的这类系统是，首部枢纽和干管固定不动，而干管以外的各级管道和田间灌水装置是移动的。由于首部枢纽和干管的笨重，固定它们可以减少移动的劳动强度，并还可以节省较多的投资。所以这类系统具有固定式和移动式两类系统的特点，目前是灌区较为广泛使用的类型。

目前，我国单井、群井汇流灌区和规模小的提水灌区及部分小型塘坝自流灌区多采用移动式管灌系统，其管网采用一级或两级地面移动的塑料管或硬管。面积较大的渠灌区，包括提水灌区以及水库灌区与引水自流灌区主要采用半固定式管灌系统，其固定管道多为地埋暗管，田间灌水则采用地面移动软管。

（三）渠灌区低压管道输水灌溉系统规划布置

低压管道输水灌溉系统规划布置的基本任务是，在勘测和收集基本资料以及掌握低压管道输水灌区基本情况和特点的基础上，研究规划发展低压管道输水灌溉技术的必要性和可行性，确定规划原则和主要内容。通过技术论证和水力计算，确定低压管道输水灌溉系统工程规模和低压管道输水灌溉系统控制范围，选定最佳低压管道输水灌溉系统规划布置方案，进行投资预算与效益分析，以彻底改变当地农业生产条件。

1. 水源工程规划布置

水源工程包括取水、蓄水和供水建筑物和设施等。水源工程的布置首先要研究有多少个可能被采用的水源，根据其水量、水位和水质情况，取水的难易程度与灌区的相对位置等因素选定其中技术可行、工程简单而且投资较少的作为灌区的水源。

水源工程分为以地下水和地表水为水源的工程布置，渠灌区指以地表水为水源的工程布置。

需要机压的低压管道输水灌溉系统必须设置水泵和动力。可根据用水量和扬程的大小，选择适宜的水泵类型和型号。

在必须有机器提水要求的条件下，要根据扬程和需水量的大小来选择合适的水泵型号和类型。当水源含有大量杂质时，引取水枢纽除了要有量水建筑物和水闸外，还要加上拦截污物的装置，有必要的话，还要设置水净化装置或者沉淀池等设施。

2. 首部枢纽的组成与布置

（1）水泵提水输水系统，其首部枢纽一般主要包括水泵、动力机及其配套设备。水源水位不能满足自压输水要求时采用。包括水泵直接式和水泵间接式。水泵直接式指将水用水泵直接送入管道，再通过分水口分配给田间的输水形式；水泵间接式是指把水用水泵通过管道输送到某一位置较高的蓄水池，然后利用自压的方式向田间供水。

（2）自压输水系统，其首部枢纽一般主要包括引水渠（或引水管）、进水闸、调节池、拦污栅、量水设备等。自然落差所提供的水源可满足管道输水所需的工作压力时采用。

渠灌区的低压管灌系统大都从支、斗渠或农渠上引水，其渠、管的连接方式和各种设施的布置均取决于地形条件和水流特性（如水头、流量、含沙量等）以及水质情况。通常管道与明渠的连接均需设置进水闸门，其后应布设沉淀池，闸门进口尚需安装拦污栅，并应在适当位置设置量水设备。

3. 输配水管网的规划布置

灌溉管道系统的输配水管网按其功能一般分为输水管道和配水管道两类。输水管道通常是指水源输送灌溉水到配水管道的管道。其主要的任务是输水，一般为主管或干管上无配水分出的管道。输水管内输送的流量因无沿线分流，故流量比较均匀，沿程无流量变化。配水管道是将输水管道输送的灌溉水分配到下一级配水管道灌溉农田的管道，其主要任务是分配水和水量。配水管道又可以分为配水干管、配水支管和配水斗管等级别，并由它们组合成为网状。各级配水管道内的流量将随农田灌溉用水量的变化而变化。输配水管网应根据实际地形、地貌、地物和灌溉要求来分段布置。

一般应注意以下几个方面：

（1）在控制整个灌区的前提下应使管道的总用量最少。不仅使管道总长度短，还应使管径最小，例如固定支管最好在顺坡由上向下布置，这样就可以减小支管的管径。而在梯田地区的移动支管最好布置在同一级梯田上，以便于移动与摆放。

（2）应使管网内的压力尽量均匀，一方面不应造成压力很高的点（例如，干管最好不布置在深谷中）以至发生水锤，另一方面又应使每个拐角处的压力尽可能相同。

（3）应满足各用水单位的需要，便于管理。

（4）管道的纵横断面应力求平顺，减少折点，有较大起伏时应避免产生负压。

（5）在平坦地区支管应尽量与作物种植和耕作方向一致，以减少竖管对机耕的影响。

（6）要尽量减少输水的水头损失，以减少总能量消耗。

（7）应根据轮灌的要求设有适当的控制设备，一般每条支管应装有闸阀。

（8）在管道起伏的高处应设排气装置，低处应设泄水装置。

（9）当管线需要穿过道路与河流时，尽可能与之垂直。

（10）为了便于施工与管理，管线尽量沿道路和耕地边界布置。

（11）管线布置应尽可能避开软弱地基和承压水分布区。

## 三、浑水灌区低压管道输水灌溉技术

我国井灌区低压管道输水灌溉技术已基本成熟，但渠灌区管道输水灌溉仍存在管道淤积、分水量水等问题，特别是浑水（多泥沙河流水源）灌区，管道淤积堵塞问题已成为制约低压管道输水灌溉技术推广应用的关键因素。对于浑水水源灌区，在进行低压管道输水灌溉工程设计时，管道系统规划布置、流量与压力计算、管材及附属设施的选择等与清水水源灌区相同，但必须增加防止管道淤积堵塞的技术措施，根据水源泥沙含量和泥沙特性，计算管道临界不淤流速，并使管道设计流速大于临界不淤流速，这样才能保证管道系统的安全运行。

### （一）管道淤堵成因及形式

在无调节的多泥沙河流引水的渠灌区发展低压管道输水灌溉时，由于水中一般含有大量的作物秸秆、柴草及泥沙等，运行中很容易造成管道淤积堵塞，影响管网系统的正常运行，严重时会导致管网系统瘫痪，致使管道灌溉工程不能发挥应有的功能。根据渠灌区浑水低压管道输水灌溉工程实例分析，管道淤积可分为漂浮物淤积堵塞、泥沙淤积堵塞和混合淤积堵塞三种形式。

（1）漂浮物淤积堵塞。渠灌区发展低压管道输水灌溉时，由于目前大多数灌区采用明渠输水，渠水中存在或多或少的有机漂浮物，如作物秸秆、柴草、垃圾等，管道输水系统规划设计中如未采用防护措施或设置不当，管网在长期运行中常常会造成漂浮物淤积堵塞，使整个系统瘫痪。

（2）泥沙淤积堵塞。泥沙淤积堵塞可分为动水淤堵和静水淤堵两种类型。动水淤堵是由于渠水泥沙含量较大，输水管道进水口未设置防淤堵设施，并且管径选择不当，使管内设计流速小于临界不淤流速，泥沙在管网系统运行中沉积在管道底部，日积月累，最终导致管网系统因淤积而堵塞。静水淤堵是由于地形条件，在坡度较大且较长的管段，若未设排水设施或不及时排空管道，管网停止运行后，泥沙将形成集中淤积，造成管道局部堵塞，或在较大系统的管网中，由于种植结构的原因，局部作物灌水次数或时间悬殊，而在管网设计时分水控水设施设置不当，长期运行会导致部分管道因泥沙淤积而堵塞。

（3）混合淤积堵塞。在浑水渠灌区发展低压管道输水灌溉时，由于渠水中既有作物秸秆、柴草、垃圾等漂浮物，又含有泥沙，同时，管网系统中控制阀门及弯道分叉较多，如果在管道进水口未设置防淤堵设施或设置不当，常会造成漂浮物在局部管道发生堵塞，进而使泥沙淤积，形成混合淤积堵塞。

（二）渠灌区管道防淤堵技术措施

根据低压管道输水灌溉技术特点，以多泥沙河流为水源的渠灌区管道系统防淤堵技术措施应包括以下措施：

（1）在管道进水口设置拦污栅及拦污网等，防止水中的作物秸秆、柴草等漂浮物进入管道。

（2）在管道进水口设置拦沙坎，防止推移质及颗粒较大的泥沙进入管道。

（3）根据水中泥沙特性及含沙量的大小，计算确定管道临界不淤流速，从而确定合理的管道设计流速，设计流速必须大于临界不淤流速。

（4）对于自压低压管道输水灌溉工程，当含沙量较大或地形高差较小时，通过管路调节不能满足设计流速大于临界不淤流速的要求，应利用地形条件，设置泥沙处理建筑物，如沉沙池等。

（5）在主管道的末端及最低处设置排水阀，用于冲沙排沙或灌溉结束后放空管道。

以上防淤堵技术措施，在实际工程设计中，应结合具体情况选用。

# 第四节 微喷灌技术

## 一、微灌技术

微灌也是一种有效的节水灌溉技术，主要的用法是根据植物对于水的需求程度来进行灌溉，通过的装置是灌水器，然后把植物需求的水分和养分通过灌水器精准匀速地输送到植物的根部或者需要水源的土层当中。微灌灌溉技术与地面灌溉技术和喷灌技术相比，对于水资源的利用程度更高，几乎是地面灌溉技术的两倍。但是微灌灌溉技术投资高，是一种非常昂贵的灌溉技术。所以一般对于水稻等植物是不采用这种方法的，一般都是运用于产值和效益都高的作物。

## 二、喷灌技术

喷灌技术是大面积机械化解决大田作物节水灌溉的主要形式。喷灌是一种机械化高效节水灌溉技术，几乎适用于除水稻外的所有大田作物以及蔬菜、果树等，对地形、土壤等条件适应性强。与地面灌溉相比，喷灌除灌溉主功能外，还可创造与改善田间小气候，调节空气、土壤及作物的温度、湿度，可用于农作物防霜冻和干热风。大田作物喷灌一般可节水二分之一，增产最多为三分之一。但其设备投资大，耗能高，工作时受风速影响大，同时大型设备构造较为复杂，操作及维修技术要求高，操作运行管理人员须经专门培训。

## 三、微喷灌技术在设施蔬菜上的研究

微喷灌是当前设施蔬菜种植中采用最多的一种节水灌溉技术，其性能介于滴灌和喷灌之间。微喷灌是通过管道系统的运输，将水和肥料送到作物根部附近，用微喷头喷洒在土壤表面进行灌溉。微喷灌喷头的孔径比渗灌的要大，防堵塞性能优于渗灌，对水质和设备的要求没有渗灌高，同样造价也相对较低。微喷灌对灌溉水的雾化程度较高，灌溉均匀度较好，能有效改善田间土壤温度。微喷灌比一般喷灌更省水，增产效果明显，且耗能低，同时可随水施肥，提高水肥利用率，增强肥效。

微喷灌系统主要由四大部分组成，包括水源、首部枢纽、输配水管网以及微喷灌水器。其中首部枢纽包括水泵及动力机、施肥器、过滤器、控制阀门、调压保护设备及测量仪器等。微喷灌一般以一条支管控制的范围为一个基本操作单位。

微喷灌对土壤、地形的适应性很强，适用的作物也很广，特别是对生长环境的湿度有较高要求的作物，如温室蔬菜、育苗、花卉或观赏作物等，通过微喷灌还可实现对保护地室内环境湿度或温度的调节，或通过微喷灌对作物叶面灰尘进行清洗等。微喷灌最初是作为滴灌的改进方案出现的，1969 年首次在南非研制试用成功，到 20 世纪 70 年代开始在世界上传播发展开来，随着技术的进步与革新，微喷灌技术在 80 年代以后得到了进一步的完善，推广应用面积也逐年增大。

（1）微喷灌对田间环境的影响。我国学者宋立用等使用微喷灌在浅根性作物种植上开展试验研究，结果表明微喷灌改善了试验区域的田间小气候，改造了因漫灌造成的土壤板结、水肥流失等情况，改善了作物田间的生长环境[①]。桂卫星等在蔬菜大棚种植中使用微喷灌技术，发现微喷灌对地面冲刷较轻，土壤也较疏松，种完茄子辣椒等作物还可免耕翻，免拆地膜喷带，直接继续栽种一茬豇豆等其他蔬菜品种[②]。罗兴录等以木薯为试验材料，开展微滴灌和微喷灌的对比试验，研究不同灌溉方式对木薯产量和土壤理化性状的影响，

---

① 宋立用，王鹏．微喷灌技术在浅根性作物生产中的应用 [J]．排灌机械 .2002，20（5）：40-41.
② 桂卫星，龚明辉，胡晓文等．微喷灌在蔬菜栽培上的应用 [J]．长江蔬菜 .2007（10）：10-11.

结果表明微喷灌对改善土壤化性状，提高木薯产量的效果最好[①]。谢群弟对比高架式组合与地插式组合两种形式的微喷灌技术，试验结果表明在风力小于 1.5m/s 的条件下，高架式组合微喷灌的灌溉均匀度较高，均匀系数可达 93.4%，有效改善了作物生长的小气候，为叶类蔬菜在夏秋反季节生产中提供了适宜的种植条件[②]。

（2）微喷灌对作物的影响。我国学者宋宝香在胡萝卜上开展微喷灌技术的试验示范，结果显示微喷灌可节水 60% 以上，亩增产胡萝卜 420 千克，同时有效减少了果实畸、裂、叉根的比例，提高胡萝卜商品率达九个百分点[③]。许贵民等在春西红柿上的研究表明，微喷灌比沟灌的应用效果好，节水 50% 左右且增产 7% 左右[④]。王凤民等在香菇种植上应用微喷灌，发现微喷灌可有效控制地温，使冷棚内维持适宜的温度和湿度，缩短了香菇的生长期，减少病虫害的发生，提高香菇的产量与质量[⑤]。陈振彬等在胡萝卜的种植上应用推广微喷灌技术，结果表明采用微喷灌技术不仅可以使胡萝卜的成品率提高 20% 以上，还可使胡萝卜外皮光滑少裂痕，提高胡萝卜的质量[⑥]。

## 四、微喷灌技术在露地红（胡）萝卜上的应用

### （一）使用微灌的土壤条件

适合透水性强的土壤，一般为砂壤土或壤土。

### （二）适宜微灌的作物

这种微灌宜于窄行种植的蔬菜上。

### （三）选用微喷灌的类型

选用多孔塑料软管微喷灌，直径为 5 厘米，软管上面有双排小孔，这类微喷灌是一种简易微喷灌，适宜水量不足的地方，抽水用柴油机更方便，将多孔软管铺设于红萝卜空行间地面上，在灌溉期间所有部件都不移动的微灌系统。

### （四）成本及使用年限

安装微灌的成本，一次性每亩投资 400 元，使用年限 3 年。

① 罗兴录，陈会鲜，杨鑫等．木薯不同灌溉方式对产量和土壤理化性状影响研究．中国农学通报 [J].2014，30（18）：151-155.

② 谢群弟，孙泉，田松，黄琼，李蕾．高架式与地插式组合微喷灌技术参数对比试验 [J]. 贵州农业科学，2005（05）：77-78.

③ 宋宝香．露地胡萝卜微喷灌节水栽培技术 [J]. 现代农业 .2015（8）：3.

④ 许贵民，姜俊业，姚芳杰等．大棚春番茄节水灌溉的研究 [J]. 吉林农业大学学报，1994，16（1）：26-29.

⑤ 王凤民，张丽媛．微喷灌技术在设施农业中的应用 [J]. 地下水，2009，31（141）：115-116.

⑥ 陈振彬，张钦逊．微喷灌技术在胡萝卜生产上的应用及技术要点 [J]. 福建农业科技，2014（3）：56-57.

## （五）安装微喷灌注意的问题

在红萝卜种植带空行中间，铺设塑料软管，空行宽 40 厘米，管距一般为 2 米，管距如果太宽，种植带中间有几行红萝卜就浇不透。

## （六）微灌技术的优点

（1）省水，灌溉水的有效利用率高。微灌使灌溉水保持在植物可以吸收到的土壤里，减少地面流失和深层渗漏，一般比地面畦灌可省水 50%~70%。这种方法是现有喷灌种类中较省水的一种灌溉系统。

（2）田间占地少。使用这种微灌不需要作畦，减少了作畦埂和水渠的占地面积。

（3）出苗整齐，节省种子。红萝卜种植技术中最关键的就是捉苗，保全苗是其他措施的前提。微喷灌是把从井下抽上的水喷射到空中分散成细小的水滴，像天然降雨一样进行灌溉，土壤疏松，不板结，利于红萝卜出苗。不像畦灌那样大水漫灌，再加上红萝卜播种深度浅，畦灌有冲出籽种和冲苗现象，土壤板结，导致缺苗断垄。使用微灌出苗率高，所以播种量就比畦灌要少。

（4）节省劳动力，减轻作畦和浇水时的劳动强度。

（5）灌水均匀度高，一般可达 85%~90%。

（6）操作简便易行，投资少。

（7）增产幅度大，商品率高，效益高。微喷灌给红萝卜提供更好的生存和生长环境，使红萝卜大幅度增产，一般增产幅度在 20%~30%，喷灌使土壤疏松，生长出来的红萝卜叉裂根很少，而且肉质根上下粗细均匀，着色好，外部形状美观，商品率高。微喷灌商品率一般在 85% 左右。

# 第七章　现代农业高效栽培技术

## 第一节　小麦高效栽培技术

### 一、小麦宽窄行探墒沟播技术

小麦宽窄行探墒沟播技术是一项传统经验与现代科技相结合的抗逆增产新技术，通过免耕探墒沟播机使灭茬、开沟、起垄、施肥、播种、镇压复式作业一次完成，实现了农机农艺的高度结合，该种植模式具有蓄水保墒、肥力集中、抗旱防冻、通风透光等优点，在省工省时的基础上实现了增产增收。

宽窄行种植和常规播种方式相比，小麦平均行距小，因此可以通过加大基本苗数的方式增加主茎穗，实现增穗增粒的目的。要根据不同品种的分蘖特性来确立播量，一般在焦作市常规品种的适宜播种期在 10 月中上旬，播量为每亩 9 千克，之后每推迟 2 天播种增加 0.5 千克播量。

### 二、小麦节水稳产栽培技术

#### （一）适当深松，精细整地

玉米收获后旋耕播种小麦，是河南地区主要的耕作方式，受该耕作方式影响，土地多年得不到深松，土壤耕作层明显变浅、犁底层逐年增厚、耕地日趋板结，制约了小麦水分的利用。对农田进行深松可有效打破土壤犁底层，加大有效土层厚度，改善土壤的透水性，增强雨水渗入速度和渗入量。在有条件的地方，可每隔 2—3 年深松一次，土壤深松有利于小麦根系下扎，充分利用深层土壤的养分和水分。深耕后耙盖，应做到上虚下实，最大限度地减少土壤水分流失，为苗期做好蓄水保墒，能提高土壤养分的供应和小麦的抗旱能力[①]。

#### （二）适时晚播，全密种植

近年来随着全球气温逐渐变暖，根据小麦生长需要，可适时晚播。适时晚播可以降低小麦冬前生长量，减少冬前耗水、有效防止冻害。选用分蘖力强的节水品种，采用 15 厘

① 袁晓春. 河南省优质小麦高效栽培技术探究 [J]. 种子科技，2020，38（23）：45-46.

米等行距的种植方式全密种植，通过提高田间均匀度，充分利用土地及光热水肥资源，减少无效水分蒸发。播种深度在3~5厘米为宜，早播宜深，晚播宜浅，同时应适当增加播量，依靠初生根生理特点，充分利用深层水分。播后镇压可以有效地碾碎坷垃、踏实土壤，提高出苗率的同时可减轻旱害和冻害的影响。

### （三）适时控水，科学用水

春季降水少，小麦的总耗水量降低，但对土壤深层水的利用增加，对小麦实施旱胁迫的实质是要在足墒播种、播后镇压等保墒措施的基础上，推迟春水的灌溉，一般高产麦田可推迟到小麦拔节期前后，这样可以促使小麦根系下扎到1.5~2米以下，提高对深层水的利用率。实际生产中，沙土保水性能差，必须浇越冬水，壤土只要是足墒播种，播后镇压的壮苗麦田可以不浇越冬水，浇水过多会使小麦无效分蘖增多，浪费水分和养分。小麦拔节期、抽穗期是需水高峰期，此时缺水会对产量造成很大影响，因此要保证浇好小麦拔节水、抽穗水。

### （四）配方施肥，高效用肥

实际生产中最有效的肥料用法是：有机肥与钾肥全部掩底，磷肥70%掩底、30%撒堡头，氮肥50%掩底、50%作追肥。一般每公顷总施肥量为：氮肥220~270千克、磷肥90~120千克、钾肥40~70千克，锌、锰微量缺乏地块，可以用千分之一的硫酸锌加千分之一的硫酸锰混合液在返青期、拔节期各喷洒一次。利用水肥耦合规律，底肥中增施氮、钾肥，以肥代水，可显著增强小麦抗旱耐旱能力，提高产量。同时，合理施肥，以肥调水，可提高土壤有机质含量，增加土壤蓄水能力。

## 三、小麦免耕种植栽培技术

（1）地块要求。目前的免耕播种机在同一平面内，一次播数行，幅较宽，仿形能力差。若地表不平，往往播种深浅不一，严重影响播种质量。实施小麦免耕覆盖播种地块应地面平整、无石头、无沟渠，以利于机械作业，保证作业质量。

（2）秸秆还田。要求玉米秸秆切得细、粉得碎、抛撒均匀，秸秆粉碎长度≤5厘米，特切碎合格率90%，根茬高度≤10厘米，抛撒不均匀率≤20%。如田间秸秆覆盖状况或地表平整度影响免耕播种作业质量，不宜采用免耕播种。或者先进行秸秆匀撒处理或地表平整，保证播种质量。

（3）机具选择。在地表秸秆大量覆盖的条件下，要选择通过性能强、播种质量好、作业效率高的苗带旋耕式播种机。沿黄灌区和大水量并灌区，一般选用播幅2米以上的免耕播种机，小水量井灌区和小地块，推荐选用12~17米播幅的免耕播种机。小麦玉米夏秋两茬免耕播种的地区，播种机具的播幅要配套，小麦推荐使用2.4米播幅的免耕播种机，畦埂宽40厘米，与5行玉米播种机（行距60厘米）相配套。

（4）播前造墒。种肥同播一定要底墒充足，墒情不好的情况下，播种前一定要浇水造墒，掌握"宁可晚播几天，也要造足底墒"的原则，确保足墒下种。由于开沟播种、表层秸秆覆盖，浇蒙头水特别是在大水漫灌的情况下，容易影响小麦出苗，所以提倡玉米收获前15d左右灌水造墒，浇底墒而不浇蒙头水。

（5）振种深度。首先要严格控制播种深度，播深2~4厘米，比传统耕作稍浅。采用宽苗带播种，苗带宽度10厘米，行距22~24厘米。

（6）足量播种。播种量根据播期和品种分蘖特性而定，一般亩播种量为9~13千克，比当地常规播种的适宜播种量增加10%，但是，由于目前农户播种量普遍过大，所以要掌握播量最多不要超过15千克。播前采用药剂拌种的种子，应考虑拌种对播量的影响。

（7）施好种肥。一般可选用N、P、K有效养分含量在40%以上的粒状复合肥或复混肥，每亩施用量为40~50千克。肥料应施在种子侧下方3~4厘米处，避免肥料与种子直接接触，肥带宽度宜在3厘米以上。

（8）机具准备。播前对小麦免耕播种机技术状态进行检查调整，使播种机达到正常状态。

（9）试播。正式作业前应先在地头试作业，检查免耕播种机作业质量是否符合要求，如不符合要求需再做调整，直到达到要求后才可正式作业。

（10）作业要求。小麦免耕播种机开始作业时，应做到边起步边入土。行进速度对播种质量影响很大，播种过程中，前进速度要均匀，不要过快或者忽快忽慢，更不能中途停顿和倒退，如需倒退，须将小麦免耕播种机升起。过埝道，一定要提起开沟器，以防止损坏。为避免出现缺苗、断垄，在地头和田间停车时，应将播种机升起后，机组倒退一定距离，再继续播种。经常观察排种器、排肥器、传运装置、开沟器、输种（肥）管工作是否正常，经常观察开沟器、松土铲是否有壅土、缠草现象，经常检查旋耕部分罩壳内、镇压轮是否黏泥土过多，发生故障应立即停车排除。播种过程中发现漏播，应立即在漏播处插上标记，以便于补种。

（11）田间管理。查苗补种，搞好化学除草，浇好越冬水，重管起身拔节期，加强病虫害防治等。

# 第二节  甜玉米高效栽培技术

## 一、我国甜玉米产业发展概况

甜玉米是外来物种，在我国培育、栽培的时期相对较晚，真正进入大规模种植是20世纪90年代以后。2021-2022年度，我国玉米种植面积为4126万公顷，甜玉米种植面积约占 3%，并且每年仍在以一定规模递增。目前，中国甜玉米种植面积占全球甜玉米种植面积的 25%。

我国甜玉米种植以华南、东南、东北地区为主，广东是甜玉米种植大省，广西、云南、江苏、浙江、四川、河北、黑龙江、吉林和辽宁等省区以及内蒙东部地区都是种植甜玉米的重要地带。

我国的甜玉米产品主要以鲜苞上市为主，少部分甜玉米会被加工成其他形态，鲜食玉米加工产品有甜玉米罐头、速冻玉米粒、速冻玉米穗、玉米饮料等。鲜苞甜玉米以内销为主，而加工产品则主要用于出口创汇。我国的甜玉米仍然有着很大的发展空间[①]。

就目前甜玉米的发展趋势而言，随着制作工艺水平的提升以及出口比重的加大，甜玉米无论是内销还是出口，发展前景都非常良好，生产面积逐年增加，目前年种植面积已经增长到 100 万公顷。

## 二、甜玉米高产优质栽培技术

### （一）隔离种植

要与普通玉米或其他类型的甜玉米隔离种植，以免串粉。可采用空间隔离和时间隔离，但以空间隔离为好。如采用空间隔离，一般平原地区为 300 米以上，如有树林、山岗、房屋、公路等天然屏障，隔离距离可适当缩短。如采用时间隔离，播种期应相差 30 天以上。

### （二）精细整地，施足基肥，浅播细播

甜玉米发芽拱土能力较弱，要种植在土质疏松、肥力好、墒情好、灌排方便的地块。有条件的地区，可在播种前施优质腐熟基肥 1000~1500 千克/667 亩、过磷酸钙 15 千克667 亩，充分混合驱熟后施入效果更好。播种要精细，每穴 3~4 粒，下种后应及时覆土并精细平整畦面，播种深度比普通玉米略浅，一般覆土 4 厘米左右即可确保全苗。

### （三）分期播种

甜玉米采收后不能久放，要根据市场的需要量和工厂加工能力，分期播种，并用早、中、晚熟品种搭配，提高经济效益。

### （四）加强田间管理

（1）查苗补苗、间苗定苗。出苗后，应及时查苗补苗，幼苗 3~4 片叶时间苗，4~5 片叶时定苗。间定苗的原则是除大、除小、留中间，以保证全田幼苗均匀一致。

（2）重视追肥、及时中耕。一般追施有机肥或土杂肥 1000 千克/667 亩左右、尿素 30 千克/667 亩（在苗期、拔节期各追施 7.5 千克/667 亩、大喇叭口期 15 千克/667 亩）、氯化钾 5~7 千克/667 亩，钾肥和有机肥或土杂肥在苗期一次性追施。每次追肥尽量穴施，

---

① 李坤，黄长玲.我国甜玉米产业发展现状、问题与对策 [J]. 中国糖料，2021，43（01）：67-71.

施后及时覆土，每次追肥后应中耕除草。

（3）遇旱浇水。在生育期遇到干旱时，有灌溉条件的地区，应在苗期、大喇叭口期和灌浆期及时浇水。

（4）及时防治病虫害。苗期地下害虫可用锌硫磷0.5千克/667亩加细沙25~30千克/667亩撒施，玉米螟可用呋喃丹颗粒在心叶期或心叶末期撒施，在穗期可用90%敌百虫1份、水300份混合调匀或50%敌敌畏500~800倍喷洒或淋施。

## （五）及时去雄

去雄可使植株体内有限的水分、养分集中用于果穗发育，有利于笋长增长。去雄后采收的笋穗色正、鲜嫩，穗行整齐。去雄过早，容易带出顶叶；去雄过晚，营养消耗过多，去雄则没有意义。

一般采收玉米笋去雄应在雄穗超出顶叶尚未散粉时最佳；采收甜玉米嫩穗去雄应在雄穗散粉后2~3天时最佳。去雄时间以上午8~9时和下午4~5时为宜，有利于伤口愈合。在适期范围内，一般每隔1~2天去雄一次，分2~3次完成。

## （六）适时采收

甜玉米的收获对其商品品质和营养品质影响极大，过早收获，籽粒内含物较少，收获晚了，则果皮变硬渣多。一般来说，适宜的收获期是以果穗授粉后20~23天为宜，若以加工罐头为目的的可早收1~2天，以出售鲜德为主的可晚收1~2天。

# 第三节　大豆高效栽培技术

## 一、春播大豆高产栽培技术

大豆是绿色增产增效的首选作物之一，要提高大豆生产水平，首先应尽快大量地选育高产、稳产、优质、抗性好，适应性广的大豆新品种，其次是配套适宜的高产高效栽培技术，然后是迅速有力地推广应用。大豆新品种的推广，一般可使产量提高约10%，而应用与之配套的栽培技术，可实现高产。根据品种特性，在各个生育阶段抓住当地当时的主要矛盾，采用相应的栽培技术措施，其增产作用非常明显[1]。

大豆栽培技术措施如下：

（1）精选种子。在选用优良品种的基础上，对种子进行精选。播种前应将病粒、虫蛀粒、小粒、秕粒和破瓣粒拣出，剔除混杂的异品种种子，优良种子的精选净度要求达97%以上，纯度98%以上，发芽率应在95%以上，含水量低于13%。田间出苗率在85%以上。

---

① 郑海发.北方春播大豆高产栽培技术[J].中国种业，2013（07）：95.

（2）根瘤菌拌种。每666.7亩用根瘤菌剂0.25千克，加水搅拌成糊状，均匀拌在种子上，拌种后不能再混用杀菌剂。接种后的豆种要严防日晒，并需在24小时内播种，以防菌种失去活性。

（3）品种选择。一般选择晚熟品种，产量表现较高。如：晋豆19、承豆6号、中黄30、晋豆19等。

（4）足墒早播。根据土壤墒情，做到足墒尽量早播种。4月20日前后播种。过早播种会遇到晚霜危害。大豆播种深度一般以3~4厘米为宜。播后及时覆土、镇压，做到覆土严密，镇压适度，无漏无重，抗旱保墒。

（5）合理密植。播种密度因品种、土壤肥力水平确定。播种行距50厘米，株距10~13厘米，播种量为3~4千克/666.7亩。土壤肥水条件较好时，密度宜小；土壤肥水条件差时，密度宜大。一般保苗密度1.11万~1.33万株/666.7亩。

（6）酌情追肥。一般在定苗后追施尿素5千克/666.7亩。生长后期视大豆长相长势酌情追肥或叶面喷施磷酸二氢钾等叶面肥。

（7）中耕除草。大豆苗期结合机械中耕进行除草。大豆株高10~15厘米时为苗期除草的适宜时期。大豆中耕一般3~4次，中耕深度以2~4厘米为好。在大豆第一片复叶展开时，进行第一次中耕；株高25~30厘米时，进行第二次中耕；封垄前，进行第三次中耕。

（8）化学调控。对大豆生长过旺的地块在大豆分枝期用100毫克/升浓度的烯效唑加大豆盛花期用150毫克/升的5%烯效唑可湿性粉剂溶液处理，可以降低株高、促进茎秆粗壮、增加单株粒数和百粒重，并能提高大豆的抗倒伏能力。

## 二、大豆一小麦带状复合套种种植技术

小麦套种大豆的关键是前期应抓好两作全苗、壮苗；中期小麦以促为主，大豆以控为主；小麦收获后促大豆生长，保花增荚，提高粒重，严防早衰。

（1）精细整地。前作收获后及时伏（秋）耕灭茬，深耕土壤，深度23.0厘米；平田整地，打埂围畦，灌足冬水；早春顶凌耙耱1~2次，镇压保墒。

（2）增施肥料。施肥以农家肥为主，增施磷肥，氮磷配合。结合秋季耕地施农家肥3500~4000千克/666.7亩；带种肥：小麦带种肥磷酸二铵15~20千克/666.7亩，尿素2.5~3.5千克/666.7亩；大豆种肥带磷酸二铵2~3千克/666.7亩。

（3）选择优良品种。为了更加有效地协调好小麦和大豆两作共生期间的矛盾，小麦品种选择高产优质、茎秆直立、抗逆性强、半产性好的品种，如：宁春4号、H3014等；大豆选用中晚熟、茎秆直立、不易裂荚落粒、抗倒伏、丰产性好的高产抗病虫优良品种，如：晋豆19号、中黄30、承豆6号、宁豆4号等。

（4）适期播种，合理密植。小麦3月上旬适期早播，并预留大豆带。大豆可适当推

迟到 4 月 20 日左右播种，即小麦苗出齐出全后开始播种，力争小麦灌头水时大豆能全苗。小麦采用 7 行播种机播种，带宽 90 厘米，种 7 行；大豆采用 2 行穴播机播种，种 2 行。小麦播种量 18~20 千克 /666.7 亩。保苗 35 万株 /666.7 亩，大豆播种量 4 千克 /666.7 亩，保苗 0.7~0.8 万株 /666.7 亩。

（5）加强田间管理。①苗期管理小麦苗期浅锄草松土，增温保墒，及时拔除田间大草，培育壮苗，大豆苗出齐后于 4 月下旬及时灌头水，结合灌水小麦带追尿素 20 千克 /666.7 亩，促进小麦生长。②中期管理小麦孕穗期于 5 月 20 日左右灌第二水，大豆带追施尿素 5 千克 /666.7 亩；6 月中旬灌第三水；小麦收获前 10 天灌第四水；小麦有潜叶蝇、黏虫、蚜虫危害时可用敌百虫或氧化乐果乳油 800~1000 倍液防治。小麦成熟后于 7 月上中旬及时收割，为大豆尽早创造良好的环境条件，有利生长。③后期管理小麦收获后应促进大豆生长发育，7 月下旬至 8 月初大豆灌第五水，促进大豆增花保荚。同时，追施叶面肥，一般喷施 0.3%~0.5% 的磷酸二氢钾溶液 15.0~22.5 千克 /666.7 亩。防治蚜虫用 40% 乐果或氧化乐果 1000~1500 倍液进行防治。

（6）适时收获。7 月上旬或中旬小麦成熟后及时收获、入库。大豆收获期应掌握在叶片脱尽，叶柄大部分脱落、豆荚变褐色、荚粒摇动有响声时及时进行收获。籽粒充分晒干，含水量降至 15% 以下，除去杂质后分级装袋，入库贮存。

## 三、大豆—玉米带状复合间作种植技术

### （一）精细整地

10 月份前茬收获后，结合机械秋深耕翻晒将有机肥料作基肥全层深施，并结合进行平田整地。11 月初，冬前灌足、灌透冬水。2~3 月份耱地 2~3 遍，耙耱保墒。播种前机械旋耕耙地，造好底墒，达到待播易播状态。

### （二）品种选择

大豆品种选择广适应、矮秆、耐阴的中黄 30、宁黄 248 等品种。玉米品种选用耐密、抗病、优质、高产品种，如大穗种植品种沈单 16 号或中高秆耐密品种先玉 335、郑单 958 等品种。

### （三）种植规格

采用玉豆 2：2 行比间作配置，宽、窄行种植。关键一：扩行距，窄行由生产上的 20~40 厘米调整为 30 厘米，宽行由 60~80 厘米调整为 160~170 厘米；玉米大豆间距 65~70 厘米；玉豆间作幅宽 190~200 厘米。关键二：缩株距，玉米株距由生产上的 22~30 厘米调整为 12 厘米；大豆播种株距 7~10 厘米。

**（四）适期晚播**

当土壤表层 5~10 厘米地温稳定在 10℃以上时播种。播期为 4 月 15~25 日，用 2BMZJ-4 玉米大豆一体播种机择期精量播种。播种前大豆用根瘤菌剂拌种，每 10 千克大豆种子拌大豆根瘤菌剂 150 毫升，随拌随用，阴干即可播种。

**（五）播种质量**

大豆、玉米适宜的播种深度，应根据土壤质地、墒情和种子大小而定。播深合理，种子紧贴湿土，一般以 4~6 厘米为宜。要求落粒均匀、深浅一致、覆土良好、镇压紧实，确保出苗整齐一致，一播全苗。

**（六）保证密度**

种植密度应视地力水平和品种耐密性确定。一般玉米播种量 37.5~45 千克 / 公顷，大穗种植品种，如：沈单 16 号等，保苗密度 75000~82500 株 / 公顷。中高秆耐密品种，如：先玉 335 等，保苗密度 90000~97500 株 / 公顷。大豆播种量 45 千克 / 公顷，保苗密度 150000 株 / 公顷左右。

**（七）田间管理**

（1）芽前除草大豆、玉米同期播种后用乙草胺加适量百草枯及时进行播后芽前药剂封闭灭草。大豆、玉米出苗后的除草主要通过中耕完成。

（2）中耕提温大豆、玉米宜早中耕。出苗后结合除草对大豆、玉米进行中耕2~3次。第1次中耕宜浅，以3~4厘米为宜，避免伤根压苗；第2次中耕，苗旁浅行间深，力争达到苗全、苗齐、苗壮。

（3）查苗补种玉米、大豆一次全苗是关键。原则上不间苗、不定苗、不补苗。大豆出苗后，及时查苗，发现由于虫、鸟危害以及播种质量造成缺苗断垄应及早补种。

（4）肥水运筹玉米苗期追施尿素225千克/公顷，大喇叭口期追施尿素300千克/公顷，磷酸二铵75千克/公顷。大豆、玉米幼苗期不灌水。玉米拔节、抽雄、灌浆中期及时灌溉，大豆不单独进行施肥和灌水。

（5）化控防倒间作大豆受玉米遮阴，造成藤蔓或者倒伏，喷施烯效唑能明显改变大豆植株的农艺及产量性状，大豆分枝期喷施100毫克/升+大豆盛花期喷施150毫克/升5%烯效唑可湿性粉剂的效果最好。

（6）防治杂草及虫害。①防除杂草。玉米间作大豆采用播后苗前封闭除草，每666.7亩用150~200毫升的50%乙草胺，或100~120毫升的90%乙草胺混50~70毫升的72%4-D丁酯，兑水15~20升均匀喷雾；②及时防治病虫害。大豆重点防治地下害虫、大豆蚜虫、大豆红蜘蛛、食心虫；防治红蜘蛛采取喷施炔螨特、红满盖等药剂。

## （八）延期收获

大豆先于玉米成熟，大豆收获后（9月下旬），再收获玉米（9月底至10月初）。当大豆茎秆呈棕黄色，有90%以上叶片完全脱落、荚中籽粒与荚壁脱离、摇动时有响声，是大豆收获的最佳时期，用4LZ-1.0型大豆联合收割机收获大豆。当玉米苞叶变黄白色、籽粒胚部变硬时及时机械收获玉米。

# 四、大豆—西瓜带状复合套种栽培技术

生产实践表明，西瓜生长到一定时期种植后作大豆，使西瓜和大豆短期共生，西瓜采收后，大豆有充分的独立生长时间，不但可以主收一茬西瓜，而且还可以多收一茬大豆，充分利用了当地的光、热资源，提高了肥料利用率和土地利用率，既增加了经济收入又培肥了地力，确实是一种理想的高效种植新模式。

## （一）地块选择

西瓜套种大豆的地块应选择地势平坦，灌排方便，没有盐碱，土壤肥沃的砂壤土，前茬以小麦、玉米等作物为宜，不宜重茬和连作。

## （二）整地、施肥、作垄

（1）整地越冬前地块用深松农业机械深翻20~30厘米，并灌足冬水。早春结合耙、耱、旋耕进行田面平整，保证田块平整松软无坷垃，然后按照西瓜栽培方式进行基施肥料、起垄、覆膜。

（2）施肥4月5~6口结合耙地、耢地进行基施化肥。耙地前人工撒施磷酸二铵10千克/666.7公顷，尿素10千克/666.7亩，三铵复合肥10千克/666.7亩。起垄后在垄上开沟基施磷酸二铵10千克/666.7亩，尿素10千克/666.7亩。

（3）作垄用拖拉机悬挂起垄机械起垄，西瓜垄净宽150厘米，垄沟净宽40厘米，总带宽190厘米。垄沟深20厘米。机械起垄后人工进行平整修理，保证垄直、土碎无坷垃，垄的宽窄合乎覆膜要求。

## （三）种子选择及处理

（1）品种大豆品种选择中黄30。中黄30生育期124天，株高72厘米，单株有效荚数47.8个，百粒重21克。该品种圆叶、紫花，灰色茸毛，有限结荚习性，种皮黄色，褐脐，籽粒圆形。

（2）种子消毒西瓜采用温汤浸种或药剂消毒的方法进行处理。

## （四）密度

西瓜4月5~10日定植。西瓜垄宽150厘米，每垄种2行，行距120厘米，穴距60~80，定苗900~1000株/666.7亩，移栽或播种后及时覆膜。5月20~6月5日西瓜灌水后等地皮发白时大豆应及时播种。大豆种植在西瓜垄地膜两侧的垄沟内，每个垄沟内种 2 行大豆，行距 25~30 厘米，定苗株数 1.1~1.2 万株 /666.7 亩。

### （五）田间管理

（1）保全苗、培育壮苗西瓜以保墒、增温、保苗为管理重点。4 月 28 日左右地膜打眼放风并进行田间除草。当西瓜真叶展开时定苗。4~6 片真叶时适当浇水。大豆出苗后结合中耕锄草做到早间苗、早定苗、缺苗断垄早补种。

（2）追肥。追肥以氮肥为主，磷肥和钾肥在起垄覆膜前作为基肥一次性施入，中后期不再追肥。7 月上旬西瓜采收后，黄豆进入生殖生长期，此时应酌情追施化肥及时喷施叶面肥，争取花早、花多，防止花、荚脱落。大豆开花结荚期，叶面喷施磷酸二氢钾和硼、钼等微肥 2~3 次。

（3）灌水西瓜大豆共生期间主要根据西瓜生长需求灌水，一般西瓜全生育期灌水 3~4 次。西瓜幼苗期需水较少，一般不浇水；大豆花荚期和鼓粒期应及时浇水，以水攻花保荚，促进养分向籽粒转移，增加有效荚数，促进籽粒饱满，增加粒重。

（4）整枝西瓜的整枝方法因肥力水平、长势长相、密度大小而不同。在整枝的过程中适当压蔓，调节营养生长和生殖生长，利于坐果和果实的生长。

（5）坐果期的理想管理的坐果部位是主蔓上的第二、三朵雌花。为保证第二、三朵雌花的坐果率可进行人工授粉。一般每株瓜的主蔓留 3 个侧蔓，每个侧蔓坐 1 个瓜。

### （六）病虫害防治

西瓜主要病虫害有霜霉病、蚜虫，大豆主要虫害有红蜘蛛。防治霜霉病：西瓜霜霉病发病初期，每 4~5 天喷 1 次 72% 克露可湿性粉剂 600 倍液，连续喷 2~3 次；防治蚜虫：用 25% 吡虫啉乳油 1000 倍液喷雾；防治红蜘蛛：当大豆卷叶株率到 10% 时应立即用药防治，用 73% 灭螨净 3000 倍液，或 40% 二氯杀螨醇 1000 倍液喷雾，连喷 2~3 次。

### （七）成熟与采收

西瓜从开花到成熟需 30~40 天。一般在 6 月底 7 月初采收上市。

大豆收获是实现丰产丰收的最后一个关键性措施。收获过早，由于籽粒尚未成熟，干物质积累没有完成，不仅会降低粒重和蛋白质，脂肪的含量，而且青粒、秕粒较多。收获过晚易炸荚掉粒，造成浪费，遇阴雨会引起品质下降。

9 月下旬至 10 月上旬当大豆叶片已大部脱落，茎荚变黄色或褐色，籽粒呈现品种固有色泽，籽粒与荚壳脱离，摇动植株有响声时应及时收获。人工收获大豆最好趁早晨露水未干时进行，以防豆荚炸裂减少损失。大豆割倒后，应运到晒场上晒干，然后脱粒。

# 第四节  辣椒高效栽培技术

辣椒销量大，价格平稳，是调整农村产业结构的首选蔬菜。科学栽培是产生高效益的重要方面，所谓"三分种、七分管、管理不当不高产"。我国各地气候差异很大，各种栽培形式的播种期、定植期、采收期均有不同。

## 一、露地辣椒的栽培管理

### （一）春露地栽培技术

春露地栽培是继春提前辣椒上市后紧跟上市的一种栽培形式。一般从6月上中旬开始收获，一直可以收获到10月份。

1. 品种选择

春露地栽培依据栽培目的不同，可以分为以早上市为目的的露地早熟栽培和以越夏恋秋收获为目的的恋秋栽培两种情况。

露地早熟栽培应选用早熟或中早熟、抗性好和前中期产量高的品种；露地恋秋栽培应选用中晚熟或晚熟、结果多、果大、抗病、抗热、中后期结果能力强的品种，一些中熟品种也可以采用。可根据本地情况，选择本书所介绍的相应品种。

2. 播种育苗

春露地栽培的大田定植期应选在定植后不再受霜冻危害的时期，尽量早定植，以使辣椒早熟高产。定植期多在4月中下旬，从播种到发育成大苗，达到定植时要求的标准一般需80~90天的苗龄。适宜的播种期为1月上旬至2月上旬。

育苗场所应选在日光温室或大棚内，此时天气仍然寒冷，所有育苗设施都要提前覆盖薄膜增温，并准备好草苫，以备夜间覆盖。播种后设施中温度白天应保持在20~28℃，夜间15~18℃。

3. 整地施肥

用于春露地栽培，应选择在地势高燥、耕性良好、能排能灌的地块。因辣椒怕重茬连作，需要选择2~3年内未种过茄果类蔬菜和黄瓜的春白地，前茬作物以葱蒜类为最好，其次为豆类、甘蓝类等。冬前深耕、冻垡，以消灭土壤中的病虫害。由于辣椒生长期较长，底肥中需要以施用肥效持久的有机肥为主，并与无机肥配合均衡施用。每亩施充分腐熟优质农家肥5000~8000千克、尿素15千克、过磷酸钙50千克、硫酸钾15千克，施肥至少需要在定植前7~10天完成。重施有机肥，有利于增加后期产量。底肥的2/3要施于地面，然后耕深25~30厘米，反复耙平，剩余的1/3底肥在起垄前施于垄下，经浅锄使粪土掺匀后再起垄。

春露地栽培辣椒一般都采用宽窄行小的高垄栽培。具体方法是，定植前5~7天，按行距放线，宽行 60~70 厘米，窄行 40~50 厘米，放线后，在窄行内施肥，然后两边起土培成半圆形小高垄，垄高 10~15 厘米。

采用地膜覆盖栽培。春露地栽培覆盖地膜能增加表层 5 厘米地温 3~10℃，减轻水分蒸发，减少浇水次数，防止雨水和浇水对地面的冲刷，保持良好的土壤结构，提高土壤肥力，使辣椒增产 25%~50%，提早上市 5~8 天。覆盖地膜是一项增产增收的重要措施。

4. 定植辣椒不耐霜冻，应在当地终霜期结束后开始定植

以河南省为例，河南省定植期多在 4 月中下旬。定植应选择晴天。株距 35~45 厘米，早熟及中早熟品种定植密度可大些，中熟及中晚熟品种定植密度宜稀疏。定植前按株距踩出株距线，用栽苗小铲在株距线上铲破地膜，挖出部分土，将苗坨放入，并用挖出的土封好四周，不使风吹入膜内。栽植深度以土坨与畦面相平为宜，不可过深，否则地温低，通气性差，缓苗慢。可随即浇穴水，也可以在栽完后浇一次水，最好在 10℃ 左右温度高时浇水[1]。

5. 田间管理

（1）定植后至坐果前。此期管理上要促根、促秧、促发棵。定植后处于4月中下旬，地温、气温对辣椒生长而言仍较低。应在5~7天缓苗后，结合浇水，追施1次提苗肥，每亩施尿素10千克。土壤见干时，及时中耕增温保墒，促进植株根系的发育。在缓苗至开花这一段时间，管理要促、控结合，蹲苗不应过分。

（2）坐果早期。门椒开花后，严格控制浇水，防止落花、落果。大部分植株门椒坐果后，结束蹲苗。结合浇水，进行1次大追肥，每亩施尿素20~25千克或腐熟人粪尿1000千克，施肥后立即浇水，结合中耕除草进行1次培土。

（3）盛果期。一般早熟品种6月上中旬、中晚熟品种6月中下旬进入盛果期。进入盛果期时，气温也较高，不下雨时沙壤土7天左右要浇1次水，以晴天傍晚浇水为宜。可以1次浇清水，1次追肥，每亩施尿素10~20千克。植株封行前可做浅中耕，并进行培土，防止结果过多而倒伏。因辣椒根系分布较浅，好气性强，培土不易过深，封行后不再中耕。除施大量元素外，辣椒对硼等微量元素比较敏感。据试验，在花期至初果期叶面喷施2次0.2%硼砂，可提高结果率。在苗期，封垄前及盛果期使用0.05%硫酸锌溶液在叶面上喷洒3次，可维持植株的正常代谢，增强植株抗病性，减轻病毒病的发生。有条件的可覆盖遮阳网，降低田间温度，以利于坐果。雨后及时排出田间积水。

采用地膜覆盖栽培，由于田间操作、风害等原因常会出现地膜裂口、边角掀起透风跑气的现象，不仅增加土壤水分蒸发，降低地温，而且还会使杂草得以滋生。整个管理过程中要保护好地膜，发现破口和边角掀起要及时用土封压严。

8月中旬以后，炎热季节过去，辣椒会再发新枝开花坐果，进入第二个结果高峰期，

① 旷义. 辣椒高效栽培技术 [J]. 农家参谋，2019（03）：61.

此时要恢复到第一个结果高峰期的肥水管理水平，7~10天浇1次水，浇水结合追肥，后期还可以顺水追施稀粪，以保持植株健壮生长，实现恋秋成功。对于不能或不宜恋秋生产的早熟或中早熟品种，可以在第一个产量高峰期过后拔秧。

（4）整枝顺果辣椒露地栽培，主要靠主枝结果，门椒以下的每个叶腋间均可萌发侧枝，不但消耗养分，影响早期坐果，还会影响植株的正常生长发育，降低产量，故应及时疏除门椒以下侧枝。辣椒结果多，产量高，株型高大，为防倒伏，应插杆搭架来固定植株。

辣椒坐果后，有的果实易被夹在枝干分杈处，受枝干夹挤后易变形，可在下午枝干发软时进行整理。

6.采收果实变深绿、质硬且有光泽为青果采收适期

如青果价低，红果价高，也可延迟采收部分红果上市。但应注意，为确保果实和植株的营养生长，前期果实要早采收，否则对产量的影响极大，应摘去已变硬、无发展潜力的小僵果和畸形果。

## （二）露地栽培的夏季管理

辣椒在春分至清明播种育苗，在小满至芒种定植大田，在立秋至霜降收获的栽培方式称为越夏栽培，又叫夏播栽培、夏秋栽培、抗热栽培。越夏栽培可与大蒜、油菜、小麦等接茬种植，也可与西瓜、甜瓜、小麦间作套种，充分利用土地资源，增加复种指数。越夏辣椒生产，结果盛期正值9~10月份，气温较低，不易腐烂，便于鲜果长途运输，经过短期贮藏，又可延至元旦、春节供应市场。

（1）品种选择。越夏栽培辣椒主要供应夏、秋季节。由于气温高、湿度大，容易引发病害，造成减产甚至绝收，所以要选用耐热、抗病、大果、商品性状好、产量高的中晚熟和晚熟辣椒品种，一些抗性好的中熟品种也可选用。如果外销，还应选择肉厚耐压、耐贮运品种，如郑椒16号、湘椒37号。

（2）播种育苗。在一般情况下，辣椒从播种育苗到现蕾开花需60—80天，但在气温较高的夏季，所需时间会相应缩短。与大蒜、油菜等接茬种植或与西（甜）瓜、小麦套种的，一般于3月中下旬育苗，接麦茬定植的，一般于4月上旬播种育苗。苗床设在露地，不过育苗前期温度低，需要覆盖小拱棚，待晚霜过后撤除。

为了减少分苗伤根、缩短非生长期及防止引发病害，一般采用一次播种育苗的方法，因此需要稀播，出苗后再进行2~3次间苗，到长出1~2片真叶时定苗。苗距12厘米左右，每穴留苗数依栽培方式而不同，与大蒜、油菜、小麦等接茬种植的，每穴留1株健壮苗，与瓜套种和与麦套种的留2株。

幼苗有干旱缺水现象应及时浇水，浇水时可施入少量肥料以促苗生长。定植前1~2天浇1次水，有利于带土起苗。

（3）定植。与大蒜、油菜、小麦等接茬种植的，应做到抢收、抢耕、抢早定植。前茬作物收获后，要立即灭茬、施肥、耕地、做畦和定植。由于辣椒怕淹，应采用小高畦栽培，但不用覆盖地膜，苗栽在小高畦两侧近地面肩部，以利于浇水和排水。可等行距定植，最好是宽窄行交替定植，便于管理。宽行，辣椒 70~80 厘米，甜椒 60 厘米；窄行，辣椒 50 厘米，甜椒 40 厘米。穴距：辣椒 33~40 厘米，每穴单株；甜椒 25~33 厘米，每穴双株。夏季气温高，易发生病毒病，所以越夏辣椒应适当密植。特别是甜椒，密度大、枝叶茂、封垄早，可较好地防止日烧病，而且可降低地温 1~2℃，保持地面湿润，形成良好的田间小气候，有利于植株正常生长发育。定植前每亩要施腐熟优质农家肥 5000 千克、过磷酸钙 50 千克和硫酸钾 25 千克作基肥。

辣椒与西（甜）瓜套种时，西（甜）瓜应选用早熟品种，并实行地膜覆盖栽培。辣椒苗套栽时间可安排在西（甜）瓜播种后的 30 天左右。方法是：每垄西（甜）瓜套栽 2 行辣椒，即在两株西（甜）瓜之间的垄两侧破膜打孔各定植 1 穴辣椒。

辣椒与小麦套种时，一般是在大田 2~2.2 米一带，播种 2 行小麦，留 0.8~1 米宽空畦以供定植辣椒。于 5 月上中旬定植，在所留空畦中平栽 2 行辣椒，穴距 50 厘米，每穴 2 株，窄行行距为 60 厘米，宽行行距为 1.5~1.6 米。定植时按穴距挖穴栽苗。

定植应选阴天或晴天 15 时后进行，尽量减轻秧苗打蔫。起苗前一天给苗床浇水，起苗时尽量多带宿根土并防止散坨，尽量减少伤根。栽后立即覆土浇水。缓苗期需要连浇 2~3 次水，以降低地温，加速缓苗。

（4）田间管理越夏辣椒定植后，应合理浇水，科学施肥，促使早缓苗、早发棵、早封垄，这是夺取高产的基础。

定植后若天气干旱，应及时补浇缓苗水。缓苗后追一次提苗肥，每亩施磷酸二铵 7~10 千克，促使苗早发棵，但追肥量不能过多，过多易引起徒长。缓苗后应及时进行 1 次中耕，以破除土壤板结，增加根系吸氧量，促进壮苗，预防徒长。

夏季气温较高，在不下雨时沙壤土 7 天左右浇 1 次水。宜在傍晚时浇凉井水，可将田间温度从高温降至适宜，而且以后几天仍有降温效果；不宜在白天温度高时浇水，高温时浇水田间温度很快回升，辣椒易发生病毒病等影响生长。浇水的原则是：开花结果前适当控制浇水，保持地面见干见湿；开花结果后，适当浇水，保持地面湿润。湿度过高或过低都易引起落花、落果，对果实发育不利。暴雨后及时排水，避免田间积水。如天热时下雨，雨后应及时浇凉井水，俗称"涝浇园"，可降低地温，减少土壤中二氧化碳含量，增加氧气含量，有利于根系发育。若雨水太多、叶色发黄时，应及时划锄放墒，且叶面喷施磷酸二氢钾，增强植株抗逆性。盛果期可以结合浇水追肥 3~4 次，每次每亩施尿素或磷酸二铵 10~20 千克。生长的前中期要及时进行中耕锄草培土，坐果后不宜中耕，以免发生病害。秋分以后，气温逐渐降低，果实生长速度减慢，注意追施速效肥料，结合浇水每亩施磷酸二铵 15 千克或尿素 10 千克，并注意叶面喷施磷酸二氢钾和微量元素肥料，保证后期果充分发育。

越夏辣椒，门椒、对椒开花坐果期正值高温多雨季节，为防止因高温多雨引起落花、落果，可在田间有 30% 的植株开花时开始，用 25~30 毫克 / 千克番茄灵处理，每 3~5 天处理 1 次。方法是用毛笔蘸药液涂抹花柄或雌蕊柱头，或手持小喷雾器喷花亦可。但要注意不要把药液喷到茎叶上，避免产生药害。8 月中旬以后气温降低，不再使用。据试验，花期喷 0.2% 磷酸二氢钾液也可产生明显效果。

盛夏高温季节，气温较高，空气湿度低，土壤水分蒸发量大，为防止土壤水分过分蒸发，宜在封行之前，高温干旱未到之时，在辣椒畦表面覆盖一层稻草或农作物秸秆，这样不但能降低土壤温度，减少地面水分蒸发，起到保水保肥的作用，还可防止杂草丛生。另外，夏、秋季易下雨，下大雨时覆盖物还可减少雨水对畦面表土的冲击，防止土表的板结。经过地面覆盖的辣椒，在顺利越夏后转入秋凉季节，分枝多，结果多，对提高辣椒产量很有好处。覆盖厚度以 3~4 厘米为宜，太薄起不到覆盖效果，太厚不利于辣椒的通风，易引起落花和烂果。

（5）采收。门椒要及时采收，以免过度吸收养分、影响植株挂果，减少产量。甜椒一般是青果上市，而辣椒在果实深绿、质硬有光泽时及时采收。红果价钱高时也可采收部分红果。冬贮保鲜的，则必须采摘青果，以延长保鲜期，霜降前应一次采收。

### （三）高山栽培技术

根据山区夏季气候较凉爽的特点，于夏季高温季节在高山种辣椒，能获得较好的生产效果。特别是甜椒，由于不耐高温，易感染病毒病，在中原地区的城市近郊和平原地区很难越夏。在 7 月中下旬后，主要依靠从夏季冷凉地区，如山西的长治、河北的张家口等地贩运。我国河南、山东、安徽等省的一些高山区，夏季气候也比较冷凉，完全适合甜椒的生长和开花结果，不少地方已经在高山区建立了夏季生产基地。利用高山区气候资源优势，发展高山蔬菜，已成为加快山区农村经济发展，促进农业增效、农民增收的重要途径。

高山地区有条件的可进行立体区划：海拔 400~600 米的高山种耐热性、适应性强的制干椒，600~800 米种鲜食辣椒，800 米以上种甜椒。一般 4 月份播种育苗，6 月上中旬定植，7 月下旬至 10 月份采收。海拔高、早熟品种，播种期应适当提前。海拔低、中熟品种，播种期则相应推迟。栽培技术可参考春露地及越夏栽培。

高山地区大部分土壤有机质含量低，是较为贫瘠的土壤，增施农家肥是改良土壤、提高土壤肥力的较好办法，适当施用化肥也是必要的。

### （四）南菜北运栽培技术

我国传统的辣椒栽培多为春季定植，夏秋采收，而在冬春季，我国广大地区不适于辣椒生产，市场上鲜椒供应处于淡季。随着商品经济的发展、交通运输的方便和栽培技术的提高，近几年来，广东、广西、云贵、海南等地的菜农利用当地冬季气温高、霜冻少等适于辣椒生长的有利条件，开展冬季辣椒生产，然后输送到全国市场，缓解了淡季鲜椒供应不足的矛盾，同时获得了较好的经济效益，这些地区已逐渐成为冬季辣椒生产的基地。

1. 品种选择

因辣椒生产是以集中栽培、外向型销售为特点，故应选择耐贮藏运输、产量高、品质优、商品外观漂亮的品种。因辣椒是基地化、规模化生产，轮作条件有限，而气候条件又比较适宜，这些都有利于病虫害的发生，所以在选择品种时，对其抗病性也要有较多的考虑。目前，生产上种植比较普遍的辣椒品种有宁椒7号、查理皇、湘研9号、湘研5号、湘研9401、湘研3号、新丰5号、9919、农丰41号、茂椒4号、海丰14号、中椒13号等，甜椒品种有中椒Ⅱ号、中椒5号、京甜5号等。

2. 播种育苗

要使苗期避开高温季节，既要使初果期避开"三九天"，还要使盛果期处于春节前后供应淡季市场。一般于8月上中旬播种。苗床地要求精耕细作，营养土充足，并经过消毒处理。苗床周围应设排水沟，防止积水。每亩用种量50~80克。播前将种子浸泡8个小时，可促进种子出芽和出芽整齐。播种覆土后，再盖上一层稻草或遮阳网，以保持土壤湿润。播后应每天检查土壤是否湿润，土壤湿度不够要及时浇水，防止土壤发干和幼芽干枯。经过4~6天，幼苗即可出土90%。幼苗出土后，应及时揭开稻草和遮阳网。由于8月份气温较高，要经常浇水，保持床土湿润，浇水应在早晨或傍晚进行，避开中午高温。为防土壤板结，要及时中耕除草。前期一般不要追肥，以苗床营养土养分为主，若发生缺肥时，可结合浇水，施入适量的氮、磷、钾三元复合肥1~2次，每10平方米的幼苗施用量为100克，浓度为2‰~3‰。幼苗生长至3~4片真叶，即出苗后20天左右，分苗1次。分苗床幼苗要增加施肥次数，每隔5—7天追施1次，浓度与用量同播种床。苗期病害较少，主要是及时浇水防旱和喷洒杀虫剂防治蚜虫等害虫。

3. 土壤准备

（1）土壤选择。辣椒忌连作，选择前茬作物为水稻较为合适。刚开垦出来的土壤较贫瘠，大规模生产蔬菜时，有机肥供应不能满足生产的需要。要选择经过多年种植的熟土，土壤肥沃，土质结构疏松，保肥、保水、散水性好。在田地周边设有排水沟保证不积水，又要有灌溉抗旱的水源。

（2）整地做畦。定植前要施足基肥。整地必须精细，经两犁两耙后起土做畦，畦宽含沟0.9~1.2米，每畦定植2行，畦内行距30厘米左右，株距20~30厘米。

4. 定植

10月至11月上旬均可定植，以苗龄50天左右的幼苗较合适，栽植的密度可适当加大，株距 20~30 厘米，每亩栽植 4000~6000 株，促使辣椒集中挂果，以便集中供应。椒苗要带土移植，定植后浇足定根水，可保证成活率。

5. 田间管理

（1）及时除草中耕。由于广东、广西、海南等地一年四季气温较高，气候适宜，杂草种子很少休眠，而且生长快，如不及时进行除草，可能会造成草荒，增加除草难度；由于杂草丛生，造成植株透气性差，生长瘦弱，病虫滋生，导致大规模病虫害发生。如病虫害药剂防治效果不佳，茂盛的杂草往往成为病虫躲避药剂的场所，故每隔 4~6 天应进行 1 次除草，使杂草在萌芽状态时就被清除。结合除草要进行中耕，特别是雨后初晴，更应中耕松土，增加土壤的孔隙，防止板结。中耕一方面有利于氧气进入和有害气体散出；另一方面保证浇肥、浇水的顺利进行，使肥水不致因土壤板结而流失，可大部分渗透、吸收供给根系。

（2）加强肥水管理。冬季栽培辣椒是以抢淡季、集中供应为特点，它要求辣椒在短期内供应市场，采收期比常规栽培应短。如果拉长采收期，虽然有较高的产量，但在 5 月份以后，全国各地大部分早熟辣椒已上市，此时海南岛、广东、广西等地的辣椒也运送到内地，价格竞争力不强，从而失去栽种的意义。经过贮藏运输的辣椒商品性不如当地即采即卖得好，成本费用也较高，在 5 月份以后采收的这部分辣椒经济效益不是很好，故应加强肥水管理，促进植株生长发育，集中开花结果，促进果实快速膨大，争取在淡季供应市场，以获取较高的效益。

施肥一般在缓苗后 3 天左右进行，在植株之间的行内开浅沟，撒施复合肥，每亩 10 千克。在开花之前沟埋两次，然后覆土浇水，老化弱小的幼苗，可用 0.003% 的 902 淋菔提苗，效果明显。植株开花坐果后及每次采收后，可用沟埋施肥的方法施复合肥和钾肥，供果实膨大、抽发新枝及开花、坐果，每亩每次施复合肥 5 千克，钾肥 5 千克。施肥时注意，不要将肥料弄到植株上和距离根际太近处，以防伤及叶和根。在植株封行后大量挂果时或沟施肥效果慢时，可进行叶面追肥，在无大风、阴天时喷施 0.3% 的磷酸二氢钾或叶面宝、喷施宝，也可一起混喷。广东、广西、海南冬季雨水较少，气候干燥，土壤湿度低，应注意灌溉防旱，一般每隔 4~6 天灌 1 次跑马水，起到降温保湿、加速果实膨大的作用，灌水速度要快，即灌即排，水面不超过畦面。

6. 南菜北运栽培存在的问题

广东、广西、海南等地气候适宜，使病虫周年繁殖；由于辣椒规模生产，轮作有限，造成病虫害易于流行发生。经过多年生产的老基地，为保证辣椒效益，许多菜农不惜加大施药量防治病虫害，不仅造成许多灭敌死亡，而且使病虫害抗药性增强；又因农药更新换代的速度跟不上，于是菜农更加加大施药次数和浓度，不仅造成环境污染，而且杀死更多的天敌，使病虫害抗药性更强，形成恶性循环。

应对措施：在冬季辣椒生产基地建立专门的病虫害预测预报站，预测病虫害的发生动态和制定相应防治措施，统一行动；同时进行病虫害防治，防止病虫害转移危害，不要存在防治死角；尽量采用生物制剂；在病虫害发生的初期进行防治，要治理彻底，不留隐患；对于迁飞性害虫，可用人工诱杀的办法，如黑光灯诱蛾、黄板诱蚜进行防治。

### （五）制干辣椒栽培技术

制干辣椒是以采收成熟果实。加工成干制品为目的进行栽培的品种，主要是露地春栽和露地夏栽。制干辣椒主要栽培类型为朝天椒类型和线椒类型，朝天椒类型在我国栽培面积较大，并形成了独特的栽培技术。下面以朝天椒为主，介绍其栽培技术。

1. 朝天椒生产中存在的误区

（1）自己多年留种，品种混杂退化。菜农多为一次性购种，自己多年留种种植，并且不进行株选，致使田间杂株率达30%以上，造成果形长短不齐，色泽不匀，病虫果也较多。

改进措施：应选用日本栃三樱椒、子弹头、天鹰椒、内椒1号和柘椒系列等品种。若自己留种，则应在拔秧前选择株型紧凑、结果多而集中、符合本品种典型性状的植株，株选最多可进行两年。

（2）大田栽培忽视摘心。朝天椒的产量主要集中在侧枝上，据测算，主茎上的产量约占10%，而侧枝的产量占90%，主茎结果时，植株太小，既影响生长又影响结果。

改进措施：当植株顶部出现花蕾时及时摘心，以限制主茎生长，增加果枝分枝数，提高单株结果率和单株产量。

2. 播种育苗

春栽2月下旬至3月上旬播种育苗，夏栽3月下旬至4月上旬播种育苗，苗龄60~70天。每亩需种子150~200克，大多采用小拱棚育苗。每亩需备苗床8~10平方米。育苗技术可参考前述有关部分。注意春播的夜晚薄膜上要盖草苫，约盖至3月25同，以后只盖薄膜。如出苗过密，到3~4片叶时可分苗1次，1穴双株分苗。

3. 定植

（1）整地施肥。朝天椒对土质要求不严格，沙土、壤土、黏土均可种植，但以偏酸性的黏土壤和壤土比较适宜朝天椒的生长。种植地块应选择地势高燥、排水方便的肥沃生荏地。春栽朝天椒，前荏作物收获后，立即进行秋耕晒垡，土壤封冻前浇冻水，水量要大，以消灭土传病虫害。翌年春天在土壤解冻后，进行春耕应立即施入基肥，耕深15厘米左右，耕后反复耙地，以利于保墒。夏季接荏栽培的，要做到随收、随耙、随做畦，争取早定植。

施肥应以底肥为主，追肥为辅；有机肥为主，化肥为辅。肥力较好的地块，每亩施充分腐熟的优质农家肥3000千克、碳酸氢铵40千克、过磷酸钙50千克、硫酸钾30千克；中等肥力的地块可每亩施农家肥4000千克、碳酸氢铵50千克、过磷酸钙50千克、硫酸钾25千克；肥力差的薄地可每亩施农家肥5000千克、碳酸氢铵60千克、过磷酸钙50千克、硫酸钾 20 千克。

（2）间作套种

朝天椒与其他作物的间作套种形式主要有以下几种：

①甘薯间作朝天椒。甘薯 1.33~1.5 米 1 埂，甘薯的移栽时间、栽培密度同常规。埂中间栽 1 行朝天椒，株距 16.7 厘米，每亩可栽 2000 株左右，在基本不影响甘薯产量的情况下，产干椒 150 千克左右。

②西瓜间作朝天椒。西瓜 2 米 1 行，移栽时间与密度同常规。在西瓜行间套种 2 行朝天椒，行距 0.33 米，株距 16.7~26.6 厘米，每亩栽 2000 株左右，可收干椒 150 千克左右。

③甜瓜间作朝天椒。甜瓜 1.33 米 1 行，种植时间和密度同常规。在甜瓜行间套种 1 行朝天椒，株距 16.7 厘米，每亩栽 2000 棵左右，可收干椒 150 千克左右。

④朝天椒与大蒜套种。9 月中下旬在朝天椒行间套种大蒜，蒜的株距为 10 厘米，每亩可栽大蒜 2 万株。降霜以后，拔掉朝天椒，让蒜继续生长。翌年 4 月下旬，在大蒜行间套种朝天椒，株距 23 厘米，每亩栽 7000~8000 株，变 1 年 1 熟为 1 年 2 熟。

⑤幼龄经济林间作朝天椒。幼龄苹果、杜仲、梨、桑等均可间作朝天椒。根据树龄和遮阴程度，在大行里间作 3~4 行朝天椒，基本不影响经济林生长，每亩可增收朝天椒 100~150 千克。

⑥夏栽朝天椒与玉米间作。以 2.6 米为 1 带，种 7 行朝天椒，1 行玉米。朝天椒行距 30 厘米，株距 20 厘米，每亩 8974 株；玉米株距 20 厘米，每亩 1282 株。

（3）种植方式

①平畦作。畦南北向，畦宽 1.5~2 米，畦长 10~15 米，行距 50 厘米。

②高畦作。畦高 15~20 厘米，畦宽 70~80 厘米，沟宽 30~40 厘米，每畦 2 行。此法只在沟中浇水，多在地下水位高或排水不良地块采用，但盐碱地不宜采用。

③垄作。垄距 50~60 厘米，垄高 15 厘米，每垄栽 2 行。此法有利于加厚耕作层，且排灌方便，是目前主要的种植形式。

（4）定植

朝天椒 10 片真叶时移栽，春栽在 4 月中下旬，夏栽在 5 月中下旬至 6 月上旬。朝天椒植株直立，株型紧凑，合理密植是夺取高产的关键。要根据地理条件合理掌握栽植密度。肥力较差的地块每亩 5000 穴，10000 株左右；肥力中等的地块，每亩定植 4000 穴，约 8000 株；肥力高的地块 3000~3500 穴，6000~7000 株最为适宜。宜选择在晴天 15 时以后或阴天进行定植。栽前 1~2 天浇 1 遍水，采取边起苗、边移栽的方式。平畦作栽植的，定植时先按 40 厘米行距开沟，沟深 8~10 厘米，苗栽在沟中，每畦栽 3~4 行，穴距 33 厘米；高畦作或垄作栽植，一般是刨坑移栽，穴距 33 厘米。定植后要立即浇活棵水。

4. 田间管理

（1）浇水。定植缓苗后，一般每5~7天浇1次水，保持地皮有干有湿。植株封垄后，田间郁闭，蒸发量小，可7~10天浇1次水。有雨时不浇，保持地皮湿润即可，雨后要及时排水。进入红果期，要减少或停止浇水，防止贪青，以促进果实转红，减少烂果。

（2）追肥结果前结合浇水要追肥1次，每亩施尿素15千克。朝天椒在摘心后，进行第二次追肥，每亩施尿素或复合肥20~25千克。侧枝大量坐果后，进行第三次追肥。后期要控制追肥，特别是控制氮肥的用量，以防植株贪青，影响果实红熟。

（3）中耕培土缓苗水后，地皮发干时要及时中耕松土，促进根系发育。浇水和降雨后要及时中耕，以防土壤板结。封垄以后不再进行中耕。整个生育期一般需要中耕松土5~6次。结合中耕还要进行培土，共培2~3次，以维护植株，促进不定根的发生。

5. 采收和晾晒

朝天椒果实红熟的标准是：色泽深红，果皮皱缩，触摸时发软。采收的方法是充分红熟一批采收一批。在降霜或拔秧前青果尚多时，可在采收前7~10天用1000倍乙烯利溶液喷洒，有利于辣椒的催红，可大大提高红果率。

采收后要及时晾晒，防止出现霉变。晴天采后最好放到水泥晒场铺放的干草帘上晾晒，一般昼晒夜收。晒过4~5天后，再放到架空的干草帘上晾晒1天，以达到充分干燥，含水量达到14%以下为宜。

# 二、保护地辣椒的栽培管理

## （一）春提前保护地栽培

1. 品种选择

春提前栽培是以早熟高产为主要目的。早上市价格较高，应选择早熟或中早熟品种：又因保护地种植要选用耐弱光、在低温下能正常生长发育且又不易徒长、连续坐果能力强的高产品种：同时，果实的商品性要好，果色和风味适合当地人的消费习惯。

2. 栽培、育苗设施及时间

春提前辣椒栽培要争取早熟高产，要求早育苗、育好苗、育大苗，以达到早熟、早上市、效益高的目的。

春提前栽培育苗正值寒冬季节，温度条件很低，极易发生烂种、死苗现象。为确保温度适宜，出苗整齐，育苗场所应选在日光温室内，或利用日光温室、塑料大棚等设施内铺设的电加温线温床育苗。上述场所要提前覆盖好塑料薄膜，配备好防寒的草苫，日光温室还需备好加温的炉灶和火道烟筒。

栽培时间因利用的设施不同而异。中原地区利用保温性能良好的日光温室栽培时，定植时间为1月中下旬至2月中上旬。育苗播种期因苗床而异，利用电加温温床育苗，温度条件适宜，苗龄70~80天；利用冷床育苗，温度条件较低，苗龄90~100天。以上苗龄上推，即为育苗播种期，一般为 10 月中下旬至 11 月上旬。

利用多层覆盖（塑料大棚套小拱棚、小棚上夜盖草苫）设施栽培时，育苗时间与日光温室相同，2 月上中旬定植，如不加盖草苫，则 3 月上旬定植。

利用一般塑料大、中、小棚栽培时，12 月中下旬在日光温室或大棚内育苗，苗龄 90~100 天，3 月中旬定植；有草苫覆盖的小拱棚定植期可提前到 3 月上旬。

**3. 整地施肥**

定植前 20—30 天，棚室应扣塑料薄膜，夜间加盖草苫以利于保温，尽量提高地温。由于中小拱棚扣棚后定植不方便，可以先搭好拱架，定植后再扣塑料薄膜。

辣椒适宜土层深厚、富含有机质的土壤，其根群主要分布在 30 厘米以内，故需深翻 30~40 厘米，有利于根群的生长。前茬采收后要及时深耕晒垡，结合整地，每亩施腐熟有机肥 5000~7000 千克、过磷酸钙 50 千克、硫酸钾 30 千克做底肥深翻细耙，整平种植地块。按 1.1 米打线，然后起土做成垄高 20~25 厘米、垄底宽 40 厘米的小高垄，有条件时可覆盖地膜。

**4. 定植**

辣椒春提前栽培定植期越早，越有利于早熟，经济效益越高。一般在棚室内 10 厘米深处地温稳定在 10~12℃时即可定植。

定植密度：每垄栽 2 行，穴距 30~35 厘米，每亩 3400~4000 穴，每穴 2 株时可栽 6800~8000 株。靠密植争取早期产量。定植时尽量少伤根系，带营养土定植，定植深度与原来秧苗深度一致，定植后立即浇水。

**5. 田间管理**

（1）温度调节。定植后，棚室应严密覆盖塑料薄膜，夜间加盖草苫，保持温度。白天温度控制在 25~30℃，夜间 18~20℃；5~7 天缓苗后，适当通风，白天温度控制在 23~28℃，夜间 15~18℃；开花结果期白天保持 25~28℃，夜间 18~20℃，夜温不能低于 15℃，以防因低温造成受精不良。

春早熟栽培中，前期外界温度较低，保护设施内易出现冷害和冻害。应通过加强覆盖措施，尽量保持设施内适宜的温度。生长中后期，随着外界气温升高，应逐渐加大通风量，防止高温灼伤植株。当外界白天气温稳定在 25℃左右，夜间在 15℃以上时，可昼夜通风，逐步撤除草苫和棚室的裙膜；天膜最好不要撤掉，一可防太阳曝晒，二可防夏季暴雨。中小棚覆盖的棚膜。5 月上中旬可全部撤除，使辣椒在自然条件下生长。

（2）浇水和中耕。定植缓苗后，根据土壤墒情可再浇 1 次水，即可开始蹲苗。蹲苗期间应中耕 3 次，第一次中耕宜浅，第二次宜深，第三次宜浅，结合中耕进行培土。辣椒根系较弱，蹲苗不宜过度，蹲苗期间尽量少浇水，若土壤干旱可浇 1 次小水。待门椒坐住后，开始大量浇水追肥。开花结果期应保持土壤湿润，一般 5~7 天浇 1 次水。早春气温低时，浇水在晴天上午进行。天气转热后，可在傍晚进行，以降低地温。

（3）追肥。辣椒为多次采收的蔬菜，生育期较长，为保证生育期有充足的营养供给，还必须多次追肥。定植后、开花前，如土壤缺肥，可追一次肥，每亩施复合肥或尿素 10 千克；门椒坐住后，追第二次肥，每亩施复合肥 20 千克。此后每隔 15~20 天追 1 次肥，每次每亩施氮磷钾三元复合肥 20 千克。追肥后立即浇水。

（4）整枝搭架。门椒坐住后，及时把分权以下的侧枝全部摘除，以免夺取主枝营养，影响果实发育。生长后期，枝叶过密时，可及时分批摘除下部的枯、老、黄叶及采后的果枝，以利于通风透光，提高坐果率。保护地栽培的植株生长旺盛，植株高大，遇风雨易发生倒伏，要及时采取防倒伏措施，可在每行植株两侧拉铁丝或设立支架，将骨干枝绑缚其上。温室栽培可用塑料绳吊枝。

（5）采收。春提前栽培辣椒主要是为了提早上市，一定要及时采收。门椒宜早采，以免坠秧。由于春提前辣椒早期价格较高，可根据果实生长情况选择市场价格较高时采收上市。

（6）其他。初夏时，外界温度高，光照强度大，30℃以上的高温及强光照射，很容易导致辣椒落花、落果。有条件时，应设遮阳网，以遮阳、降温。

在开花初期，为防止落花，提高坐果率，可用 20~30 毫克/升的防落素蘸花。

## （二）秋延后保护地栽培

秋延后辣椒是指夏季育苗，秋季定植，元旦、春节上市的辣椒。与南菜北运的辣椒相比，其色正味鲜，市场销售价比北运辣椒高 20%~40%，且销量好，是本地菜农增收的一个好茬次。辣椒秋延后栽培的特点是夏播、秋栽、冬季收获。全生育期温度由高到低，前期天气炎热高温，暴雨频繁高湿，易诱发病毒病和其他病害，育苗不易成功；中期气温比较适宜，但是开花结果及果实生长的适宜温度时间较短；后期保果阶段又是严冬季节，防寒保温措施要得力，否则，辣椒果实易受冻害。辣椒秋延后栽培难度大，要求技术性强、生产管理水平高。一般定植于日光温室，塑料大、中棚中，后期天气转凉时扣上棚膜。

1.品种选择

秋延后辣椒栽培过程中前期高温多雨，后期低温寡照，故品种应选择早熟或中早熟、抗逆性强、耐低温、抗病、高产、商品性好的大果品种，如郑椒 9 号、郑椒 11 号、查理皇、康大 401、康大 601、中椒 6 号、豫椒 4 号、苏椒 5 号、汴椒 1 号、湘研 13 号等。

种植彩椒宜选用外观艳丽、有光泽、品质好、丰产、肉厚、耐贮藏、抗病性强的大果型品种，如京彩系列彩椒桔西亚、紫贵人、黄欧宝、麦卡比、大西洋、札哈维、黄力上等。

2.适时播种，培育壮苗

秋延后辣椒栽培的播种期一定要严格掌握。郑州地区播种期为 7 月中下旬，最晚不得超过 8 月 5 日。播种时间过早，苗期高温时间长，受高温、高湿影响易受病毒病和其他病虫危害而造成死苗；过晚则后期低温影响结果，造成产量低。采用营养钵或营养方块育苗，遮光挡雨是育苗成功的关键，要做好防护工作。

3. 整地施肥

定植前的土地应早腾茬，并深耕 30 厘米进行晒垡。整地前要施足底肥，每亩施优质腐熟农家肥 10000 千克，复合肥 50 千克，然后深耕细耙。采取高垄栽培，按大行距 70 厘米，小行距 50 厘米画线起垄，垄高 10~15 厘米。在整地施肥的同时，每亩施矮丰灵 1 千克，有利于控制植株的旺长，促进其开花坐果。

4. 定植

定植时间依据壮苗标准而定，以幼苗长至 30 天左右、高 17 厘米左右、8~10 片真叶时定植为宜，苗龄最多不能超过 40 天，不能定植老化苗和旺长苗，一般 8 月下旬、9 月初定植要选阴天或晴天下午定植。辣椒定植不宜过深，栽苗高度以苗坨高度为准。定植前喷施一遍杀菌剂和杀虫剂，可用 2.5% 敌杀死 1500 倍液和 75% 百菌清可湿性粉剂喷施。一般辣椒品种定植穴距 30 厘米，根据所种品种特性种一穴双株或单株。种植彩色椒时，植株高大的，密度应小，如麦卡比、黄欧宝、桔西亚等品种，每亩株数为 2200 株，株距 50 厘米；生长势弱的，如白公主和紫贵人，每亩株数为 2800 株，株距 40 厘米。单株三角形定植。定植时要逐穴浇足水，定植结束后要及时将滴灌管铺设到幼苗根部，并加以固定。如无滴灌设施，可在窄行间覆盖地膜以备膜下暗灌，可起到降低湿度、防止病害发生的作用。

5. 田间管理

（1）肥水管理。定植后 5~7 天浇 1 次水，可以降低地温，有利于缓苗。缓苗以后适当控水，浅中耕，培土，促进根系发育。门椒坐住后，开始浇水追肥，每次结合浇水每亩追施氮、磷、钾三元复合肥 10 千克。植株大量结果后，加大肥水量，每亩追施氮、磷、钾三元复合肥 20 千克，也可视叶色、生长势、坐果情况而定。结合防病治虫，喷施叶面液肥，可选用 0.3%~0.5% 尿素加 0.3%~0.5% 磷酸二氢钾等。彩色椒果实进入转色期后，随着气温的降低，浇水的次数也应减少，以利于提高地温和转色，降低温室内空气湿度和病害发生率，提高果实品质。为减少落花、落果，可在叶面喷洒坐果灵或番茄灵 1~2 次；在生长期间喷洒 2~3 次 0.1% 的硼砂，也可提高坐果率。

若辣椒扣棚后有徒长趋势，可用 15% 多效唑可湿性粉剂 50 克加水 50 升喷洒植株，有抑制徒长、促进结果的作用。

（2）温度、湿度管理。定植后至缓苗期的适宜温度，白天为 30~35℃，夜间为 20~25℃；缓苗结束至开花结果期的适宜温度白天为 20~25℃，夜间 18~20℃；进入盛果期后，白天适宜温度为 20~25℃，夜间 16~18℃。前期以遮光降温为主，防止高温干旱引起病毒病的发生和传播；结果后期进入果实膨大和彩色椒转色阶段，要做好保温工作，防止夜温过低而影响果实的成熟和转色。10月下旬过了霜降以后，就要增加保温设施，确保夜温达到16℃。

覆盖拱棚薄膜的时间要根据当年气候来确定，辣椒适宜的生长温度白天为25~28℃，夜间15~18℃。河南省9月下旬以后，外界温度才开始稍低于辣椒所需的温度，故一般年份可以在9月下旬至10月上旬搭棚扣棚膜。刚开始时可扣棚上部，四周均应放风降温，不使棚温超过30℃。一些特殊年份定植后降水仍多，可以定植后再扣棚，不下雨时将棚膜收到棚的顶部，不使棚温过高影响辣椒的生长。

随着外界温度的降低，棚膜在夜里和早晚放下一部分，在霜降前后，夜里可全覆盖好，以防低温，白天晴天仍要通风降温，保持辣椒所需的适宜温度是促使其正常生长的保障。10月至11月上旬是秋延后辣椒坐果的重要时期，要做好夜间的覆膜保温工作和白天的通风降温工作。10月底到11月夜间温度低于15℃时要加盖草苫或大棚内扣小拱棚，白天温度不到28℃时棚室不通风，下午4点前后盖草苫以保持棚内温度并使下半夜棚温较高。白天尽早揭苫，接受太阳的短波辐射，使棚温尽早上升。遇阴雨、雪天，白天也要揭苫，可适当晚揭早盖。

扣棚前，要选用厚0.006~0.008毫米的地膜，进行栽培行的覆盖。

棚室内相对湿度保持在70%~80%，在浇水后空气湿度超过80%时，也需及时通风以减少病害的发生。

（3）光照管理。定植后至开花坐果前，在加盖防虫网的基础上，晴天时10—16点，仍须在棚室上面覆盖遮阳率40%~60%的遮阳网。9月中下旬至10月上中旬是开花、坐果的高峰期，要根据天气变化调整遮阳网和防雨膜，以利于坐果。10月中下旬扣采光膜，11月上旬加盖草苫等保温材料，草苫要早揭晚盖，尽量延长室内采光时间。

（4）搭架。为防止植株倒伏，在开花、坐果前要搭架。一般用竹竿插在植株周围绑枝固定，或采用塑料绳吊株来固定植株，每个主枝用1条塑料绳固定。

（5）植株调整。门椒以下的侧枝要尽早摘除，促使植株健壮生长并促使上部坐果。10月底以后坐的果不易长大，可以在10月底摘心，保证已坐果实的迅速膨大。在门椒、四门斗坐稳后尽早摘除门椒，以防坠秧，促进对椒以上果实群的迅速膨大。

整枝是形成产量和控制果型的关键措施。对于麦卡比、黄欧宝、桔西亚等需转色的彩色椒中晚熟品种，每株仅留4~6个周正果：紫贵人、白公主可留6~8个，其余的花和果要去掉，以保证所留果的商品价值，注意不要留果太多。整枝一般采用双干整枝或三干整枝，即在二权分枝坐果后，依光照角度摘除其他较弱的侧枝，使上面的二级侧枝不断生长和坐果，自始至终保持有2个或3个枝条向上生长。这样可增加光照强度，增加光合产物，使养分集中供应。门椒要及早疏去或采收，防止坠秧。侧枝上坐果的，在果坐住后顶部留

2~3 片叶摘心。到采收中期要将下部已经采收后的果枝适当摘除，以利下通风透光。

（6）挂果贮藏。10 月底、11 月上旬开始采收，对于要延后上市的辣椒和需转色的中晚熟彩色椒品种，在 12 月份大部分果转色定个后，可以通过降低温室内的温度和控水的办法来推迟果实的采收。夜温过低时，需临时加温，防止植株受冻。

（7）促进转色。彩色椒收获前提高室内温度和光照可促进果实转色，提高成品率。另外，可用 800~1000 毫克/千克的乙烯利涂抹果柄，可使果实在 10 灭内转色，且不影响果实的正常发育。桔西亚、银卓、圣方舟、安达莱和皮卡多转色较慢，在果实膨大成型后，适度控水，增加光照，加大昼夜温差有利于着色，温差越大，着色速度越快，白天 30~32℃，夜间 14~16℃着色最快；绿椒类待果定型后及时采收；白椒、紫椒在果实膨大过程中不必拉大温差，在低温弱光条件下可正常着色。

（8）保花保果。由于辣椒开花期气温尚高，易引起授粉不良或植株生长过旺而造成落花、落蕾，可喷施 30 毫克/千克水溶性防落素溶液保花保果。

6. 老株再生秋延后栽培

利用春提前或春露地栽培的辣椒老株，经过植株更新后，转入秋延后生产。具体方法是：选无病毒病、生长势强的植株，于 8 月中下旬，将四门斗以上的枝全部剪除，剪留枝上要保留一部分叶子，待发出新枝后，再酌情摘除。剪枝后施肥、培土、灌水，促进发根、长叶，在日平均气温 20~22℃时扣上棚膜。

7. 采收

10 月底至 11 月中旬秋延后辣椒进入采收前期，由于露地晚熟和麦垄套种辣椒还有上市，价格还较便宜，故不要急于采收。椒果可以在植株上活体保鲜，等市场上露地辣椒绝迹后待价上市。秋延后辣椒的采收要视行情而定，应尽量延后、适时收获，以提高单位面积效益。

彩色椒作为一种高档特菜，上市时对果实质量要求极为严格，颜色的好坏、上市的早晚，将直接影响商品品质和价格。采摘不能过早或过迟。早熟的紫椒、白椒要及早采收，小包装上市；中晚熟的红椒、黄椒要等到转色后再采收，以提高其商品价值。采收时果实要发育完全、表皮色均匀、光滑坚硬。采摘时间以早上为宜。因辣椒枝条较脆，采摘时不能猛揪，以免折断枝条，应用刀割断果柄基部离层处。果实要轻拿轻放，以免损伤。

（三）越冬栽培

冬季生产辣椒，不仅可在寒冷季节供应新鲜蔬菜，满足人们的需要，而且在元旦至春节上市时价格较高，又可使生产者获得较高的经济效益。

1. 品种选择

越冬栽培辣椒应选择耐低温、耐弱光、易坐果、品质好、丰产、抗病性强，适应日光温室栽培的大果型品种，如苏椒 5 号、寿光羊角黄、湘研 11 号、都椒 1 号、郑椒 9 号、郑椒 11 号、郑研康大系列等辣椒品种和甜杂 6 号等甜椒品种。如当地消费水平较高，可种植效益较高的彩色椒品种。

2. 栽培设施

辣椒为喜温蔬菜，越冬栽培又值气温最低的寒冬，须在日光温室中进行生产，但要求日光温室必须建造规范，保温性能优良，严冬季节在外界气温零下 15℃的情况下，棚内最低气温应在 10℃以上，否则会引发多种病害或冷害、冻害等，影响辣椒的正常生长和转色，达不到应有的经济效益。

3. 播种育苗

为保证辣椒在元旦及春节前正常上市，并进入产量高峰期，一般辣椒品种于 8 月下旬至 9 月上旬播种，10 月中下旬定植，12 月上旬开始采收；彩色椒中晚熟品种播种期在 7 月下旬至 8 月上旬，9 月中下旬定植；早熟的紫色、白色品种可晚播 20 天左右，9 月下旬至 10 月上旬定植，12 月中下旬开始采收。从播种到定植需 45 天左右，如管理得当，可以一直采收到第二年秋季。全国部分地区越冬茬栽培季节。

育苗床应建在 3 年内未种植过茄果类蔬菜的地块上。苗床可选在温室内一侧，也可在温室外做畦。育苗前期正值秋季高温季节，为防止高温及暴雨，应在苗床上设小拱棚，上覆防雨膜和遮阳网。在育苗的后期，当外界温度下降、早霜到来时，应及早扣上塑料薄膜，夜间加盖草苫，保持适宜的温度。

这一时期应注意蚜虫、白粉虱、茶黄螨的危害和病毒病的传染。蚜虫和白粉虱除采用黄板诱杀外，还可通过药剂进行防治，如功夫菊酯、扑虱灵、天王星，病毒病防治可用病毒 A。

4. 定植

由于越冬栽培时间很长，必须施足基肥。每亩施用腐熟的优质有机肥 10000 千克，过磷酸钙 100 千克，硫酸钾 20 千克，深翻 30 厘米，整平做垄。在窄行间覆盖地膜以备膜下暗灌，有条件的可铺设滴灌设施，采用滴灌。栽植时不要伤根，栽苗深度以苗坨的深度为准，不宜过深，然后盖好地膜，封好引苗孔和膜边。

5. 田间管理

（1）温度管理。定植后到缓苗前一般不浇水，闭棚提温以促进发根，此期白天温度宜控制在 26~30℃，夜间温度 18~20℃，晴天中午可盖草苫遮阴。一般 6~7 天即可缓苗，缓苗后，白天控制在 25℃左右，夜间 15~8℃。进入开花结果期，气温逐渐下降，应做好调温增光工作，在 11 月份至 12 月上旬草苫宜早揭晚盖，达到昼温 25~27℃，夜温 15~17℃，有 10℃左右的温差较为理想。12 月份至翌年 1 月为最寒冷季节，此期应做好防低温寒流工作，早苫适当晚揭早盖。翌年春，外界温度升高，应注意通风防止高温灼伤，避免高温条件下造成徒长引起落花、落果。随天气的转暖要逐渐加大通风量，到露地定植期可以不盖草苫。当外界最低温度稳定在 15℃以上时，揭开棚底薄膜昼夜通风。

地温对辣椒的生育结果有着重要影响，据试验，在地温 23~28℃时，气温 28~33℃和气温 18~23℃的产量几乎没有差别；而当地温下降到 18℃时产量就要受到影响，气温达 13℃就要受到影响。越冬辣椒进入 1 月份时，地上枝繁叶茂，阳光直射明显减少，地温上升受到限制。如果再遇到连阴天，土壤热量就要大量丧失，使地温持续下降，时间长了，根系变衰弱，节间变短，会出现结果过度的衰退现象。为解决这一问题，一是要搞好整枝、摘叶，增加地面接收直射的光量；二是要搞好地面覆膜，必要时整个地块都要覆膜。

（2）光照管理。进入 12 月份以后，随着外界光照时间的缩短，光照强度变弱，温度可适当下调，寒冷季节有条件者后墙可张挂反光幕以改善棚内光照，要经常清洁棚膜以增加透光率。连续阴冷天气后骤然转晴，不能急于揭苫，而应分次逐渐揭去草苫，若出现萎蔫，应进行回苫管理，直到植株恢复正常。长季节栽培在 5 月份以后，为防止高温和强光危害，可在棚架上覆盖遮阳网，棚室内的光照保持在 3 万勒克斯以上即可满足辣椒的生长要求。

（3）水肥管理。定植缓苗后，温室内气温较低，蒸发量不大，应尽量少浇水，若出现干旱，可浇 1~2 次小水。浇水应在晴天上午进行，浇水后扣严塑料薄膜，以提高地温。下午通风，排出湿气，降低空气湿度。深冬季节若出现缺水，应浇小水，不可大水漫灌。12 月至翌年 1 月，一般不必浇水，特别是初果坐住前，尽量不浇水，以免植株徒长，造成落花、落果。翌年春，外界转暖，应增加浇水量。在水分管理中，要提防地表湿润而深层实际缺水的现象。浇水的间隔天数和浇水量要依据土质、植株状况来综合判断。从果实上看，若灯笼果的果顶变尖或表而出现大量皱褶，则表明水分不足，应及时浇水，否则会影响产量。

生长期应进行追肥。初果坐住前不追肥，坐住后，结合浇水每亩施氮、磷、钾三元复合肥 10~15 千克。12 月至翌年 1 月份，不浇水也不追肥。第二年春季过后，每隔 15~20 天追 1 次肥，每亩施氮、磷、钾三元复合肥 20 千克，追肥后立即浇水。

辣椒根群分布浅，根系不发达，施肥时应少量多次以防烧根，浇水掌握见干见湿的原则，以防沤根。

寒冬时，因地温低，土壤中的硝化细菌活动受抑制，造成铵离子浓度过高，抑制了辣椒根系对钙、镁、锰等微量元素的吸收，往往使植株表现缺乏微量元素的症状。为防止这种现象，可每隔 5~7 天根外追施微量元素肥 1 次。

（4）整枝疏果。辣椒生长期间，应疏去已变硬或无发展潜力的小型果，及早疏去畸形果，及时除掉门椒以下的侧枝，使植株能形成较大的营养体，使果实充分发育，增加产量。为防倒伏，可采取插架或吊秧等措施。

对彩色椒生产要将质量放在首位来抓，因其生长势强，如果不协调营养生长与生殖生长，则难以发挥果大优势，故应采取整枝措施。彩色椒大部分为二杈或三杈分枝，其整枝从第二级分枝开始，即将其向外的侧枝保留 2~3 片叶、1~2 朵花摘心，尽量多留花，多成果，保持双干或三干向上生长。彩色椒越冬栽培的时间长，植株高大，生长势强，要采取吊秧措施，提前在温室内沿栽培方向拉铁丝系好吊绳，每株两绳，将植株的两个主枝吊起。植株高达2米左右，每株可结椒20个以上。

（5）遇到灾害性天气的管理措施。灾害性天气可分为四种类型，一是强寒流的袭击，在每年的12月至翌年2月，对温室的蔬菜生产会造成很大的危害。二是连阴天天气，长达1周甚至1个月的连续阴天，使日照不足平时的50%，气温和地温均下降，光合作用不能正常进行，使辣椒植株处于饥饿状态。三是风、雨、雪天气都有的低温光照；还有各自的危害，冬季的大风吹入温室，造成冷害甚至冻害，晚秋或早春的雨天温室不能放风，温室内湿度增大。四是连阴天或雨雪天后突然晴天，光照温度变化幅度大，在不良天气下，生理活动微弱的植株不能适应这样的环境，造成生理机能的失衡。

灾害性天气发生突然，危害严重，所以降低灾害性天气的危害程度是温室管理工作的重点。管理上应从保温、增光、配以应急措施入手，以防为主，做到有备无患。

①建造性能良好的日光温室。这是防灾、减灾的基础。日光温室要有良好的保温性能和透光性能，后屋面和墙的厚度一定要保证，温室各处缝隙严密，建造时要严格按照要求进行，不可偷工减料。

②加强保温措施。下午提早覆盖草苫，再加上几席草苫，增加邻近草苫之间的重叠量；将前一年的废旧薄膜裁剪后缝在每个草苫的外面，在温室前屋面下部围一层草苫；在温室内临时生火加温，但要有烟道，防止烟害；还可在夜间于温室内点十几支蜡烛。

③增光。在温室的内侧挂反光幕，虽然增加了光照，但降低了温室后墙的贮热量，从而降低了夜温，所以这种方法在灾害性天气过程中是不可取的。有效的方法是利用白炽灯进行人工补光，每天3~4小时，可促进光合作用，提高抗性。阴天时要利用中午时间放风排湿；雨雪天由于温度低，要将草苫轮流揭放，使各处的植株见光均匀；可利用阴天中短时的晴天将草苫大量揭开，捕捉短时光线。

④连阴天雨、雪后天气陡晴的处理。遇此天气，应缓慢揭苫，可采用间隔揭苫的方法。如出现萎蔫可用喷雾器喷清水，而后回苫，待恢复后再揭开。一两天后，待植株适应正常天气后，开始浇水施肥，还应对叶面喷施速效肥，如0.3%尿素或0.5%磷酸二氢钾。

（6）其他措施。①光呼吸抑制剂的使用。控制光呼吸可减少养分消耗，使净光合率提高，达到高产目的。采用亚硫酸氢钠浓度120~240毫克/升，在初果结果后开始喷洒，每隔6~7天喷1次，共喷4次。前期使用浓度低些，后期浓度可增加到240~300毫克/升。光呼吸抑制剂的应用须和肥、水管理相配合，否则影响增产效果。②防止落花、落果。越冬栽培时，因冬、春季温度偏低而容易落花。为防止落花，可用番茄灵25~30毫克/升，在开花时涂抹花器。因辣椒花朵小、花梗短，进行蘸花不方便，工效较低，生产上应用较少，更多的是采用提高采光性能和保温性能以及增加蓄热的方式来防止落花、落果。③二氧化碳施肥。辣椒坐果后采用人工增施二氧化碳肥，可以增强植株的光合能力，从而增加产量。具体方法是晴天太阳出来 1 小时后施用，冬、春季棚室内二氧化碳浓度达到 1000~1200 毫升/立方米有利于光合作用。

6. 采收

采收时间的长短可根据温室的茬口安排、市场行情和植株长势等情况灵活掌握。冬季温室环境条件差，又要保证较长的生长期，应把采收作为调节植株生长平衡的手段。在植株生长势弱时早采，在植株长势强时晚采。采收期间，要保证肥水供应。

在采收初期，市场季节差价大，为争取效益可以灵活掌握采收时间。白色和紫色品种的彩椒，从挂果到成熟不存在转色问题，如市场行情好，可适当提前采收；但红色、黄色和橙色的彩椒品种，果实前期为绿色，必须经过 15–30 天的转色期才能采收，否则商品性不好。

# 第五节　番茄高效栽培技术

## 一、露地春番茄栽培技术

番茄露地栽培，北方地区以春露地栽培为主，栽培适期为春季终霜过后至夏初高温多雨季到来之前。为保证高产高效，应利用设施提前播种育苗，终霜期过后及时定植于露地，争取提早成熟采收上市，以获得较高的经济效益。

### （一）品种选择

根据当地的气候特点、栽培形式及栽培目的等，选择适宜本地区的品种。由于露地光照强，病毒病严重，春露地番茄栽培应选择高产、耐高温高湿、高抗病毒病、耐根结线虫病的品种，早熟栽培宜选择有限生长型的早熟丰产品种，如早丰、西粉 3 号、苏抗 5 号等。要求采收期长的宜选择无限生长型的晚熟、抗病、高产品种，如中蔬 4 号、毛粉 802、佳红等。

### （二）培育适龄壮苗

1. 适期播种

为避免春季低温、霜冻及定植以后 15 天内因寒流影响造成的不稳定气候而引起的不良影响，可根据天气情况和自身栽培条件选择合适的播种期和定植期。播期可根据各地终霜期而定，一般在终霜过后定植，这样按定植期往前推 70~100 天即为播种育苗期。以北京地区为例，若用阳畦（冷床）或小拱棚育苗，合适苗龄为 90~100 天，应在 1 月中下旬播种；若在温室播种，用阳畦或小拱棚分苗，合适苗龄为 70~75 天，则应在 2 月中旬播种；若苗期环境条件更好，播种期可推迟至 2 月 20 日前后。若播种过早，苗龄过长，苗体过大，或徒长，或定植前开花，均影响第一穗花着果；若苗期管理抑制过度，形成"小老苗"，影响产量；若播种过晚，苗龄太短，定植时秧苗太小，定植期往后延，生长后期容易加重病害，产量也会明显下降。辽宁省沈阳等地，春茬番茄2月份保护地播种育苗，5月上旬终霜过后定植于露地。华北地区，一般1月下旬至2月中旬育苗，4月中下旬定植，7月上旬至8月中旬采收。

2. 苗床管理

春番茄采用保护地育苗，经浸种催芽的种子，播后4~6天出土，长出2~3片真叶时（即播后25~30天）开始花芽分化，此时可以从播种床分苗于移植床，加大苗距（约8厘米），促使秧苗健壮成长。一般于2月初播种，苗龄60~70天，以具备7叶以上、现大蕾长势壮为标准。若日平均温度低于15℃，拖长苗龄，易使秧苗老化；日平均温度高于25℃，缩短苗龄，花芽质量差，不利于坐果。通常要求苗床白天温度20~25℃、夜间10~15℃。后期适当通风降温，防止秧苗过度生长。秧苗锻炼时，夜温可低于10℃或更低一些。

（三）整地施基肥

番茄不宜连作，要实行3年以上的轮作，茬口以大葱、白菜、萝卜等秋菜地最为理想，若选用越冬菜地需尽早腾茬。栽培番茄的地块，最好进行25~30厘米深的秋翻，重施基肥是促进根系良好生长、保证植株健壮丰产的重要措施。冬前腾茬地，每667米2施有机肥5米3，深耕25厘米以上；早春腾茬地应增加基肥用量，深翻整平土地。番茄可进行垄栽或畦栽，畦栽又分高畦、平畦和沟畦。东北地区习惯垄栽，一般垄距为30~50厘米，春季多雨地区多采用高畦栽培，春季干旱少雨地区多采用平畦或沟畦栽培。畦栽一般畦宽1~1.3米。畦向或垄向以南北向为好。

番茄对营养的反应很敏感，高肥足水才能取得高产高效益。整地做畦时应增施基肥，一般每667米2施农家肥5000千克、三元复合肥或磷酸二铵30千克、过磷酸钙100千克，基肥最好采用沟施，也可撒施。据测定，番茄每667米2产量5000千克，需吸收氮（N）17千克、磷（$P_2O_5$）4.1千克、钾（K2O）16.1千克。

（四）定植

1. 定植时期

春番茄一般在当地终霜期后、5~10厘米地温稳定通过12℃时定植，长江流域一般在清明前后，华北地区在谷雨前后，东北地区在立夏前后。有风障、采用地膜覆盖及背风向阳地势高燥的沙土地可以提早定植。生产中还应根据天气情况确定具体定植时间，遇到阴雨大风天气，可适当晚定植。在适宜定植期内一般要抢早定植。

2. 定植密度

定植密度决定于品种、生育期长短及整枝方式等因素。早熟品种一般每667米2栽

5000~6000 株，中晚熟品种栽 3500 株左右，中晚熟品种双干整枝、高架栽培每 667 米 2 栽 2000 株左右。早熟品种一般采用畦作，畦宽 1~1.5 米，每畦定植 2~4 行，株距 25~33 厘米。晚熟品种采用畦作时，畦宽 1~1.1 米，每畦栽 2 行，株距 35~40 厘米；采用垄栽时，一般垄宽 55~60 厘米，株距 35~40 厘米。

3. 定植方法

定植最好选择无风的晴天进行。定植前 1 天下午，在苗床内浇水，以便第二天割坨。纸袋育苗的可带袋定植，塑料钵育苗的随定植随将塑料钵取下，定植时可采用先栽苗后浇水（干栽），或先浇水后栽苗（水稳苗）。栽苗不要过深或过浅，栽植深度以土坨和地表相平或稍深一些为宜，栽得过深地温低，不利根系生长，缓苗慢；栽得过浅扎根不稳，易倒伏。如果番茄苗在苗床因管理不善而徒长，定植时可进行卧栽（露在上面的茎尖稍向南倾斜），可减少秧苗在地面上的高度，促发不定根，防止倒伏，防止日灼。

4. 地膜覆盖

近年来，地膜覆盖不仅在保护地番茄栽培时广泛应用，露地栽培也广泛应用，具有显著的增产增值效果。地膜覆盖既适用于早春栽培，也适用于越夏延秋栽培。早春地膜覆盖可提高地温、抑制杂草、保持土壤疏松、保水保肥，以提早成熟，增加产量。地膜覆盖可以覆盖垄，也可以覆盖畦；可以先铺膜后栽苗，也可以先栽苗后铺膜。栽苗时秧苗四周覆土要严紧，以免地膜被风刮碎，并防止地膜下的热气烧苗。地膜覆盖还可以采用地膜沟栽的方法，即霜前把秧苗定植在地膜下沟深以秧苗不接触地膜为宜，霜后把秧苗引出地膜外，再把地膜落下，用土压好膜。

（五）田间管理

1. 中耕除草

番茄栽培若没有采用地膜覆盖，就要及时进行中耕。中耕既可铲除杂草，又可以疏松土壤，保水保墒，提高地温，促进根系发育。雨后或浇水后，待土壤水分稍干后应及时中耕除草，整个生育期一般中耕 3~5 次。前期中耕，根群较小可深一些，后期逐渐变浅。结合中耕进行培土，以防倒伏。地膜覆盖栽培一般不进行中耕，可就地取土把草压在地膜下，使其黑暗致死，大草要人工拔除。

2. 浇水

番茄栽培中如缺水，植株生长缓慢，叶片老化、卷曲，果实变小，病毒病加重。同时，干旱还会引起落花，若土壤多肥而又干旱还易发生果实脐腐病，若土壤水分管理干湿变化剧烈，还容易引起裂果现象。春番茄定植时浇水不宜过多，以免水量过大降低地温，不利于缓苗。定植后 3~5 天，待植株心叶颜色由老绿转变为嫩绿、生长点开始生长时，浇 1 次缓苗水，也称发棵水。缓苗水要大，如营养坨或营养袋育苗，一定要通过浇水把营养坨泡开，促进根系尽快长出坨、扎进土壤，以缩短缓苗期。浇缓苗水后要进行中耕。缓苗后到第一花穗坐果期间，如不是特别干旱，一般不浇水，进行蹲苗。番茄蹲苗主要是促进根系发育，控制植株徒长，调整营养生长和生殖生长的平衡，以有利于开花结果。蹲苗时间长短应根据植株长势、品种特点及环境条件灵活掌握，一般早熟品种植株长势弱，花器分化早、开花早、结果早，其蹲苗时间不宜过长；中晚熟品种植株长势旺，需要严格控秧，蹲苗时间可适当延长。生产中当第一花序果实核桃大、第二花序果实蚕豆大、第三花序刚开花时结束蹲苗。番茄蹲苗期结束即进入结果期，结果期要高肥足水管理，促进茎叶和果实生长发育。在正常天气情况下，一般每4~6天浇水1次，浇水量要逐渐增大，雨水多时要适当减少浇水。结果期要经常保持土壤湿润，避免忽干忽湿。结果期肥水充足，是番茄高产的关键。番茄浇水方式主要有沟灌、喷灌和滴灌，其中以沟灌为主。番茄栽培不但要重视浇水，在雨季还要注意排水防涝。没有灌溉条件的地区，最好采用地膜覆盖栽培。

3. 追肥

番茄对养分的吸收量较大，并且随着植株生长发育养分需要量逐渐增加，养分吸收盛期出现在结果盛期。第一果穗坐果以后，结合浇水追施1次催果肥，每667米2可施尿素15~20千克、过磷酸钙20~25千克，或磷酸二铵20~30千克，缺钾时可增施硫酸钾10千克。也可每667米2施腐熟人粪尿1000千克、草木灰100千克。第二穗果和第三穗果开始迅速膨大时各追肥1次，高架栽培第四穗果开始迅速膨大时也要追肥，每次每667米2可追施尿素10~15千克、三元复合肥20~30千克。追肥可以土埋深施，也可以随水浇施，前者要注意深施封严，后者要注意施肥量，以防烧苗。番茄栽培除土壤追肥外，还要进行叶面追肥。叶面追肥可延长叶片寿命，促进生长发育，增强植株抗病能力，增产增值显著。一般在第四穗果追施膨大肥后进行叶面追肥，可选用0.2%~0.4%磷酸二氢钾溶液，或0.2%~0.3%尿素溶液，或0.2%过磷酸钙浸出液叶面喷施，也可喷施多元复合肥。果实迅速膨大期应加强肥水供应；否则，果实发育不整齐，形状变小，产量明显降低。

4. 插架与绑蔓

番茄除无支架栽培外，均需要插架绑蔓，一般在定植后到开花前进行，以防倒伏。早春多风地区，定植后要立即插架绑蔓。插架可用竹竿、秫秸、细木杆及专用塑料杆，插架形式主要有单杆架、人字架、四脚架和篱形架。早熟品种可用矮架，晚熟大架栽培不但要架高大，还要坚固。绑蔓要求随着植株的向上生长及时进行，严防植株东倒西歪或茎蔓下坠。绑蔓要松紧适度，绑蔓时把果穗调整在架内，茎叶调整到架外，既可避免果实损伤和日灼，又可提高群体通风透光性能，有利于茎叶生长。

5. 整枝打杈

番茄叶腋均能抽生侧枝，若任其自然生长会妨碍通风透光，易落花落果，成熟期推迟，应适当整枝，摘除多余侧枝。早熟栽培一般采用单干整枝方法，晚熟越夏栽培可采用连续摘心整枝法，或换头再生整枝法。结合整枝进行疏花疏果，待采收结束前30天左右，在最后 1 穗果上留 2~3 叶摘心，抑制营养生长，促进结果。生长后期，还应及时摘除下部老叶、病叶，以利于通风，减少病虫害。目前常用的整枝方法有以下几种。

（1）单干整枝法把所有的侧枝全部去除，只留主蔓，主蔓上保留 2~4 穗果摘心。这种整枝法适宜于早熟密植栽培。

（2）一干半整枝保留主蔓及第一花序下的 1 个侧蔓，其余侧蔓皆摘除。当侧蔓结 2~3 穗果时摘心，只留主蔓生长。

（3）自封顶整枝法有限生长型早熟品种，待主蔓结 2 穗果后封顶，保留第一花穗下的 1 个侧枝结 1~2 穗果后自动封顶，其余蔓皆去掉。

（4）双干整枝。保留主蔓及第一花穗下的 1 个侧蔓，任其生长，其余侧枝全部除去。适宜于中晚熟品种大架栽培。

（5）转头整枝法。主蔓结 2 穗果后摘心，保留第一花穗下的 1 个侧蔓继续生长，待侧蔓结 2 穗果后又摘心，换另 1 个侧蔓生长，如此循环。该法适宜于中晚熟丰产栽培。

（6）多干整枝。每株保留 3~4 个强健侧蔓，每个侧蔓结 2~3 穗果后摘心。该法适宜于大架丰产晚熟栽培。

6. 保花保果

春露地番茄栽培，保花保果的主要措施是培育壮苗；除盐碱地或特别干旱外，花期控制浇水；花期进行叶面喷肥。春季气温较低，露地栽培易导致第一穗花序落花落果。为提高坐果率，可在晴天温度较高时，用 25~30 毫克 / 升防落素（番茄灵）溶液涂花或蘸花，也可采用振动促进授粉，以保花保果。

防落素是一种植物生长调节剂，能够有效防止落花落果，促进果实膨大，提高品质增加产量；还可有效提高番茄含糖量，减少畸形果、裂果、空洞果和果实病害。使用防落素时应注意以下问题。

（1）方法要得当。用防落素喷花时要定点（只喷花而不能喷茎和叶），避免药液喷到嫩叶或生长点上，否则会产生药害，使叶片变成条形。一旦发生药害，应加强肥水供应，减轻药害。为避免重复蘸花，最好在药液中加入一些色素作为标记。

（2）浓度要适宜。防落素的使用浓度一般为 20~40 毫克 / 升，浓度太低作用不显著；过高易出现畸形果、空洞果。使用浓度还应随外界温度的变化而变化，一般高温时取浓度低限，低温时取浓度高限。在施用前最好先进行蘸花试验，先蘸几朵正常花，若 4~5 天内所蘸花的子房开始膨大，即表明浓度适宜，可以用此浓度普施。过早膨大说明浓度过大，膨大过晚说明浓度过小。

（3）施用时期要准确。蘸花以花顶见黄、未完全开放或花呈喇叭口状时为最好，一般情况下，从开花前 3 天到开花后 2 天内施用均有效果，过早施用易引起烂花，过晚至花呈灯笼状时施用则不起作用。通常在晴天下午蘸花较好，早晨蘸花由于花柄表面结露而使药液浓度发生变化，易发生药害。每朵花处理1次即可，防落素处理间隔时间一般为4~5天。

（4）掌握药剂性质。2.4-D与防落素相比，2.4-D药效快，保花保果效果好，但施用时浓度较难掌握，易产生畸形果；防落素较安全，不易产生畸形果，但药效较慢。用防落素纯品时应先用酒精或高浓度烧酒溶解，再加水至所需要的浓度。

7.虫害防治

虫害是露地番茄栽培的突出问题之一，干旱年份，生育前期以蚜虫危害为主。蚜虫不仅直接危害植株，还是黄瓜花叶病毒病的传播介体。棉铃虫主要危害果实，造成烂果。生产中应采取措施防治虫害。

（六）果实采收

露地番茄定植后60天左右便可陆续采收。鲜果上市最好在转色期或半熟期采收，贮藏或长期运输最好在白熟期采收，加工用最好在完熟期采收。适时早采可以提早上市，增加前期产量和产值，并且还有利于植株上部花穗果实的生长发育。番茄采收时要去掉果柄，以免刺伤别的果实。采收后，根据果实大小、颜色、形状、有无病斑和损伤等进行分级包装，以提高商品性。为了加快番茄成熟、增加果实的红熟度，以提早上市，生产上常用乙烯利进行催熟。催熟可在植株上进行，也可采收后进行。植株上催熟可用1000毫克/升乙烯利溶液手工涂抹或小喷雾器直接喷洒白熟果（注意不能喷到叶上以防药害），喷后约4天即可大量转红。采后催熟可用2000毫克/升乙烯利溶液浸泡果实1~2分钟，然后在25℃条件下催熟，经4~5天即转色变红。采收后催熟必须严格控制温度，低于20℃催熟较慢，低于10℃时易受冻害腐烂，高于30℃也易引起腐烂。在最后1批果实成熟采收前，可用2000~4000毫克/升乙烯利溶液全田整株喷洒，虽然叶片产生药害，但果实可提早4—6天采收。

## 二、露地秋番茄栽培技术

秋番茄生长期短，栽培过程中气温由高变低，病害严重，栽培管理难度较大，产量不稳定，要取得丰收必须掌握以下栽培技术环节。

（一）品种选择

秋番茄栽培应选择早熟、抗热、抗病、丰产性强的优良品种，同时要求抗病毒病能力强、果实发育和转色快，如强丰、佳粉10号、中蔬4号、津粉65等。秋番茄的茬口类型较多，以洋葱、大蒜、菜花、甘蓝等蔬菜为良好的前茬，切忌与茄科蔬菜轮作。

（二）适时播种

秋番茄栽培最大的难题是病毒病。一般播种迟些，可以减轻病毒病危害；但是播种过迟，会因后期气温低，植株生长减缓，果实成熟推迟，造成减产。秋番茄适宜播种期因地区、不同气候条件而异。长江流域多在 7 月中下旬播种，上海、南京等地以 7 月下旬至 8 月初为适宜播种期，四川省中部地区以 7 月上旬播种的产量最高，华东沿海地区夏季较凉爽，可在 6 月上旬播种。高温雨季节病害发生严重的地区，可把播种期推迟至 8 月上旬，采取密植、早摘心、加强肥水管理等措施，也能获得较高的产量。

### （三）精心育苗

露地秋番茄可以直播栽培，也可以育苗移栽。直播栽培植株根系不受损伤，根系发达，生长速度快，成熟早，不易感染病害，但苗期管理费工且用种量大；育苗移栽可以弥补直播的缺点。采用育苗移栽，苗床应选择在通风、阴凉、地势较高的地块，苗期要注意防雨和适当遮阴。

秋番茄育苗期在 7 月上中旬，适宜苗龄为 20 天左右，幼苗 4~5 片真叶即可移栽定植，小苗移栽成活率高，缓苗快，病害轻。秋番茄育苗时要加强光照管理，晴好天气白天要加盖遮阳网遮阴降温，阴雨天气和夜间要及时揭去遮阳网。整个苗期处于高温多雨季节，连阴天、降雨天多，光照不足，很容易造成幼苗徒长。徒长苗的表现是根少、茎细、节间长、叶片薄、叶色淡、植株弱小，这种苗花芽分化不良，抗逆性差，定植后成活率低，缓苗慢，不抗病，不利于早熟丰产。

防止番茄苗徒长的措施：①雨天，人工遮雨，防止土壤水分过大。②及时分苗或间苗，保持所需的营养面积，防止幼苗拥挤。③施氮肥不能过量，适当增加磷、钾肥。对于已经徒长的幼苗，应抓紧时间定植。来不及定植时，应再次分苗移栽，扩大单株营养面积，并降低土壤水分含量。徒长苗因茎细长，正常定植苗茎太高，可采取横卧定植法，即在定植沟内将过长的部分横卧于沟内，幼苗上部露出地面 10~15 厘米。定植后加强中耕，促发不定根，使之达到正常生长。

### （四）合理密植

秋番茄适宜定植时间为 7 月底至 8 月中旬。定植前，每 667 亩施有机肥 5000 千克、碳酸氢铵 50 千克，深耕细耙，做成高畦，带土坨栽植。由于秋番茄生育期短，可适当密植，每 667 亩栽植 5000 株左右。定植前 1 天，苗床浇 1 次大水，并及时进行浅中耕。

### （五）田间管理

秋番茄生育前期常遇高温多雨，幼苗易徒长，而且病虫害严重；生育后期又常遭低温霜冻危害。秋番茄栽培，应抓好以下几项关键技术。

1. 肥水管理

开花前应以控水为主，保持土壤湿润，促进花芽分化。结果后结合浇水每 667 亩追施尿素 10~15 千克，第一次采果后结合浇水再追 1 次肥，每 667 亩可追施尿素和硫酸钾各 8~10 千克。

2. 植株调整

由于实行密植栽培，可采取单干整枝，当侧枝长出 6 厘米左右时，开始进行植株调整，并及时绑蔓上架。早熟有限生长型番茄，一般每株留果 9~12 个，其余全部摘除，确保果大、果红、成熟期一致。

3. 保花保果

开花期因气温高，不利于开花授粉，可用 2.4-D 或防落素喷洒、涂抹或蘸花处理，一般整个花期涂抹 4~6 次即可。抹药时应注意不要将药液滴落到顶芽和叶片上，以免发生药害。

4. 及时防治蚜虫

苗床及田间均应及时喷药防治蚜虫，以免传播病毒病。在田间按照一定的距离张挂银灰色薄膜，也有驱蚜虫作用。

5. 降低地面辐射热

为了保持土壤湿润，降低地温，可在行间套种速生绿叶菜，如大青菜、小白菜、菠菜等。灌溉井水也可降低地温。

（六）果实催红

秋番茄栽培，生育后期由于温度降低，不利于中后期果着色，可用 40% 乙烯利水剂 200 倍液进行催红处理，促其着色成熟。在番茄果个定型、颜色由青转白时处理效果最好，这样既能保持番茄的新鲜味道，又不影响产量。一般处理后 7~10 天可采收。

## 三、露地越夏番茄栽培技术

（一）选择品种

可选择抗病、耐热、耐贮运的中晚熟优良高产品种，如夏宝、百利、祥瑞、中蔬 4 号、毛粉 802 等。

（二）适时播种育苗

番茄越夏栽培一般把采收期安排在 7~9 月份。东北地区一般 3 月中旬播种育苗，5 月中旬定植；华北地区一般 4 月下旬播种育苗，6 月下旬定植。育苗场地选择排水良好的地块，以腐熟优质圈肥和粮田熟土按 3：7 混匀。营养钵浇水后，将种子直播于钵内，苗期 1 个月左右。育苗期要注意控制温度和湿度，防止徒长[①]。

（三）整地施基肥

选择前茬没种过茄果类蔬菜的生茬地块，最好与大田作物实行轮作，选择无病区栽培是番茄越夏取得高产稳产的有效措施。越夏番茄适宜后阴坡、通风良好、涝能排、旱能浇

① 赵潞．夏番茄高产高效栽培技术 [J]．河南农业，2019（25）：52.

水、土层较厚的地块栽培。采用配方施肥，施足基肥，每667亩施腐熟优质圈肥5000千克、过磷酸钙100千克、硫酸钾复合肥30千克，均匀撒施，深翻整地做畦。

## （四）合理密植

番茄越夏栽培一般采用高垄或高畦地膜覆盖栽培。畦栽一般做成高20~25厘米的高畦，畦做好后覆盖地膜。高畦地膜覆盖栽培既有利于保水保肥，又有利于雨季排水，防病防衰。

番茄越夏栽培，栽植密度不宜过大，密度过大通风透光不良，田间郁闭，高温雨季易发生病害，而且植株早衰。一般畦宽1.6米（畦面宽90厘米，畦间70厘米作业道），栽2行，行距50厘米，株距45厘米，每667亩栽2000株左右。各地可结合本地条件，适当稀植，一般每667亩不宜超过3000株。定植时要做到壮苗深栽。

## （五）植株调整

越夏番茄应进行大架栽培，多层留果，采用单干整枝或双干整枝。也可在春番茄生产的基础上，采用连续换头再生整枝法进行越夏栽培。无论是单干整枝、双干整枝，或连续换头再生整枝，一般都要在早霜到来之前50天左右摘心打顶，以防青果不能成熟。摘心打顶一般要留2片功能叶，注意打顶不宜过早，否则易引起植株早衰。

## （六）田间管理

番茄越夏栽培前期，适当蹲苗，中耕除草。待秧苗长到高0.3米左右及时插架绑蔓。采用三脚形、四脚形均可，插架要牢固。为促使根深叶茂，在高温雨季到来之前，调整好营养生长与生殖生长的平衡，适当疏花疏果，每株留4~5个穗果，每穗留3~4个果，避免坠秧，以保持植株旺盛生长。及时摘除植株下部老叶、病叶。加强防治晚疫病、病毒病和斑点病等病害以及蚜虫、棉铃虫等虫害。高温多雨时，番茄易落花，可用25~30毫克/升防落素蘸花或喷花，以保花保果；尽量少用或不用2,4-D蘸花，以减少畸形果数量。

## （七）果实采收

番茄越夏栽培一般7月中旬开始采收，此时正值高温多雨时节，为避免烂果、裂果，应在果实开始转色变红时立即采收。

# 第八章　现代农业贮藏技术

## 第一节　粮食贮藏技术

粮食贮藏作为国家发展当中的工作内容，在维持社会稳定、人民生活幸福等方面具有重要作用。只有将粮食贮藏工作有效落实，国家粮食供需平衡才能得到维护，人们的生活生产需要才会得到满足，进而维护社的稳定。粮食的种类都可以用，本章重点阐述稻谷、小麦以及玉米的贮藏技术。

### 一、稻谷贮藏技术

#### （一）稻谷的贮藏特点

1.不耐高温，易陈化

稻谷的胶体组织比较疏松，抵抗高温的能力也很弱，如果放在烈日下曝晒或者高温环境中烘干，均会增加爆腰率和变色，降低食用品质与工艺品质。高温还可导致稻谷脂肪酸值增加，品质下降。不同含水量的稻谷在不同的温度下贮藏，脂肪酸的含量都有不同程度的增加，加工大米的等级也会相对降低。水分的含量和贮藏的温度越高，脂肪酸值上升得越快，但是水分低的稻谷可以对高温产生较强的抵抗能力[①]。

稻谷在贮藏过程中，特别是经历高温后。其陈化还表现在酶活性降低，黏性下降，发芽率降低、盐溶性氮含量降低，酸度增高，口感和口味变差等；稻谷即使没有发热，随着保管时间延长，也容易出现程度不同的陈化，这是由于酶的活性降低导致的。一般新稻谷里面淀粉酶及过氧化氢酶活性很高，过夏后活性明显下降。据试验，过氧化氢酶在贮藏3年以后，活性下降为原来的1/5，淀粉酶活性在2年以后就已测不出。

过氧化氢酶的活性密切影响着稻谷的生活力，稻谷中过氧化氢酶的活性如果降低，稻谷的发芽率也会相应降低，从而导致陈化劣变。稻谷的陈化速度，对于不同种类和不同水分、温度的稻谷是不同的。通常籼稻较为稳定，粳稻次之，糯稻最易陈化。水分、温度均低时，陈化的速度变慢；温度和水分都比较高的时候，陈化的速度就比较快。

① 杨春秀，刘艳艳，杨海红.稻谷贮藏技术 [J].民营科技，2016（10）：188.

2. 易发热

新收获的稻谷生理活性强，早中稻入库后积热难散，在 1~2 周内上层粮温往往会突然上升，超过仓温 10~15℃，出现粮堆发热现象。即使水分正常的稻谷，也常出现此种现象。稻谷发热的地方一般是粮堆里面杂质多、温度较高以及水分高的部位，之后再扩散到四周，最终蔓延至全仓。杂质多的粮食或杂质聚积区（特别是有机杂质多的区域）含水量高，带菌量大，孔隙度小，所以易发热。此外，地坪的返潮或仓墙裂缝渗水以及害虫的大量繁殖、危害，都会产生热量。在所有的因素里面，水分过高引发的大量微生物繁殖是造成发热的主要因素。

3. 易变黄

稻谷除在收获期遇阴雨天气，未能及时干燥，使粮堆发热产生黄变外，在贮藏期间也会发生黄变，这主要与贮藏时的温度和水分有关。试验证明，粮温是引起稻谷黄变的重要因素，水分是另一个不能忽视的原因。粮食温度和水分相互作用，互相影响，共同促使黄变，粮食温度越高，水分越大，贮藏时间越长，黄变就越严重。据报道，气温在 26~37℃时，稻谷水分在 18% 以上，堆放 3 天就会有 10% 的黄粒米。水分在 20% 以上，堆放 7 天就会产生约 30% 的黄粒米；贮藏时，如果早稻水分为 14%，有 3 次发热，就会产生 20% 黄粒米；水分在 17% 以上，发热 3~5 次，则黄粒米可达 80% 以上。由此可见，黄变无论仓内仓外均可发生，稻谷含水量越高，发热次数越多，黄粒米的含量越高，黄变也越严重。

稻谷黄变以后，会降低发芽率和黏度，升高酸度，增加脂肪酸值和碎米数量，使品质明显变劣，对其食用品质和种用品质均有较大的影响。

黄粒米形成的原因，目前尚未有统一的认识，有人提出是美拉德反应使大米变黄、变褐，但也会有人认为稻米黄变主要还是因为微生物引起的。

## （二）稻谷贮藏方法

1. 常规贮藏

常规贮藏方法是一种基本适用于各种粮食的贮藏方法，从粮食入库到出库，在一个贮藏周期之内，通过加强粮情检查，提高入库质量，根据季节的变化采取恰当的管理，防止病虫害，就可以做到基本的安全保管。

（1）控制水分

入仓稻谷水分高低是稻谷是否能安全贮藏的关键，一般早、中籼稻收获期气温高，收获后易及时干燥，所以入库时的水分低，可达到或低于安全水分，易于贮藏。但晚粳稻收获期是低温季节，不容易干燥，入库的时候水分一般会比较高，应该采取不同的办法干燥降水，春暖之前要将烘干设备处理完毕。如无干燥设备，可利用冬、春季节的有利时机进行晾晒降水，或利用通风系统通风降水，使水分降至夏天安全水分标准以下。稻谷的安全水分标准应随种类、气候条件以及季节来决定。一般而言，晚稻高一些，早稻低一些；粳稻要高一些，籼稻要低一些；冬季高一些，夏季低一些；北方高一些，南方低一些。

稻谷安全水分的标准还与成熟度、纯净度、病伤粒等有密切关系。另外，如果贮藏种用稻谷，为了保证发芽率，度夏时的水分应该低于安全标准的1%。

（2）清除杂质

稻谷中的杂质在入库时，由于自动分级现象常聚集在粮堆的某一部位，形成明显的杂质区。杂质区的有机杂质含水量高，吸湿性强，带菌量大。呼吸强度高，贮藏稳定性差。糠灰等细小的杂质容易缩小粮堆之间的孔隙，致使粮堆里面的湿热不容易发散出去，这也是贮藏的一大不安全因素。在入库前应尽可能降低杂质含量，确保储粮的稳定，通常将杂质含量降至0.5%以下，入库时要坚持做到"四分开"，即新粮与陈粮分开、干粮与湿度较大的粮分开，将不同的粮种分开，将虫蚀的粮和没有虫蚀的粮分开，提高贮藏的稳定性。

（3）通风降温

稻谷入库后，特别是早中稻入库时粮温高，生理活性强，堆内易积热，并会导致发热、结露、生霉、发芽等现象。稻谷入库后，应根据气候特点适时通风，缩小粮温与外温及仓温的温度差，防止发热和结露。根据一些省市的经验，使用离心式风机，采取地槽通风、存气箱通风以及竹笼通风，在9~10月、11~12月、1~2月，利用夜间冷空气，进行间歇通风，可使粮温从33~35℃分段降为25℃左右、15℃左右和10℃以下，能有效地防止稻谷的发热和结露，保证贮藏安全。此外，还可以使用低压轴流式风机或者排风扇负压通风，同样可以获得通风效果，但却可以显著节约投资费用和运行费用，是一种较理想的通风降温存储途径。稻谷在通风降温后，再辅以春季密闭措施，便可以有效防止夏季稻谷的发热。

（4）害虫防治

稻谷入库以后，特别是早中稻容易感染害虫。大多数危害粮食的害虫都会出现在稻谷贮藏期，主要的害虫有以下几种：米象和玉米象、谷蠹、锯谷盗、印度谷蛾、麦蛾等。稻谷入库后应及时采取有效措施防治害虫。通常防治害虫多采用防护剂或熏蒸剂，以防止害虫感染，杜绝害虫的危害或者把危害限度降到最低，减少储存量的损失。

（5）低温密闭

在完成通风降温、防治害虫之后，冬末春初气温回升以前粮温最低时，因地制宜采取有效的方法，压盖粮面与密封粮堆，以长期保持粮堆的低温或准低温状态，延缓最高粮温出现的时间以及降低夏季的粮食温度。这种办法可以减少霉菌以及害虫的危害，也可以保证粮食新鲜，没有药物的污染，保证了粮食的卫生。尤其对稻谷来说，低温是延缓陈化的最有效方法。

2.气调贮藏

稻谷的自然密闭贮藏和人工气调贮藏在长期的实践中均取得了较好的效果。自然密闭缺氧贮藏主要在于粮堆的密闭效果。缺氧的速度源于贮藏时的水分、温度以及粮食自身的质量，一般水分大、粮温高、新粮、有虫缺氧快。根据实践经验，新粮的粮温在20~25℃，粳稻水分在16%左右，籼稻水分在12.5%左右就可进行自然缺氧贮藏，但不同的温度、水分，达到低氧的时间也不相同。一些隔年的陈稻谷，降氧的速度比较慢，这时候就可以通过选择密封时机及延长密封时间等措施，提高降氧速度，尽快使粮堆达到低氧要求。一般可在春暖后，粮温达到15℃以上密封，经一个月左右可使堆内氧浓度逐渐降低。但由于早稻收获后容易干燥降水，含水量不高，同时没有明显的后熟期，因此想要获得合适的自然缺氧的效果，必须严格密封粮堆或辅以其他脱氧措施。采用人工气调贮藏能有效延缓稻谷陈化，同时解决了稻谷后熟期短、呼吸强度低、难以自然降氧的难题。目前，国内外应用较为广泛的人工气调是充入氮气和二氧化碳气调，尤其是充二氧化碳得到了广泛的应用，大量的实践证明充二氧化碳气调对于低水分稻谷的生活力影响不大，如水分低于13%的稻谷在高浓度二氧化碳中贮藏4年以上，生活力只略有降低。但如果稻谷水分偏高，则高浓度二氧化碳对生活力的影响将会是十分明显的。

## 二、小麦贮藏技术

### （一）小麦的贮藏特点

1. 小麦的贮藏稳定性

小麦贮藏时耐高温，吸湿性强，后熟期比较长。

（1）后熟期长，稳定性好

小麦后熟期的长短因品种不同而异，一般以发芽率达80%为完成后熟的标志。大多数品种的后熟期差不多是两个月，少数会超过80天，其中白皮小麦的后熟期比较短，粮堆的上层容易出现结露、发热、生霉等不良变化。小麦在完成后熟作用以后，品质有所改善，保藏稳定性有所提高。

（2）耐高温

小麦可抗高温。根据研究表明，含水量超过17%的小麦，干燥的时候粮温低于46℃；含水量不超过17%的小麦，干燥时粮温不超过54℃，酶的活性不降低，不丧失发芽力，也不降低面粉品质，磨成的面粉品质反而有所提高，做成馒头松软膨大。根据其耐高温的特性，可以对小麦使用高温日晒或者高温密闭进行杀虫处理。

（3）吸湿性强

小麦吸湿能力及吸湿速度较强，在保藏中极易受外界湿度的影响，而使含水量增加，其中白皮小麦的吸湿性强于红皮小麦，软质小麦强于硬质小麦，瘪粒小麦和被虫蛀的小麦强于饱满完整的小麦。吸湿严重的，可引起发热霉变和发芽，因而做好防潮工作，是小麦安全保藏中的一个重要环节。此外，小麦收获时正值高温盛夏时节，虽然有利于及时干燥入库，但也适合于害虫的活动，入库的新麦容易被感染，又因为小麦没有外壳保护，更容易遭到各种害虫伤害。这也是小麦能否安全保藏过程中要注意的一大问题。

2. 小麦贮藏期间的品质变化

小麦在贮藏中的劣变与陈化涉及一系列生物化学方面的变化，其中，糖类变化的总趋势为非还原糖和总糖减少，还原糖增加。这种变化因小麦原有成分的分解而造成，不过需要注意的是还原糖没有增加，并非证明小麦的品质正常，因为在一般的贮藏条件下，小麦不可能不带霉菌，而霉菌的发展，正需要消耗小麦分解的还原糖。淀粉是构成小麦的主体，在所有成分中所占据的比例最大，淀粉在贮藏过程中糊化温度会升高，黏度会降低，可溶性直链淀粉的含量会变少等。

脂类在小麦中的总含量平均约为3%，糊粉层和胚部含脂肪较多，胚乳中含脂肪较少，但胚乳中含有较高的类脂物如磷脂。脂肪在贮藏期间的变化主要分为水解和氧化，脂肪水解的结果是产生游离的脂肪酸，升高了脂肪酸值。脂肪酸值是判断小麦品质优劣的一大标准，新麦的脂肪酸值常在 10~20（毫克 KOH/100 克），在正常的贮藏条件下，其值缓慢增加，在不良贮藏条件下贮藏，脂肪酸值迅速上升。但要注意，在粮堆严重发热时，脂肪酸值并不是很高，这是因为粮堆的发热加速了霉菌的活动，霉菌把脂肪酸作为营养物质，消耗后的脂肪水解物虽然对人类无害，但这是脂肪进一步氧化酸败的有利条件，因此必须高度重视。脂肪的氧化作用会形成一些不稳定的过氧化物，过氧化物继续分解，最后形成具有异味的低分子醛、酮、酸类的物质，会使产品变苦变辣，这个过程被称为脂肪酸败。脂肪酸败的过程开始于游离脂肪酸的增加，而以苦辣味出现结束，酸败严重时，不仅会影响小麦的气味、滋味，还使粮食带毒，甚至完全失去食用价值。小麦蛋白质中最重要的部分是面筋，而面筋的含量与质量决定了小麦质量的优劣。在正常条件下贮藏的小麦，其蛋白质变化较慢，其间蛋白质的变化类型主要是水解和变性，其中以变性较为明显，过高温度烘干小麦易引起蛋白质的凝固变性，粮堆发热时，在不足以发生蛋白质热凝固时，便可降低面筋的弹性，随着温度的升高，就会完全不能成为面筋。蛋白质变性以后溶解度以及吸水能力都会降低，面筋的弹性以及延展性也会变差，甚至完全丧失。粮食发热或烘干不当，都可能导致蛋白质变性，一般温度达 55~60℃时，便可能发生蛋白变性。变性后的小麦不能作为种子。另外，小麦中积累不饱和脂肪酸也会对面筋造成一定程度的影响，不能形成面筋或者完全洗不出面筋，不过这些影响却能改善面筋的品质，可使面筋富有弹性、坚实，并形成物理性状良好的面团。

小麦在贮藏期间的另一特殊劣变现象是褐胚，这是指小麦在贮藏期间，特别是含水量偏高、感染霉菌、贮藏条件差的情况下，小麦胚部会变成棕色、深棕色甚至是黑色，褐色胚粒一般会被称为"病麦"或"胚损伤麦"。褐胚的发生和酶促褐变、非酶褐变及霉菌的感染有关。小麦出现褐胚后会导致其发芽率、生活力的降低和游离脂肪酸增加，同时对小麦的工艺品质也产生一定的影响，做出的面粉还有较高灰分，颜色深、筋力差，烘焙的品质不高。

## （二）小麦贮藏方法

### 1. 常规贮藏

小麦的常规贮藏也是主要的技术措施，以清除杂质、控制水分和提高入库粮质为主，同时在储存时做到"四分开"，加强虫害防治并做好贮藏期间的密闭工作。

### 2. 小麦热密闭贮藏法

利用夏季高温对小麦进行曝晒，晒麦的时候需要掌握薄摊勤翻和迟出早收的原则，上午晒场变热以后，将小麦薄摊于晒场上，使麦温达到42℃以上，最好是50~52℃，保温2小时。为提高杀虫效果，有的地方采取两步打堆和聚热杀虫的方法，即在下午3点左右趁气温尚高时，先把上层的粮食收拢（第一次打堆），保证粮温比较低的底层粮食再次曝晒，然后把这一部分粮食收拢（第二步打堆）。聚热杀虫是把达到杀虫温度的粮食收拢，堆成2000~2500千克一堆，热闷30分钟至1小时，在下午5点钟之前趁热入仓。入仓小麦水分必须降到12.5%以下。入仓以后立刻平整粮面，使用晒热的草帘或者席子等将粮面覆盖，保证门窗密闭保温，要求有足够的温度及密闭时间。入仓麦温如在46℃左右则需密闭2~3周，才能达到杀虫的目的。然后可以揭去覆盖物降温，但要注意防潮、防虫。也可以不去掉覆盖物，到秋后再揭。热密闭时最好一次装满仓，防止因为麦温散失造成的仓虫复苏。

在进行热入仓时，应预先做好清仓消毒工作，仓内铺垫和压盖物料也要同时晒热。一般由于保温不好，而使热密闭失效，如囤存的小麦多在靠近席子处发生虫害，散存的多在门、窗附近容易发生虫害，因此要对这些部位进行重点保温。

小麦热密闭杀虫效果较好，麦温在42℃以下，不能完全杀灭害虫；麦温在44~47℃时，就具有100%的杀虫效果。害虫致死的时间，因不同虫种和虫期而有所不同，如粉螨卵在45℃的时候，致死的时间是50分钟。如果曝晒时的高温时间长，则入库以后高温的时间也比较长，杀虫效果更好。

对发芽率的影响：小麦收获后，不论是否完成后熟作用，经暴晒趁热入仓，保持7~10天高温，发芽率不会降低，而且还会提高。研究表明，未完成后熟与完成后熟的小麦，曝晒后趁热装入仓库，粮食温度保持在44~47℃，都能提高发芽率。

对品质的影响：热密闭的小麦由于水分低，生理活性很微弱，在整个贮藏期间，小麦的水分、温度变化很小，品质方面也无明显变化。研究表明，热入仓小麦从8月到来年1月的贮藏过程中，脂肪酸值没有明显的变化，可溶性糖、氮以及盐溶性氮的含量很少变化。热密闭小麦的出粉量及面筋含量比一般贮藏的均有增无减，而且面团持水量大，发面和制馒头的膨胀性能好。

3. 低温贮藏

低温贮藏可以帮助小麦长期安全贮藏。小麦虽然可以在高温下持续贮藏，但是品质会降低，陈麦在低温贮藏条件可相对保持小麦品质，这是因为，低温贮藏能够防虫、防霉，降低粮食的呼吸消耗及其他分解作用所引起的成分损失，以保持小麦的生命力。国外报道，干燥小麦在低氧和低温的条件下可以贮藏16年以上，品质变化很小，并且还能制成质量好的面包。低温贮藏的技术措施主要是掌握好降温和保持低温两个环节，特别是低温的保持是低温贮藏的关键。降温主要通过自然通风和机械通风来降低粮温，保持低温就要对仓房进行适当改造，增强仓库内的隔热性能或建设低温仓库，都能开展低温贮藏。

在我国，利用自然低温贮藏潜力较大，除华南地区气候较暖外，大部分产麦区都有 −5~0℃ 的低温期，北方地区全年平均出现 0℃ 左右温度的时间可达 3 个月以上，这对低温贮藏小麦非常有利。低温贮藏的小麦，一般要求水分应低于 12.5%，这和小麦的耐低温性能有关，含水分大的小麦，冷冻温度最好不低于 −4~6℃，这在我国东北严寒地区尤应注意。一般地区要选择隔热、密闭团性能好的仓房做好密闭压盖工作，增强防热、防潮性能，特别是高温季节，应检查粮情，防止外界的湿热空气进入仓库内使粮食结露。

小麦的低温贮藏以自然低温为主，各地也可根据气候特点与设备条件采取机械通风低温贮藏，但很少采用机械制冷及空调低温贮藏。

4. 气调贮藏

在小麦的气调贮藏技术中，受到国内外广泛应用的还是自然缺氧贮藏。近年来，这种方法已经在全国范围得到推广，并收到了较好的杀虫效果。因小麦是主要的夏粮，收获时气温高，干燥及时，水分降低到 12.5% 以下，这时粮温甚高，而且小麦具有明显的生理后熟期，在进行后熟作用的时候，小麦的生理活动变得旺盛，呼吸强度变大，对粮堆的自然降氧十分有利。据河南经验，新小麦氧浓度可降至 1.8%~3.5%，有效地达到低氧防治害虫的目的。小麦降氧速率的快慢，与密封后空气渗漏的程度、小麦不同品种生理后熟期长短、粮质、水分、粮温、微生物以及害虫活动等有直接的关系。只要管理合适，小麦收获以后趁热装入仓库，及时密封，粮温平均在 34℃ 以上，均能取得较好的效果。

如果是隔年的陈麦，其生理后熟期早已完成，而且进入深休眠状态，它的呼吸能力就减到非常弱的水平，因此不适合自然缺氧保存。这时可以采用微生物辅助降氧或者充氮气以及二氧化碳等气调方法实现对害虫的防治。

## 三、玉米贮藏技术

### （一）玉米的贮藏特点

1. 原始含水量高，成熟度不均匀

玉米的生长期长，我国主要产区在北方，收获时天气已冷，加之果穗外面有苞叶，在植株上得不到充分的日晒干燥，故原始含水量较大，收获时籽粒含水量一般在20%以上，高的可以达到30%。而且因为果穗顶部和基部授粉的时间不一样，导致顶部含有都可以用不成熟籽。玉米含水量高，脱粒时容易损伤，所以玉米的未熟粒与破碎粒较多。这种籽粒在贮藏过程中极易遭受害虫、霉菌的入侵危害。

2. 胚部大，生理活性强

玉米的胚部比较大，差不多占据整个玉米粒体积的1/3，富含蛋白质、脂肪以及可溶性糖，因此吸湿性强，呼吸旺盛。玉米在贮藏过程中有着许多变化，如易吸湿、生霉、发酸、变苦等。所有这些变化关键在于玉米的胚。

3. 胚的吸湿性强

玉米的胚部和其他的部位相比较有很大的吸湿性，因为其胚部含有大量的蛋白质以及无机盐，并且组织疏松，周围具有疏松的薄壁细胞组织，在大气相对湿度高时，这一组织可使水分迅速扩散于胚内；而在大气相对湿度低时，则容易使胚部的水分迅速散发于大气中。玉米吸收和散发水分都是通过胚部的作用。一般干燥玉米的胚部，含水量会小于整体籽粒以及胚乳，而潮湿玉米的胚部，其含水量则大于整个籽粒和胚乳。但玉米吸湿性在品种类型间有差异，硬粒、马齿和半马齿型中，硬粒型玉米的粒质结构紧密、坚硬，籽粒角质胚乳较多，因此吸湿性要小于其他两个类型。

4. 胚部脂肪含量高，易酸败

玉米胚部富含脂肪，占整个籽粒中脂肪含量的77%~89%，在贮藏期间胚部易遭受害虫和霉菌侵害，酸败也首先从胚部开始，故胚部酸度的含量始终高于胚乳，增加速度很快。贮藏期间，脂肪酸值会随着水分的增高而增大，在玉米总酸以及脂肪酸值增加的同时，发芽率会大幅度降低。

5. 胚部带菌量大，易霉变

玉米胚部营养丰富，微生物附着量较大。据测定，经过一段贮藏期后，玉米的带菌量比其他禾谷类粮食高得多，正常稻谷上霉菌孢子约在95000（孢子个数/克干样）以下，然而正常的干燥玉米却有98000~14700（孢子个数/克干样）。玉米的胚部吸湿以后，在合适的温度下，霉菌即大量繁育，开始霉变，故玉米胚部极易发霉。玉米生霉的早期症状是粮温逐渐升高，粮粒表面发生湿润现象，用手插入粮堆感觉潮湿，玉米的颜色较前鲜艳，气味发甜。继而粮食温度上升迅速，玉米胚变成了淡褐色，胚部和断面会出现白色的菌丝，接着菌丝体发育产生绿色或青色孢子，在胚部非常明显，这时会出现霉味和酒味，玉米的品质已变劣。再继续发展，玉米霉烂粒就不断增多，霉味逐渐变浓，最后造成霉烂结块，不能食用。

6. 玉米在贮藏期间的品质变化

贮藏过程中水分含量会对玉米品质造成较大影响，玉米水分在 15% 以上，淀粉酶活性加强，导致淀粉水解，还原糖明显增加。适合淀粉水解的条件也有利于加强呼吸作用，最终使玉米粒内淀粉和糖损失。发热玉米，水解酶活性增强，受霉菌感染的玉米粒，脂肪和淀粉分解过程加剧，水溶性氮含量随非水溶性氮的含量降低而增加，增加的幅度与感染程度密切相关。

### （二）玉米贮藏方法

#### 1. 玉米粒的贮藏

充分干燥可以使玉米安全贮藏。研究发现，玉米的水分低于 12.5%，仓库温度约为 35℃时可以安全贮藏。

玉米成熟后应该抓紧时机收获，南方最好是带穗干燥之后再脱粒。北方由于气候寒冷，玉米收获后往往不能及时干燥，水分较高，这样的玉米在冬季要加强管理，到第二年春暖之后进行干燥，降低水分，使之安全度夏。水分超过 20% 的玉米，如果长期存放在 0℃以下的低温中，要做好防冻工作，同时降低水分。较多的杂质易发热生霉和招致虫害，因而玉米入仓前要过风过筛，清理杂质。

#### 2. 玉米带穗贮藏

使用高粱秆做成一个方形或者圆形的围囤，分层将玉米的果穗装进围囤里面，每层玉米之间装置一层横的或竖的通风笼。围囤外圈用草绳或麻绳捆住，顶部用草垫盖住。

这种方法贮存玉米果穗，孔隙大，利于通风降温降湿，同时，玉米籽粒的胚部藏在果穗内，不容易被害虫侵袭，穗轴和籽粒之间仍然保持联系，在保管初期，穗轴里面的营养仍然可以继续输送到籽粒内，可以促进籽粒后熟，利于贮藏。这种围囤贮藏玉米果穗的方法降水效果也很好，入囤果穗水分为 22%~24%，到第二年四月初，可以自然干燥至 15% 以下。但是一到雨季，干燥后的玉米果穗非常容易吸湿，为了防止玉米增加水分，必须在春暖雨季到来之前，及时出囤脱粒。

# 第二节　果品贮藏技术

作为农业重要组成部分的大宗农产品，水果是最有希望参与国际竞争的农产品之一。近年来，我国果业发展突飞猛进，成绩显赫，令世界瞩目。然而，由于世界各国为保护自己国家的果品市场，设置一些诸如此类产品的进口标准等做法，阻碍了我国新鲜果品及加工品出口。因此，为争取多出口创汇，迎接国外水果的挑战，提高我国水果业在国际市场中的地位，根本出路是打破贮藏瓶颈，迅速提高果品质量，全面进入质量时代。我国果品的种类众多，本书重点阐述苹果与桃的贮藏技术。

# 一、苹果贮藏技术

苹果的原产地在中亚西亚、欧洲以及中国新疆，和葡萄、香蕉、柑橘并称为世界四大水果。其栽培面积之大、产量之高并且能做到周年供应等特点是水果中为数不多的。我国苹果生产主要集中在渤海湾、西北黄土高原和黄河故道三大产区。苹果的贮藏性比较好，市场需求量大。

## （一）品种特性

苹果比较适合贮藏，不过品种不同、栽培的地区不同，苹果的贮藏特性也会有较大的差异。我国栽培的苹果品种约 500 多种，通常晚熟品种较中熟品种耐藏，中熟品种较早熟品种耐藏。早熟品种中的黄魁、红魁、祝光等，果肉易发绵、腐烂，只能作短期贮藏。中熟品种中的红星、红元帅、金冠、红冠等，如果贮藏合适，贮藏时间可以延长到第二年的 2~3 月份。晚熟品种中富士、国光等在适宜的贮藏条件下，贮藏期至少可以达 8 个月，如果利用低温气调贮藏或冷却贮藏，则可周年供应，四季保鲜[①]。

## （二）生理特性

苹果是跃变型水果，在成熟期会产生呼吸高峰并且乙烯的产量也会增加。贮藏苹果时应注意降低温度和调节气体成分，推迟呼吸高峰，延长贮藏寿命。

## （三）贮藏条件

### 1. 温度

苹果的最佳贮藏温度是 –1~4℃。早、中熟苹果如果贮藏在普通果窖中，最好维持温度在 0~4℃。晚熟品种的苹果较耐低温，温度维持在 –1~0℃较好。冻藏的果实以维持窖温 –6℃为好，但时间也不宜太长，以免果实遭受冻害。

### 2. 湿度

苹果的贮藏环境要求其相对湿度保持在 85%~95%，特别是一些果皮较薄的苹果，如金冠等，更易因相对湿度小而皱皮收缩，采用塑料薄膜包装贮藏对保持果实饱满很有效果。

### 3. 气体成分

氧气和二氧化碳的最适比例依其果实种类和品种不同而异，通常气调贮藏苹果比较适宜的空气成分包括：2%~4% 氧气、3%~5% 二氧化碳，剩下的是氮和微量惰性气体。红富士苹果一般以氧气为 2%~3%，二氧化碳为 3%~5% 为宜。贮藏初期维持 7~10 天的 8%~10% 高二氧化碳，对延长苹果贮藏期更为有利。另外，大型现代化气调库一般都装置有 $C_2H_4$ 脱除机，控制 $C_2H_4$ 低于 10 微升 / 升，将十分有利于苹果的贮藏。

① 邓广军. 苹果贮藏技术 [J]. 河北农业科技，2005（11）：30.

## （四）贮藏方法

苹果的贮藏方式都可以用，短期贮藏可采用沟藏、窑窖贮藏、通风库贮藏等常温贮藏方式。对于长期贮藏的苹果，应采用冷藏或者气调贮藏。

### 1.沟藏、窑窖贮藏

在北方，沟藏是一种主要的贮藏方式，耐贮藏的晚熟品种十分适合这种方式，一般贮藏期维持在5个月左右，损耗较少。传统沟藏，冬季主要以御寒为主，降温作用很差。

窑窖贮藏在黄土高原地区、（山西、陕西等）较常用。尤其是近年来，土窑洞加机械制冷贮藏技术，改善了窑洞贮藏前期和后期的高温因素对苹果产生的不利影响，将窑洞内贮藏的苹果的质量安全达到了现代冷库的贮藏效果，而制冷设备只需在入贮后运行2个月即可。

### 2.通风库和机械冷库贮藏

通风库主要依靠自然降温来调节库内的温度，其缺点是秋天的果实入库的时候，库温还比较高，初春以后无法控制气温回升引起的库温升高，严重制约苹果的则藏寿命。在通风库的基础上，增设机械制冷设备，使苹果在入库初期就处于10℃以下的冷凉环境，入冬后可以停止冷冻机的运行，仅依靠自然通风来降低温度，并且将适合的贮藏低温稳定下来，等来年春天温度回升时又可开动制冷设备，维持0~4℃的库温。苹果冷藏，最好在采收后就能冷却到0℃左右，采后1~2天内入冷库，入库后3~5天内降低到适宜温度。

### 3.气调贮藏

我国不同的气调贮藏方式对都可以用品种，如国光、元帅、金冠以及新近研发品种的贮藏起到延长的效果。常用的方法有塑料薄膜封闭贮藏和气调库贮藏。

（1）塑料薄膜袋贮藏。采收完苹果后应就地进行预冷和分级，果箱或者果筐里面套上塑料袋，将苹果装填进去，扎紧袋口，每袋构成一个密封的贮藏单位（聚乙烯或无毒聚氯乙烯薄膜，厚度为0.04~0.07毫米），用于苹果的贮藏保鲜。

（2）塑料薄膜帐贮藏。在通风库或者冷藏库里面，使用塑料薄膜封闭果垛贮藏，塑料薄膜一般选择0.1~0.2毫米厚的高压聚氯乙烯薄膜黏合成一个长方形罩，可贮数百到数千千克苹果。封好后，按苹果要求的二氧化碳水平，采用快速降氧、自然降氧方法进行调节。

（3）气调库贮藏。苹果在气调贮藏时，只需要降低氧气的浓度就可以得到良好的效果，不过，如果增加一些二氧化碳的浓度也可获得较好的效果，但如能同时增加一定浓度的二氧化碳，贮藏效果会更好。如双变气调贮藏法，苹果可贮藏150~180天。入库时温度在10~15℃维持30天，然后在30~60天以内降低到0℃，之后将温度维持在−1~1℃；气体的成分在最开始30天的高温期，二氧化碳为12%~15%，以后60天内随温度降低，相应降至6%~8%，并一直维持到结束，氧气控制在（3±1）%，有较好的贮藏效果。

苹果气调贮藏中，有乙烯积累，可以用药用炭去除。如果使用小塑料袋对红星苹果进行贮藏和包装，药用炭放入重量为果实重量的 0.055%，就可以保持果实较高的硬度。

## 二、桃贮藏技术

桃原产于我国黄河上游，具有营养丰富、美味芳香的特点，深受消费者喜爱。桃的品种较多，不同的成熟期以及种植方式使鲜桃在每年 4~10 月份都可供应市场。鲜桃的贮藏寿命较短，易腐烂变质，如果采取适宜的保鲜方法，可延长鲜桃供应期，提高经济效益。

### （一）品种特性

不同品种的桃其耐贮性差异大，一般晚熟的品种较耐贮，中熟品种次之，早熟最不耐贮藏。选择用来运输和贮藏的桃，必须是具有优良品质，果实大，色、香、味俱全并且适合贮藏的品种。一般来说，按贮藏期长短，桃的品种大致可分为以下三类：

（1）耐贮品种。如冬桃、中华寿桃、深州蜜桃、肥城桃、河北的晚香桃、辽宁雪桃等，一般可贮 2~3 个月。

（2）较耐贮品种。北红、白凤、京玉、大久保、深州安桃、绿化 9 号、沙子早生以及肥城水蜜桃等一般都可以贮藏 50~60 天，贮藏后还有较好品质。

（3）不耐贮品种。如岗山白、岗山白 500 号、橘早生、

晚黄全、离核水蜜、麦香、红蟠桃、春雷等，贮藏时间短，贮后风味较差，易发生果肉褐变。

### （二）生理特性

桃是典型的呼吸跃变型水果，在贮藏期间会出现两次呼吸高峰和一次释放乙烯的高峰，乙烯释放高峰先于呼吸高峰出现。呼吸高峰出现越早越不耐贮。

### （三）贮藏条件

不同品种的桃其适合的贮藏条件也不一样，一般而言，温度为—0.5~2℃，相对湿度为 90%~95%，氧气为 1%~2%，二氧化碳为 4%~5%，在这样的贮藏条件下一般可贮藏 15~45 天。

### （四）贮藏方法

1. 简易贮藏

虽然桃不适合在常温下进行贮藏，不过由于货架保鲜的需要，也会用一些简易贮藏方法。应选择无斑痕和损伤的果实，逐个放入纸盒中，不要太挤，只放一层，放在阴凉通风处，只要不碰不压，可贮藏 10 天左右。

2. 冷藏

在低温贮藏过程中，桃容易受到冷害侵袭，如果温度达 –1℃就会产生受冻的危险。桃的贮藏适温为 –0.5~2℃，适宜相对湿度为 90%~95%。在这种贮藏条件下，桃可贮藏

3~4 周或更长时间。然而，桃在低温下长期贮藏，风味会变淡，果肉褐变，特别是将桃移到高温的环境中后熟，其果肉容易发绵、变软、变干，果核周围的果肉变成明显的褐色，果皮的色泽暗淡无光。这是一种冷害现象，一般称为粉状变质或木渣化。在 2~5℃中贮藏的桃比 0℃下的更容易发生果肉变质，例如在 4.5℃下贮放 12 天就会发生冷害。另外，贮藏温度不稳定，冷害也会更为严重，如果将桃 1~2 周内贮藏在 0℃中，再将温度调到5~6℃，其果实受的损伤比一直在 5℃下贮藏所受的损伤更大。在冷库内采用塑料薄膜包装可延长贮期。

**3. 气调贮藏**

一般而言，桃的气调贮藏比空气冷藏的贮藏期延长 1 倍。雪桃采用 0~5℃逐渐降温处理，硅窗保鲜袋进行包装，将氧气和二氧化碳的含量分别控制在 5% 和 3% 左右，果实可以贮藏 50 天，果肉的褐变受到明显的抑制。目前商业上推荐的桃贮藏环境中的气体成分为：在贮藏温度 0~3℃条件下，以氧气含量为 2%~4%、二氧化碳含量为 3%~5% 为宜。

**4. 间歇加温处理**

冷藏和低温下气调贮藏的桃与间歇加温处理结合，可减少或避免果实产生冷害，延长贮藏期。国外通常将 0℃贮藏的桃每隔两周升温至 18~20℃，保持 2 天，转入低温贮藏，如此反复进行。另外一种比较简单的办法是每隔 10 天取出库里面的产品，放到常温中，经过 24~36 小时后，再放回冷库中，其间还可以将腐烂的果实剔除。气调贮藏时，升温间隔时间可长一些，每 3~4 周，将桃在 20℃以上的空气中放置 1~2 天。

**5. 减压贮藏**

使用真空泵抽取库里面的空气，当库里气压低于 1.33 兆帕以后，配合低温度和高湿度，利用低压空气进行循环，桃果实就不断地得到新鲜、潮湿、低压、低氧的空气，一般每小时通风 4 次，就能够去除果实的田间热、呼吸热及代谢产生的乙烯、二氧化碳、乙醛、乙醇等，保持果实处于一种长期的休眠状态，保持果实中的水分，减少消耗营养物质，其贮藏期可以比一般冷库延长 3 倍，产品保鲜指数大大提高，出库后货架期也明显延长。

## （五）贮藏期间的管理

桃在贮藏过程中应该调湿、降温、调节气体成分以及进行防腐处理，同时经常通风换气，减少库内乙烯的积累。贮藏中要勤检查，如有印痕、变褐、烂斑等情况，应立即取出，另行处理。在贮运和货架保鲜期间，也可采用一些辅助措施来延长桃贮藏寿命。具体方法如下：

**1. 钙化处理**

在 0.2%~1.5% 的氯化钙溶液中浸泡 2 分钟或者使用真空浸渗几分钟桃的果实，沥干液体，置于室内。对中、晚熟品种一般可提高耐藏性。不同品种宜采用不同浓度的氯化钙溶液处理，浓度过小无效，浓度过大易引起果实伤害，表现为果实表面逐渐出现不规则的褐色斑点，不能正常的软化，味道苦涩等。根据资料报道称，大久保最适应的氯化钙浓度为 1.5%、布目早生的是 1.0%，早香玉的是 0.3%。

2. 热处理

用 52℃恒温水浴浸果 2 分钟，或用 54℃热蒸气保温 15 分钟。用该法处理布目早生桃，与清水对照可延长保鲜期 2 倍以上，且室内存放 8 天还能维持好果率 80%，果实饱满，风味正常。在生产过程中进行大规模处理时最好使用热蒸气法，将果实放在二楼的地板上，在一楼烧蒸气通过一处或多处进气口进入二楼，这样避免了桃果小批量地经常搬动，比热水处理操作简便、省工。

3. 薄膜包装

使用厚 0.02~0.03 毫米的聚氯乙烯袋单果包，既可单独用，也可以和钙化处理或者热处理共同使用，可得到较好的效果。

# 第三节　蔬菜贮藏技术

蔬菜因其本身含有大量人体不可缺少的营养物质，而成为人们不可或缺的食材，日常消费量尤其大。蔬菜生产具有三大特点：第一，新鲜蔬菜含水量高，在自然条件下保鲜期短，极易腐烂变质。其采收后仍是一个活的有机体，存在一个后熟期，继续进行着呼吸作用，但仅靠自身保存的水分等物质来维持生命，是一个逐渐衰败的过程。第二，蔬菜生产有较强的季节性，旺季品种多产量大，供大于求，淡季品种少产量低，供不应求。第三，具有较强的生产区域性，而我国幅员辽阔，南北相距约 5500 千米，东西相距约 5000 千米。为保证不同种类的蔬菜及时、充足、优质地供应给全国各地的消费者，研发并应用蔬菜的贮藏技术十分必要。我国蔬菜的种类都可以用，本节重点阐述西红柿与菜花的贮藏技术。

## 一、西红柿贮藏技术

### （一）贮藏特点

番茄属于呼吸跃变型的水果。其呼吸高峰开始在变色期，在半熟期达到最高，这时候的果实品质最佳，然后呼吸强度下降，果实衰老，完成转红过程。若采取措施，抑制这个过程，就可延长贮藏期。不同成熟度的番茄适宜的贮藏条件和贮藏期也是不同的。红熟果实在 0~2℃的条件下进行贮藏最合适。绿熟的番茄最合适的贮藏温度是 8~13℃，相对湿度是 80%~85%。绿熟果实经半月贮藏即可完成后熟，整个贮藏期也只有一个月左右，若配合气调措施，进一步抑制后熟过程，贮期可达 2~3 个月。气调适宜的气体配比：氧气和二氧化碳的含量是 2%~5%，空气中的相对湿度是 85%~90%。贮藏期的绿熟的番茄如果处于 8℃的温度下易受冷害，果实呈水浸状开裂，果面出现褐色小圆斑，不能正常后熟，极易染病腐烂。

被用来贮藏的番茄最好选择耐贮藏的品种，不同品种间，其贮藏也有很大差异性。

（二）贮藏方法

1. 简易常温贮藏

夏天和秋天可以利用通风贮藏库、土窑窖、地下室和防空洞等一些阴凉地方进行贮藏。将番茄装在浅筐或木箱中平放于地面，或将果实堆放在菜架上，每层架放 2~3 层果。要经常检查，随时挑出已成熟或不宜继续贮藏的果实供应市场。此法可贮 20~30 天 [①]。

2. 气调贮藏

（1）塑料薄膜帐贮藏

塑料帐内的气调容量一般是 1000~2000 千克。番茄自然成熟的速度非常快，采摘番茄后应迅速预冷、挑选、装箱、封垛，最好用快速降氧气调法。但生产上常因费用等原因，采用自然降氧法，用消石灰（用量约为果重的 1%~2%）吸收多余的二氧化碳。氧不足时从帐子的管口充入新鲜的空气。使用塑料薄膜对番茄进行封闭贮藏的时候，由于垛内的湿度大，因此容易使番茄患病。为此需设法降低湿度，并保持库内稳定的库温，以减少帐内凝水。另外，可用防腐剂抑制病菌活动，通常较为普遍应用的是氯气，每次用量约为垛内空气体积的 0.2%，每隔 1~2 天施一次，可明显地增加防腐的效果。不过氯气有毒，使用起来不方便，如果过量会产生药伤，可用漂白粉代替氯气，一般用量为果重的 0.05%，有效期为 10 天。用仲工胺也有良好效果，使用浓度为 0.05~0.1 毫升 / 升（以帐内体积计算），过量时也易产生药害，有效期大约是 20~30 天，每个月使用 1 次。

番茄气调贮藏时间以 1.5~2 个月为佳，不必太长，既能 " 以旺补淡 "，又能得到较好的品质，损耗也小。

（2）薄膜袋小包装贮藏

把番茄轻放进 0.04 毫米厚的聚乙烯薄膜袋里，每袋差不多放 5 千克番茄，袋口插入一根空心竹管，然后固定扎紧，放在适温下贮藏。也可单箱套袋扎口，定期放风，每箱装果实 10 千克左右。

（3）硅窗气调法

目前硅窗气调法所使用的基本上是国产甲基乙烯橡胶薄膜，这种方法省去了往帐中补充氧气和除二氧化碳的烦琐操作，而且还可排除果实代谢中产生的乙烯，对延缓后熟有较显著的作用。硅窗面积的大小要根据产品成熟度、贮温和贮量等条件而计算确定。

（4）适温快速降氧贮藏

使用制氮机或者工业氮气对气体成分进行调节，使用制冷剂调节空气温度，控制贮藏的温度在 10~13℃，相对湿度 85%~90%，氧气和二氧化碳均为 2%~5%，可以得到较理想的贮藏效果。

① 王洪青 . 西红柿贮藏技术 [J]. 农家之友，1996（06）：20.

### 3. 石灰水贮藏法

配置 5% 的石灰水，加入二氧化硫气体，将溶液的 pH 值调节到 6，倒入装有番茄的封闭容器内，可贮 60 天，好果率达 98% 左右。注意食用前要用 6% 的双氧水浸泡 24 小时，用清水冲洗干净。此法适于小规模贮藏。

翻倒 1 次，已经成熟的要及时挑出供应市场。

## 二、菜花贮藏技术

### （一）贮藏特点

花椰菜喜低温和湿润的环境，不抗高温，不耐霜冻，无法适应干燥，对水分有严格的要求。适宜的贮藏温度为 0~1℃，相对湿度以 95% 左右为宜，如果温度高了，花球易出现褐变。遇凝聚水霉变腐烂，外叶变黄脱落；如果温度过低，长期处于 0℃ 下又易受冻害；如果湿度太低或者通风量太大，就会导致花球失水萎蔫、变松，质量变差。花椰菜最适合的贮藏环境中气体成分要求氧气为 3%~5%，二氧化碳为 0~5%。花球在低氧高二氧化碳环境中可引起生理失调，出现类似煮后的症状，并产生异味而失去食用价值。机械伤害也会加速衰老变质。

### （二）贮藏方法

#### 1. 假植贮藏

一些冬天不是很冷的地方，可以使用阳畦和简易贮藏沟进行假植贮藏。在立冬前后，把还没有长成的小花球连根带叶挖起，假植在阳畦或贮藏沟中，行距 25 厘米，根部用土填实，再把植株的叶片拢起捆扎好，护住花球。假植后立即灌水，适当覆盖防寒，中午温度较高时适当放风。等到寒冬时节，加上防寒物，并根据需要加水。假植地内的小气候温度在前期可以提高些，以促进花球生长成熟。至春节时，花球一般可长至 0.5 千克。该法经济简便，是民间普遍采用的贮藏方式。

#### 2. 菜窖贮藏

经过预处理以后的花椰菜装进筐中，装约八成满后放进菜窖中码放成垛贮藏，垛的高度依据菜窖高度而定，一般为 4~5 个筐高，需错开码放。垛间保持一定距离，并排列有序，以便于操作管理和通风散热。为防止失水，垛上覆盖塑料薄膜，但不密封。每天轮流揭开一侧通风，调节温度和湿度。在贮藏期间需要经常检查，如果发现覆盖膜上凝聚了小水珠应及时擦掉，有黄、烂叶子随即摘除。应用该法贮期不宜过长，20~30 天为好，可用于临时用作周转性短期贮藏。

#### 3. 冷库贮藏

##### （1）自发气调贮藏

在冷库里面搭建长宽高为 4.0~4.5 厘米 ×1.5 米 ×2.0 米的菜架，分成上下 4~5 层，菜架的底部铺上一层聚乙烯塑料薄膜作为帐底。将待贮花球码放于菜架上，最后用厚 0.023

毫米聚乙烯薄膜制成大帐罩在菜架外并将帐底部密封。花椰菜自身的呼吸作用，可自发调节帐内的氧与二氧化碳的比例，其中氧气的含量不能低于2%，二氧化碳的含量不能高于5%。通过开启大帐上面特制的"袖口"通风可控制氧气和二氧化碳的含量。最开始贮藏的几天花椰菜的呼吸强度较大，须每天或隔天透帐通风，随着呼吸强度的减弱，并日趋稳定，可2~3天透帐通风1次。贮藏期间15~20天检查1次，发现有病变的个体应及时处理。为防止二氧化碳伤害，可在帐子的底部撒上一些消石灰。菜架的中、上层的周围摆上高锰酸钾载体，即用高锰酸钾浸泡的砖块或泡沫塑料等，用来吸收乙烯，贮藏量与载体之比是20：1。大帐罩后也可不密封，与外界保持经常性的微量通风，加强观察，8~10天检查1次。以上方法可贮藏50~60天，商品率可超过80%。

（2）单花套袋贮藏

使用厚约0.015毫米的聚乙烯薄膜做成长约40厘米，宽约30厘米的袋子，将准备贮藏的单个花球装入袋中，折叠袋口，再装筐码垛或直接码放在菜架上贮藏。码放时花球朝下，以免凝聚水落在花球上。这种方法能更好地保持花球洁白鲜嫩。贮期达3个月左右，商品率约为90%。这种方法其贮藏效果比其他贮藏方法优良许多，可推广应用到有冷库的地方。使用这种方法须注意的是花椰菜叶片贮至两个月之后开始脱落或腐烂，如需贮藏2个月以上，除去叶片后贮藏为好。

# 第九章　现代果品种植技术

果品种植技术的发展和果品质量关系密切，其影响到我国农业经济发展的好坏。所以，应推广先进种植技术，从而提高果品的质量和安全。我国果品种类众多，本章重点阐述桃、苹果、梨的种植技术。

## 第一节　桃的种植技术

### 一、品种选择

早红珠单果重量为100克，近似圆形，果皮红色，果肉白色，油桃，质量上乘，产量大，适合储运，每年6月成熟，适合温室栽培。丹墨单果的重量为100克，圆形，果皮紫红色，果肉黄色，油桃，质量好，产量高，适合储运，每年6月成熟，适合温室栽培。大久保单果重量220克，近似圆形，果皮为带有红晕的黄绿色，果肉柔韧细嫩，多汁，味道甜，有香气，品质上等，离核，自花结实率高，结果早，丰产，每年8月中旬成熟。中华寿桃单果重量约为250克，果实为圆形，果皮淡绿色，自花的结果率为70%，桃核较小，果肉和核分离，成熟时白底粉红色，抗各种病害，每年10月下旬成熟。

### 二、土壤与树体管理

#### （一）土壤管理

（1）深翻改土。桃树抗旱性强，不抗涝，不适应黏重的土壤，在落叶前后施加有机肥，结合换沙深翻改土，靠近树干周围宜浅，逐渐向外加深，每年改变深翻改土和施肥的方位；同时雨季应特别注意挖排水沟防涝。

（2）中耕除草或刈草。早春灌水以后为了利于保墒，最好深耕，硬核期之后，为了防止伤根，应浅耕或刈草。

（3）间作桃园。间作物一般种植豆科作物、瓜类、薯类等，也可种植绿肥如苜蓿、毛叶苕子等[①]。

---

① 甘国平，付祖科，刘玲，刘婷，宁继文，张文文.荆门市黄桃种植技术[J].中国农业信息，2017（11）：64+66.

（二）施肥

1. 施肥量

根据测定，桃树对氮、磷、钾元素的需求比例为 10：（2~4）：（6~16），即每产 50 千克果，施基肥（圈肥）50~100 千克，追施纯氮肥 0.35~0.40 千克，磷肥 0.25~0.30 千克，钾肥 0.50 千克左右为宜。

2 施肥时期与方法

（1）基肥。为了方便春季萌芽和新梢生长的需要，桃树的基肥施加最好是秋天，在落叶前后配合秋翻进行施肥。施肥方法幼树以条沟施为宜，深度在 40 厘米左右。

（2）追肥。一般桃园全年追肥 2~3 次，以速效氮肥为主，配合以磷钾肥。高产桃园或土壤肥力差的桃园可以追 4~5 次肥。追肥的时期为萌芽前或者开花前、开花后、硬核期、果实膨大期、采收后，前期为氮肥为主，后期为氮肥并配合磷钾肥。追肥方法为条沟、环状沟、穴施等。

（3）叶面喷肥。全年可根据情况多次喷施，根据不同时期桃树对氮、磷、钾三要素的需求，选择相对应的肥料。一般进行叶面喷施氮肥时主要是尿素，浓度约为 0.2%~0.5%；施用磷钾肥时主要是磷酸二氢钾，浓度在 0.15%~0.3%；磷肥还可以用过磷酸钙、磷酸铵。

（三）灌水与排水

在北方桃园，注意雨季以前的灌水，如萌芽前、开花后、果实迅速膨大期等时期注意灌水；封冻之前需要灌冻水，其他的时间可以根据下雨量或者土壤的墒情补充水分，桃树的灌水量大时容易引起裂果和品质下降。秋季一般应保持土壤干燥，过旱时应补充少量水分。桃园在雨季应注意及时排水。

（四）整形修剪

1. 幼树期的修剪

定植后 3 年内为幼树期的修剪。幼树的生长势强，经常萌发大量的发育枝、长果枝以及大量的副梢果枝，花芽少并且着生节位高，坐果率低。此期修剪的主要任务是尽快扩大树冠，培养树形，促发各类果枝，促使早结果。因此修剪要轻不要重，除了骨干延长枝按照树形进行合适的轻剪长留以外，树冠的外围进行适当的疏枝，其他的枝条均轻剪或缓放，尽量利用副梢结果。

2. 初果期树的修剪

指定植后 4~6 年的修剪此期树冠骨架基本形成，结果枝大量出现，但长势仍然很强，需要继续扩大树冠。根据树势选择主侧枝的修剪长度，生长旺盛的需要长留，弱者适当短留，注意开张角度。对结果枝适当多留轻剪，疏剪徒长枝和竞争枝等旺枝。继续培养主侧枝，应特别注意培养各类结果枝组。

3. 盛果期树的修剪

定植后 7~15 年进入盛果期，这一期间主枝逐渐开张，树势较为缓和，徒长枝和副梢逐渐减少，短果枝比例增加，生长与结果的矛盾突出，内膛小枝逐渐枯死，开始出现内膛光秃现象。修剪时应注意平衡生长与结果的关系，控制树冠的延伸，疏除过密枝以及先端的旺枝，改善光照条件，精细修剪枝组，及时更新衰弱枝组，防止结果部位往外移动，适当重剪果枝。

4. 衰老期树的修剪

一般是指 15~20 年以后的树的修剪，此期的特点是，生长量小，短果枝和花束状果枝大量增加，结果部位外移，果实变小，产量下降。此期应强调更新修剪，多使用短截以及回缩的方法，用以刺激生长，维持结果的年限。

### （五）提高果实品质

1. 人工疏果

疏果是桃树栽培管理中的重要步骤，一般在硬核期进行人工疏果，可使树体的养分集中供应，树体结果的数量减少，果实个体增大，一级果品率增加，果实品质得到改善。疏果的原则为长果枝留 2~3 个果；中果枝留 1~2 个果；短果枝、花束状果枝留 1 个果或不留果，也可每 2~3 个短果枝留 1 个果。留果量也可根据叶果比来确定，30~50 片叶留 1 个果。

2. 喷施 $PP_{333}$

$PP_{333}$ 属于一种生长抑制剂，可以有效地控制桃树的生长，促进桃树花芽的分化，使桃树果实的品质得到提高。

3. 套袋、铺反光膜

定果后套袋，可使果面光洁，避免病虫危害，避免农药残留。在采收前 1 个月地面铺反光膜，可以增加果实的光照面积和强度，使果实着色好，含糖量高，品质佳。

# 第二节　苹果的种植技术

## 一、品种选择

优良的早熟品种包括嘎拉和藤牧 1 号等；优良的中熟品种有华冠、金冠、蛇果等；优良的晚熟品种包括新乔纳金、王林、国光和富士等。

## 二、土壤和树体管理

### （一）施肥灌水

1. 施肥

施肥包括基肥和追肥，施加基肥主要是农家肥，如粪肥、绿肥、堆肥、厩肥、饼肥、秸秆、杂草等；追肥时应以化肥为主，如硝铵、尿素、硫铵、硫酸钾以及过磷酸钙等。

施基肥时期大约在早熟品种采收后，中晚熟品种采收前最佳。追肥时期主要为：花前肥，在春季果树萌芽前后（3月下旬至4月上中旬）进行；花后肥，开花后差不多2周时（5月中下旬）进行；催果肥，主要是花芽分化期以及果实迅速膨大时（约为6月份）施用；生长后期追肥，一般在8月下旬至9月份进行，目的在于解决由于大量结果造成树体营养亏损，满足后期花芽分化需要，提高树体贮藏营养的水平。

施肥量：以一斤果一斤肥为佳。

施肥方法：有土壤施肥、叶面施肥和树体注射施肥等。其中，土壤施肥是主要方式。进行土壤施肥时需要根据果树根系分布的特点，把肥料施加在树冠外缘附近，以20~30厘米深度为宜。

2. 灌水

（1）灌水时期。花前水，芽萌动至开花前进行，以早为佳；花后水，在花后半个月至生理落果前进行；膨果水，即6月下旬至8月份，此期正值苹果的果实膨大期，需水量比较多；采收前后到土壤冻结前进行灌水，与果园深翻改土和秋施基肥相结合进行灌水。

（2）灌水方式。可以归纳为3种类型，即地面灌溉、喷灌和定位灌溉。地面灌溉，一般只需要很少的灌溉设施，成本低，是我国目前使用最普遍的灌溉方式；喷灌，亦称人工降雨；定位灌溉，有3种形式，即滴灌、微量喷灌和地下渗灌。定位灌溉比喷灌更节省水，可以保证一定体积的土壤含有较高的湿度，有利于根系对水分的吸收，还具有需要水压低和进行加肥灌溉等优点[1]。

### （二）整形修剪

苹果树的主要树形分为纺锤形以及主干疏层形。为介绍苹果树的整形修剪技术要点，以下以主干疏层形为例。

1. 幼树期修剪

幼树期是指从定植到结果前，一般为1~5年生树。此期修剪的主要目的是培养结构合理的骨干枝，为提早成花结果和早期丰产创造条件。修剪的任务有：对骨干枝即主枝延长枝以及中干的延长枝短截，其他的枝条轻剪慢放，尽可能快地增加树枝量，尽早完成树形骨架，为结果作基础。

2. 初结果期树修剪

初结果期是指果树刚开始结果到进入盛果期，一般为5~10年生树。此期修剪的主要目的是继续培养骨干枝，调整改造辅养枝和结果枝，使树体及早进入盛果期。修剪的目的是选出上层主枝以及各层主枝上面的侧枝，平衡树势，强枝重剪，多留花芽；弱枝轻剪，少留花芽。对过密的辅养枝可疏除，大部分可通过回缩逐步改造成枝组。在主侧枝的背上

① 许晓瑞，郭海红，王安. 苹果种植技术及病虫害防治技术 [J]. 农家参谋，2019（14）：91.

可培养小型枝组，在主侧枝的两侧和背后可培养大、中型枝组，使大、中、小型枝组在主侧枝上面均匀地分布。

**3. 盛果期树修剪**

此期为苹果大量结果而产量最高的时期，一般为 10~30 年。修剪的目的是防止大小年现象出现，维持生长和结果的平衡，延长丰产、稳产的时间。其任务是保证骨干枝的结构，不断更新枝组，改善光照，逐步落头，打开天窗。

**4. 衰老期树修剪**

此期苹果树产量逐年降低，一般为 30 年以后。此期修剪的主要目的是更新结果枝组和骨干枝，帮助树体复壮，保证产量稳定。修剪时利用局部生长的徒长枝培育枝组和骨干枝。重回缩骨干，对树冠进行培养更新。

### （三）提高果实品质

通过果树的花果管理，提高坐果率，控制结果数量，减少采前落果（中早熟品种），进而提高果实的品质，增加产量。采取人工辅助授粉、果园放蜂等措施可提高坐果率。对开花多、坐果量大的树适时进行疏花疏果，是提高果实品质和预防大小年的重要措施。采取果实的一些综合技术措施，如摘叶、套袋、转果、树下铺反光膜等，可以降低病虫害以及农药污染，从而显著提高果实的外观和内在品质，生产绿色食品。为提高套袋效果应把握好以下几个关键环节：

**1. 选择袋型**

目前用于生产的有纸袋和塑膜袋两种，纸袋又包括单层纸袋以及双层纸袋（日本小林袋、台湾佳田袋等）。从使用效果看，以套双层纸袋者外观品质最好，果面光洁，色泽鲜艳；单层纸袋和塑膜袋稍差，主要是色泽偏暗；套塑膜袋的阳面和外围果日灼概率偏高。

**2. 套袋和除袋的时间**

套袋的最佳时间是落花后的 30~45 天（5 月中下旬到 6 月中上旬）。除袋时间，中晚熟品种应在采收前 20 天左右（8 月下旬至 9 月上旬），晚熟品种在采收前 30 天左右（9月底至 10 月上旬）为宜。除袋时，双层袋应先除外袋，3~5 天后再除去内袋。除袋最好选择阴天，晴天的中午前先把树冠东、北两侧以及内膛的果袋摘除，下午的时候去摘掉树冠西、南和外围的果袋。目的在于尽量缩小果实表面的温度差异、减少日灼伤害。

**3. 套袋前管理**

一是严格疏花疏果，否则留果太多，果实变小，留果质量不好，果形不正或者果实比较小，都容易影响套袋的效果。二是对病虫害进行防治，防止病虫进袋中造成危害，近年发现粉蚜、康氏粉蚧、黑点病等对套袋果的危害有加重的趋势，在套袋前必须有针对性地喷一次杀虫、杀菌剂，时间不能超过 7 天，否则要重新喷药后再进行套袋。

**4. 摘叶、转果以及在树下铺反光膜**

摘叶主要摘除严重影响果实获取光照的叶片以及枝梢。富士系品种在除袋后于 9 月底至 10 月上旬摘叶，摘叶量控制在总量 30%。转果是促进果实阴、阳面均匀着色的一项技术措施。除袋后经 5~6 个晴天，果实阳面即着色鲜艳，就应及时转果。转果的时候，用左手夹住果梗的基部，右手抓住果实把阴面转到阳面，帮助其着色，如果转动的果实缺乏依托，可用透明胶布加以牵引固定，保持到适期采收。树下铺设银色反光膜是提高全红果率的一项技术措施。通过反射光使树冠中、下部果实特别是果实萼洼处受光着色。

# 第三节　梨的种植技术

## 一、施肥灌水

### （一）需肥特点

和苹果比较，梨树萌芽更早，生长速度快，枝叶的生长主要在前期，果实快速膨大时期靠后，一直持续到成熟。需肥的关键时期有 2 个：第一个时期在 5 月份，是根系生长、开花坐果和枝叶生长旺盛期；第二个时期在 7 月份，主要是果实膨大高峰和花芽分化盛期。梨树对氮和钾的需求量比较高，前期时吸收的氮素量最大，后期时吸收氮素的水平明显降低，但是钾的吸收量却一直保持很高水平，对磷的需求相对较低，而且各个时期的变化幅度也不大。

### （二）施肥

1. 基肥

同苹果一样，基肥是梨树肥水管理中最主要的一次肥料。提倡秋施、早施，最好是在采收前后（约为 9 月份）施肥，晚秋或者冬前施用的效果会降低。

2. 追肥

根据梨树年生长发育特点，追肥一要抓早，二要抓巧。追肥时期包括：萌芽开花前期追肥；花后或花芽分化前期追肥，一般在 5 月中旬至 6 月上旬进行；果实膨大期追肥，差不多在 7~8 月份进行；营养贮藏期进行追肥。施肥的时候应该控制施肥量，一般氮：五氧化二磷：钾为 1：0.5：1。

### （三）灌水

一年中，要重点抓好萌芽期、新梢旺长和幼果膨大期、果实迅速膨大期和越冬前 4 个关键灌水时期。

## 二、整形修剪

### （一）幼树的修剪

幼树指的是刚刚开始结果或者还没有结果的梨树。修剪的目的是根据预定树形的树体结构整形。修剪方法：在定植后第一、二年可选出第一层主枝。幼树修剪采用多留枝，少疏枝，多甩放，轻短截的方法，即可迅速扩大树冠。

### （二）初果期树的修剪

梨树的初果期差不多为 5~12 年。此时修剪的目的是以前期整形为基础，继续骨干枝的培养，增加中、短枝的比例。重点是结果枝组的培养，大致分为先放后缩法、先放后截法、先截后缩法、先截后放法、连截法、连放法。

### （三）盛果期树的修剪

梨树的盛果期为树体生长 13 年以上。此期修剪的目的是通过调整生长和结果的关系，将盛果期延长。用多短截和回缩的方法更新枝组，防止大小年结果。

### （四）衰老期树的修剪

梨树在 50~60 年生时会发生衰老现象。主要任务是更新复壮，增强果枝的结果能力。修剪的方法是把骨干枝回缩到生长比较结实的分枝地方，把老树上面的徒长枝以及强旺枝培养成为新的主枝、侧枝头和结果枝组，以弥补空间[①]。

## 三、提高果实品质

### （一）授粉受精

在梨树开花期要加强引蜂授粉以及人工辅助授粉工作。

### （二）疏花疏果

在花量大、天气好的情况下，提倡先疏花、再定果。疏花在花序分离期进行，每花序保留 2~3 朵发育较好的边花就可以了，如果花序比较密集，也可以去掉一部分，花序的间距最好保持在 15 厘米左右。疏果在一次落果后至生理落果前均可进行，多采用平均果间距法，一般大果型品种如雪花梨、丰水梨等果间距在 30 厘米以上；中、小果型的品种，果实间距可以缩短到 20 厘米左右。

### （三）果实套袋

操作方法与苹果大同小异。由于梨果绝大部分品种都是黄绿色，因此选用单层纸袋就可以了，在采收前不需要撕袋。套袋最合适的时间是落花后的 15~45 天。近几年康氏粉蚧和黄粉虫等入袋害虫的危害有加重趋势，除加强套袋前的防治外，套袋期间也应注意检查，发现问题及时处理。

# 第十章　现代食用菌生产技术

## 第一节　食用菌形态结构及生长条件

### 一、食用菌的形态结构

自然界的食用菌看起来千差万别、颜色不一，但基本结构大致相同，如同植物一样，虽形态、颜色千差万别，但都少不了根、茎、叶、花、果实、种子六个部分。成熟的食用菌主要由菌丝体、子实体、孢子三部分组成。

#### （一）菌丝体

孢子是食用菌的繁殖单位。在适宜条件下，孢子萌发形成管状细胞，它们聚集形成丝状体，每根丝状体称为菌丝。菌丝大都无色透明，有分枝，直径为 $6\sim13\mu m$。菌丝由顶端生长，在基质中蔓延伸展，许多分枝的菌丝交织在一起形成菌丝体。它的功能是分解基质、吸收营养和水分，供食用菌生长发育需要，因此它是食用菌的营养器官，相当于高等植物的根、茎、叶。菌丝也可以进行繁殖，取一小段菌丝放在一定的环境中，经一定时间后，可以繁殖成新的菌丝体（属无性繁殖），实际生产中大多使用菌丝来进行繁殖。

#### （二）子实体

菌丝体是由无数纤细的菌丝交织而成的丝状体或网状体，多数情况下生长于基质之内。如果环境条件适宜，菌丝体便不断向四周蔓延，吸收营养，完成增殖。当菌丝体达到生理成熟时，发生扭结，形成子实体原基，进而形成子实体。

产生有性孢子的肉质或胶质的大型菌丝组织体称为子实体，是食用菌的繁殖器官。食用菌的子实体常生长于基质表面，是人们通常称之为"菇、蘑、耳"的那一部分。子囊菌的子实体能产生子囊孢子，是子囊菌的果实，故又称之为子囊果。相子菌的子实体能产生扣孢子，故又称之为担子果，目前人们食用的多为担子果。

#### （三）孢子

孢子是真菌繁殖的基本单位，如同高等植物的种子。孢子可分为有性孢子和无性孢子两类。有性孢子包括担孢子、子囊孢子、结合孢子等，无性孢子包括分生孢子、厚垣孢子、粉孢子等。不同种类真菌其孢子的大小、形状、颜色及表面纹饰都有较大的差异。

孢子一般为无色或浅色，成熟的子实体不断释放出孢子并堆积起来出现的菌褶形印称为孢子印。孢子印的颜色多样，有白色、粉色、奶油色、青褐色、褐色、黑色等。担孢子数量很大，有些种类释放孢子的时间也很长。孢子的传播方式十分复杂，有的靠主动弹射传播，有的则靠风、雨水、昆虫等传播，还有一些靠动物传播。

成熟的孢子可以直接萌发产生初生菌丝，或间接萌发产生次生孢子，或芽殖产生大量的分生孢子或小分生孢子，然后由分生孢子萌发成初生菌丝。

## 二、食用菌对环境条件的要求

### （一）温度

温度是影响食用菌生长发育的重要环境因素之一，不同的食用菌因其野生环境不同而有其不同的适应范围温度，并都有其最适生长温度、最低生长温度和最高生长温度。

1. 食用菌对环境温度的反应规律

在最适温度范围内，食用菌的营养吸收、物质代谢强度和细胞物质合成的速度都较快，生长速度最高；而超出最适温度，不论是高温还是低温，其生长速度都会降低甚至停止生长或死亡。但同一食用菌其生长发育的不同阶段对温度的需求各不相同。一般而言，菌丝体生长的温度范围大于子实体分化的温度范围，子实体分化的温度范围大于子实体发育的温度范围，孢子产生的适温低于孢子萌发的适温[①]。

2. 食用菌的温度类型

根据子实体形成所需要的合适温度，可将食用菌划分为三种温度类型：低温型、中温型、两温型。低温型子实体分化的最高温度在24℃以下，最适温度为13~24℃，如金针菇、平菇等，它们多发生在秋末、冬季与春季。中温型子实体的极高温度在28℃以下，最适温度在20~24℃之间，如耳、银耳、竹荪、大肥菇、风琵菇等，它们多在春、秋季节发生。离遍型子实体分化的最适温度为24~30℃，最高可达到10℃左右，草菇是季温型最典型的代表，常见的还有灵共、毛耳等，它们多在盛夏发生。

根据食用诸子实体分化时对温度变化的反应不同，又可把位用菌分为两种类型：恒邂结实型与变温结实型。有些种类的食用菌在子实体分化时，不仅要求较低的温度，而且要求特定的温差刺激才能形成子实体，通常把这种类型的食用菌称为变温结实型食用菌，如香菇、平菇、杏鲍菇等。有些种类的食用菌子实体分化不需要温差，只要保持一定的恒形成子实体，该类食用菌则称为恒温结实型食用菌，如双孢蘑菇、草菇、金针菇、照木耳银耳、猴头、灵芝等。

---

① 卢嫚，张海辉，卢博友，崔选科. 食用菌生长环境控制系统研究 [J]. 农机化研究，2013，35（05）：111-114+118.

## （二）空气

空气是食用菌生长发育必不可少的重要生态因子，空气的主要成分是氨气、氧气、金气、二氧化碳等，其中氧气和一氧化碳对食用菌的影响最为显著。正带情况下，空气中氨的含量为 21%，二氧化碳的含量为 0.03%。一般而言，食用菌都是好氧性的，但在不同的种类间及不同的发育阶段对氧的需求都是不同的。由于食用菌在生长中不断吸进氧气、氧化碳。加之培靠料在分解中也不断放出一氧化碳，食用菌的生长环境极易避成一镇化碳积累和氨气不足，这往往对食用菌的生长发育有副作用。不同种类的食用菌和同种在不同生长阶段，对氧气的需求及二氧化碳的耐受能力皆不同。

## （三）水分

水分不仅是食用菌的重要组成成分，而且也是菌丝吸收、输送养分的介质，在新陈代谢中也离不开水。

1. 食用菌的含水量及其影响因素

食用菌菌丝中的含水量一般为 70%~80%，子实体的含水量可达到 80%~90%，有时甚至更高。不同种类食用菌的含水量不同，如香菇含水量远远低于平菇。同种食用菌不同生长发育阶段其含水量也有差异，一般而言，幼小的子实体含水量比较高，发育成熟的子实体含水量相对较低。

2. 食用菌对环境水分的要求

食用菌在不同生长发育阶段对水分的要求不同。一般食用菌菌丝体生长阶段要求培养料的含水量为 60%~65%，适合于段木生产的食用菌要求段木的含水量在 40% 左右。若含水量不适宜，均会对菌丝生长产生不良的影响，最终导致减产或生产失败。若培养料的含水量为 45%~50%，菌丝生长快，但多稀疏无力、不浓密；若培养料含水量为 70% 左右，菌丝生长缓慢，对杂菌的抑制力弱，培养料会变酸、发出臭味，菌丝停止生长。大多数食用菌在菌丝生长阶段要求的空气湿度为 60%~70%，这样的空气环境不仅有利于菌丝的生长，还不利于杂菌的滋生。

食用菌子实体生长阶段培养料含水量与菌丝体生长阶段基本一致，但该阶段对空气湿度的要求则高得多，一般为 85%~90%。空气湿度低会使培养料表面大量失水，阻碍子实体的分化，严重影响食用菌的品质和产量。但菇房的空气湿度也不宜超过 95%，空气湿度过高，不仅容易引起杂菌污染，而且不利于菇体的蒸腾作用，导致菇体发育不良或停止生长。

## （四）酸碱度

大多数菌类都适宜在偏酸的环境中生长。适合菌丝生长的 pH 一般在 3~8 之间，以 5~6 为宜。不同类型的食用菌最适 pH 存在差异，一般木生菌类生长适宜的 pH 为 4~6，而粪草菌类生长适宜的 pH 为 6~8。不同种类的食用菌对环境 pH 的要求也有不同。其中猴头菌最喜酸，其菌丝在 pH 为 2~4 的条件下仍能生长；草菇、双孢蘑菇则喜碱，其最适 pH 为 7.5，在 pH 为 8 的条件下仍能生长良好。

（五）光照

食用菌体内无叶绿素，不能进行光合作用。食用菌在菌丝生长阶段不需要光线，但大部分食用菌在子实体分化和发育阶段都需要一定的散射光。

1. 光照对菌丝体生长的影响

大多数食用菌的菌丝体在完全黑暗的条件下，生长发育良好。光照对食用菌菌丝生长起抑制作用，光照越强，菌丝生长越缓慢。日光中的紫外线有杀菌作用，可以直接杀死菌丝。光照使水分蒸发快，空气相对湿度降低，对食用菌生长是不利的。除此之外，光照可使培养料中的某些成分发生光化学反应而产生有毒物质抑制菌丝生长。光照对菌丝体的影响不仅体现在光照强度上，与光质也有一定关系，蓝光（波长 380~540nm）对猴头菌、香菇等的菌丝有抑制作用，而红光对菌丝生长的影响较小。

2. 光照对子实体生长发育的影响

大多数食用菌在子实体生长发育阶段需要一定的散射光。光照对子实体生长发育的影响主要体现在以下几个方面：

（1）光照对子实体分化的诱导作用

在子实体分化时期，不同的食用菌对光照的要求是不同的，大部分食用菌的子实体发育都需要一定的散射光，如香菇、滑菇、草菇等在完全黑暗条件下不能形成子实体；平菇、金针菇在无光条件下虽能形成子实体，但只长菌柄，不长菌盖，菇体畸形，也不产生孢子。

对于另一类食用菌而言，子实体发育对光照不敏感，甚至连散射光都不需要，如双孢蘑菇、大肥菇及茯苓、地蕈等在完全黑暗条件下就能完成其生活史，这类食用菌称为厌光型食用菌。

（2）光照对子实体发育的影响

光照对食用菌子实体发育的影响主要体现在子实体形态长成和子实体色泽两个方面。

光照能抑制某些食用菌菌柄的伸长，在完全黑暗或光照微弱的条件下。灵梦的子实体变成菌柄瘦长、菌盖细小的畸形菇。只有光照强度达到 1000 勒克斯以上时，灵梦的子实体才能生长正常。食用菌的子实体还具有正向光性。生产环境中改变光照强度的方向，也会使子实体畸形，故光源应设置在有利于菌柄直立生长的位置。

光照能促进子实体色素的形成和转化，因此光照还能影响子实体的色泽。一般来说，光照能加深子实体的色泽，如平菇在室外生产颜色较深，在室内生产颜色较浅；草菇在光照不足的情况下呈灰白色，这种情况下黑木耳色泽也变浅，黑木耳只有在 250~1000 勒克斯光照强度下才出现正常的黑褐色。

# 第二节　食用菌生产的设施设备条件

食用菌产业的发展带动了相关机械的发展，目前我国有 100 多家机械单位研发和仿制各种类型的食用菌生产机械，主要有：用于原料加工的粉碎机、切片机、原料搅拌机；用于配料分装的装瓶机、装袋机；用于出菇管理的喷药机、空气加湿器、微喷装置；用于产品加工的烘干机、切片机、分级机等。

## 一、原料加工、配料分装设备

### （一）原料加工设备

（1）秸秆粉碎机。用于农作物秸秆的切断（如玉米秸秆、玉米芯、棉柴），以便进一步粉碎或直接使用的机械，一般每小时生产 100~150 千克原料。

（2）木屑机。将阔叶树或硬杂木的枝丫切成片，然后经过粉碎机粉碎，作为食用菌的生产原料。

### （二）配料分装设备

（1）拌料机。拌料机用来替代人工拌料的机械。是把主料和辅料加适量水进行搅拌，使之均匀混合的机械。

（2）装瓶机、装袋机，家庭生产采用小型立式装袋机或小型卧式多功能装袋机，工厂化生产可以采用大型立式冲压式装袋机。

## 二、灭菌设备

### （一）高压灭菌设备

高压灭菌锅炉产生的饱和蒸汽压力大、温度高，能够在较短时间内杀灭杂菌，这是因为高温（121℃）、高压使微生物因蛋白质变性失活而达到彻底灭菌的目的。

高压灭菌设备按照样式大小分为手提式高压蒸汽灭菌器、立式压力蒸汽灭菌器、卧式高压蒸汽灭菌器、灭菌柜等。

### （二）常压灭菌设备

常压灭菌通过锅炉产生强穿透力的热活蒸汽的持续释放，使内部培养基保持持续高温（100℃）来达到灭菌的目的。常压灭菌灶的建造根据各地习惯而异，一般包括蒸汽发生装置和灭菌池两部分组成。

### （三）周转筐

在食用菌生产过程中，为搬运方便和减少料袋扎袋或变形，目前大多采用周转筐进行装盛。周转筐一般用钢筋或高压聚丙烯制成，周转筐应光滑，防止袋，其规格根据生产需要确定。

## 三、接种设备

接种设备有接种帐、接种箱、超净工作台、接种机、简易接种室、接种车间、离子风机以及接种工具等。

### （一）简易接种帐

简易接种帐是用塑料薄膜制作而成的，可以设在大棚内或房间内，规格有大小 2 种，小型的规格为 2m×3m，大型的规格为（3~4）m×4m，接种帐高度为 2~2.2m，过高不利于消毒和灭菌。接种帐可随空间条件而设置，可随时打开和收起，一般采用高锰酸钾和甲醛熏蒸消毒。

### （二）接种箱

接种箱用木板和玻璃制成，接种箱的前后面装有两扇能开启的玻璃窗，下方开两个圆洞，洞口装有袖套，箱内顶部装日光灯和 30W 紫外线灯各一盏，有的还装有臭氧发生装置。接种箱的容积一般以能放下 80~150 个菌袋为宜，适合一家一户式小规模生产使用，也适合小型菌种厂制种使用。

### （三）超净工作台

超净工作台的原理是在特定的空间内，室内空气经预过滤器初滤，由小型离心风机压入静压箱，再经空气高效过滤器二级过滤，从空气高效过滤器出风面吹出的洁净气流具有一定的和均匀的断面风速，可以排除工作区原来的空气，将尘埃颗粒和生物颗粒带走，以形成无菌的、高洁净的工作环境。从气流流向可将超净工作台分为直流超净工作台和水平流超净工作台；从操作人员数量可将超净工作台分为单人工作台和双人工作台。

### （四）接种机

接种机也分许多种，简单的离子风式的接种机。可以摆放在桌面上。将前方 25 厘米左右的面积达到无菌状态，方便接种等操作。还有适合工厂化接种的百级净化接种机，其接种空间可达到百级净化，实现接种无污染，保证接种率。

### （五）简易接种室

接种室又称为无菌室，是分离和移接菌种的小房间，实际上就是扩大的接种箱。

接种室应分里外两间，里面为接种间，面积一般为 5~6 平方米。外间为缓冲间，面积一般为 2~3 平方米。两个房间的门不宜对开，出入口要求装上推拉门。接种室的高度均为 2~2.5m。接种室不宜过大，否则不易保持无菌状态。房间里的地板、墙壁、天花板要平整、光滑，以便擦洗消毒。门窗要紧密，关闭后与外界空气隔绝。房间最好设有工作台，以便放置酒精灯、常用接种工具。工作台上方和缓冲间天花板上安装能任意升降的紫外线杀菌灯和日光灯。

### （六）接种车间

接种车间是扩大的接种室，室内一般放置多个接种箱或超净工作台，一般在食用菌工厂化生产企业中较为常见。

### （七）接种工具

接种工具是主要用于菌种分离和菌种移接的专用工具，包括接种铲、接种针、接种环、接种钩、接种勺、接种刀、接种棒、镊子及液体菌种用的接种枪等。

## 四、培养设备

培养设备是进行食用菌生产必不可少的设备，主要是指食用菌接种后用于培养菌丝体的设备，包括恒温培养箱、培养架和培养室等，液体菌种还需要摇床和发酵罐等设备。

### （一）恒温培养箱

恒温培养箱是主要用来培养试管斜面母种和原种的专用电气设备。因为它可以根据不同食用菌菌丝生长的调节温度进行恒温培养，所以又叫"电热恒温培养箱"。

### （二）培养室及培养架

一般生产和制种规模比较大时采用培养室和培养架培养菌种。培养室面积一般为20~50平方米。培养室内采用温度控制仪或空调等控制温度，同时安装换气扇，以保持培养室内的空气清新。培养室内一般设置培养架，架宽为45厘米左右，上下层之间距离为55厘米左右，培养架一般设置4~6层，架与架之间的距离为60厘米。

# 第三节　菌种生产和食用菌栽培技术

## 一、菌种生产

### （一）固体菌母种生产

1.常用的斜面母种培养基配方

常用的斜面母种培养基配方如表10-1所示。

## 表 10-1 常用的斜面母种培养基配方

| 常用的斜面母种培养基 | | 配方内容 |
|---|---|---|
| 常 用 培养基 | 马铃薯葡萄糖琼脂培养基（PDA） | 马铃薯（去皮）200g，葡萄糖 20g，琼脂 18~20g，水 1000 毫升 |
| | 马铃薯蔗糖琼脂培养基（PSA） | 马铃薯（去皮）200g，蔗糖 20g，琼脂 18~20g，水 1000 毫升 |
| | 马铃薯葡萄糖蛋白胨琼脂培养基 | 马铃薯（去皮）200g，蛋白胨 10g，葡萄糖 20g，琼脂 20g，水 1000 毫升 |
| | 马铃薯麦芽糖琼脂培养基 | 马铃薯（去皮）300g，麦芽糖 10g，琼脂 18~20g，水 1000 毫升 |
| | 马铃薯综合培养基 | 马铃薯(去皮)200g,磷酸二氢钾 3g,维生素 B12~4 片,葡萄糖 20g，硫酸镁 1.5g，琼脂 20g，水 1000 毫升 |
| 草 腐 菌培养基 | 堆肥浸汁琼脂培养基 | 堆肥 250g，琼脂 20g，水 1000 毫升 |
| | 马粪煮出液培养基 | 马粪 150g，蔗糖 50g，琼脂 18~20g，水 1000 毫升 |
| | 改进 PDA 培养基 | 马铃薯（去皮）200g，葡萄糖 20g，琼脂 20g，硫酸钙（石膏）1g，双孢菇堆肥 100~150g，水 1000 毫升 |
| | 蔗糖葡萄糖麦芽糖合成培养基 | 蔗糖 23g，葡萄糖 1g，麦芽糖 1g，磷酸氢二钾 1g，硝酸铵 1g，硫酸镁 0.5g，琼脂 20~25g，蒸馏水 1000 毫升 |
| | 玉米粉综合培养基 | 玉米粉 20~30g，磷酸氢二钾 1g，葡萄糖 20g，硫酸镁 0.5g，蛋白胨 1g，琼脂 18~20g，水 1000 毫升 |
| | 葡萄糖酵母汁琼脂培养基 | 葡萄糖 10g，氯化钠 0.2g，酵母汁 1000 毫升，琼脂 20g，硫酸钠 0.1g，磷酸氢二钾 0.5g |
| 木 腐 菌培养基 | 马铃薯葡萄糖麸皮玉米粉琼脂培养基 | 马铃薯（去皮）200g，葡萄糖 20g，麸皮 20g，玉米粉 20g，蛋白胨 20g，琼脂 20g，磷酸二氧钾 1g，硫酸镁 0.5g，维生素 B12 片，水 1000 毫升 |
| | 普通标准培养基 | 酵母浸膏 2g，蛋白胨 10g，硫酸镁 0.5g，葡萄糖 20g，磷酸二氢钾 1g，琼脂 20g，水 1000 毫升 |
| | 麦芽膏琼脂培养基 | 麦芽膏 20g，琼脂 20g，蒸馏水 1000 毫升 |
| | 玉米粉蛋白胨葡萄糖培养基 | 玉米粉 30~40g，葡萄糖 20g，蛋白胨 2g，琼脂 17g，水 1000 毫升 |
| | 麦芽膏琼脂培养基 | 麦芽膏 20g，琼脂 20g，蒸馏水 1000 毫升 |
| | 玉米粉蛋白胨葡萄糖培养基 | 玉米粉 30~40g，葡萄糖 20g，蛋白胨 2g，琼脂 17g，水 1000 毫升 |
| | 玉米煎汁琼脂培养基 | 玉米 40g（煎汁 400 毫升），蔗糖 10g，琼脂 18~20g，水 1000 毫升 |

2. 母种培养基的配制

（1）材料准备。选取无芽、无变色的马铃薯，洗净去皮，称取 200g，切成 1 厘米左右的小块。同时准确称取好其他材料。酵母粉用少量温水溶化。

（2）热浸提。将切好的马铃薯小块放入 1000 毫升水中，煮沸后用文火保持 30 分钟。

（3）过滤。煮沸 30 分钟后用 4 层纱布过滤。

（4）琼脂溶化。若使用琼脂粉，应事先将其溶于少量温水中，然后倒入培养基浸出液中溶化。若使用琼脂条，可先将其剪成 2 厘米长的小段，用清水漂洗 2 次后除去杂质。煮琼脂时要多搅拌，直至完全溶化。

（5）定容琼脂完全溶化后，将各种材料全部加入液体中，不足时加水定容至 1000 毫升，搅拌均匀。

（6）调节。pH 定容后，用 pH 试纸测定培养基的 pH。当 pH 偏高时，可用柠檬酸或醋酸下调；当 pH 偏低时，可用氢氧化钠、碳酸钠或石灰水上调。我国大部分地区水质 pH 为 6.2~6.8，不需要再调节。

（7）分装。选用洁净、完整、无损的玻璃试管，调节好 pH 后进行分装。分装装置可用带铁环和漏斗的分装架或灌肠桶。分装时，试管垂直桌面，注意不要使培养基残留在近试管口的壁上，以免日后污染，一般培养基装量为试管长度的 1/5~1/4。

分装完毕后，塞上棉塞，棉塞选用干净的梳棉制作，不能使用脱脂棉。棉塞长度为 3~3.5 厘米，塞入管内 1.5~2 厘米，外露部分 1.5 厘米左右，松紧适度，以手提外露棉塞试管不脱落为度。然后将 7 支试管捆成一捆，用双层牛皮纸将试管口一端包好扎紧。

（8）灭菌。灭菌是试管培养基制备的重要环节，灭菌彻底与否，关系培养基制作成功与否。灭菌前，先检查锅内水分是否足量，如果水量不足，要先加足水。然后将分装包扎好的试管垂直放入灭菌锅套桶中，盖上锅盖，对角拧紧螺丝，关闭放气阀，开始加热。严格按照灭菌锅使用说明进行操作，在 0.11~0.12MPa 压力下保持 30 分钟。

（9）摆斜面。当压力表自然降压至 0MPa 时。打开放气阀放净余压后，打开锅盖。一般情况下，高温季节打开锅盖后自然降温 30~40 分钟，低温季节自然降温 20 分钟后再摆放斜面。如果立即摆放斜面，由于温差过大，试管内易产生过多的冷凝水。为防止试管内形成过多冷凝水，不宜立即摆放斜面。斜面长度以斜面顶端距离棉塞 40~50 毫米为标准。斜面摆放好后，在培养基凝固前，不宜再行摆动。为防止斜面冷凝过快，在斜面上方的试管壁形成冷凝水，一般在培养基上覆盖一层棉被，低温季节这一环节尤其重要。

（10）无菌检查。灭菌后的斜面培养基应进行无菌检查。母种培养基随机抽取 3%~5% 的试管，置于 28℃恒温培养箱中 48h 后检查，无任何微生物长出的为灭菌合格，即可使用。没有用完的试管斜面用纸包好，保存在清洁干燥处，以后随时可用。

3. 培养

（1）恒温培养。接种完毕，将接好的试管菌种放入 22~24℃恒温培养箱中培养。

（2）污染检查。在菌种培养过程中，接种后 2 天内要检查一次接种后杂菌的污染情况，在试管斜面培养基上发现有绿色、黄色、黑色等，不是白色、生长整齐一致斑点、块状杂菌，应立即剔除。以后每 2 天检查一次。挑选出菌丝生长致密、洁白、健壮，无任何杂菌感染的试管菌种，放于2~4℃的冰箱中保存。

### （二）液体菌种生产

液体菌种是采用生物培养（发酵）设备，通过液体深层培养（液体发酵）的方式生产食用菌菌球，作为食用菌生产的种子。其液体菌种是用液体培养基在发酵罐中通过深层培养技术生产的液体食用菌菌种，具有试管种、谷粒、木屑、棉壳、麦麸、枝条等固体菌种不可比拟的物理性状和优势[①]。

近年来，采用深层培养工艺制备食用菌液体菌种用于生产成为研发热点，涌现出了许多液体发酵设备、生产厂家，液体菌种已在平菇、真姬菇、双孢蘑菇、毛木耳、香菇、黑木耳、金针菇、灰树花等食用菌生产中采用。液体菌种对于降低生产成本、缩短生产周期、提高菌种质量具有显著效果。目前，日本、韩国在食用菌工厂化生产中已普遍采用液体菌种。

1. 液体菌种生产环境

（1）生产场所。液体菌种生产场所应距工矿业的"三废"及微生物、烟尘和粉尘等污染源500m以上，且交通方便，水源和电源充足，有硬质路面、排水良好的道路。

（2）液体菌种生产车间。车间地面应能防水、防腐蚀、防渗漏、防滑、易清洗，应有1.0%~1.5%的排水坡度和良好的排水系统，排水沟必须是圆弧式的明沟。墙壁和天花板应能防潮、防霉、防水、易清洗。

（3）液体菌种接种间。接种间应设置缓冲间，设置与职工人数相匹配的更衣室。车间入口处设置洗手、消毒和干手设施。接种间设封闭式废物桶，安装排气管道或者排风设备，门窗应设置防蚊蝇纱网。

2. 生产设施设备

（1）生产设施。配料间、发菌间、冷却间、接种间、培养室、检测室，规模要配套，布局要合理，要有调温设施。

（2）生产设备。液体菌种培养器、液体菌种接种器、高压蒸汽灭菌锅、蒸汽锅炉、超净工作台、接种箱、恒温摇床、恒温培养箱、冰箱、显微镜、磁力搅拌机、磅秤、天平、酸度计等。

其中液体菌种培养器、高压蒸汽灭菌锅和蒸汽锅炉应使用经政府有关部门检验合格，符合国家压力容器标准的产品。

3. 液体培养基制作

（1）罐体夹层加水。首先对液体菌种培养罐夹层加水，方法是用硅胶软管连接水管和罐体下部的加水口，同时打开夹层放水阀进行加水，水量以加至放水阀开始出水即可。

（2）液体培养基配方。液体菌种培养基配方（120升）：玉米粉0.75千克，豆粉0.5千克，

① 李贺，王相刚，李艳芳，刘志刚. 食用菌液体菌种生产研究进展 [J]. 园艺与种苗，2012（06）：123-125.

均过 80 目筛。首先用温水把玉米粉、豆粉搅拌均匀，不能有结块，通过吸管或漏斗加入罐体，液体量以占罐体容量的 80% 为宜。然后加入 20 毫升消泡剂，最后拧紧接种口螺丝。

（3）液体培养基灭菌。调整控温箱温度至 125℃。打开罐体加热棒开始对罐体进行加热，在加热至 100℃ 之前一直开启罐体夹层出水阀，以放掉夹层里的虚压和多余的水。

（4）冷却。打开夹层放水阀，夹层进水阀通过硅胶软管接入水管，进行冷却。当罐体压力表压力降至 0.12MPa 条件下保持 30 分钟即可制备无菌水。冷却后等待把固体专用种接入。

5. 液体菌种培养

通过气泵充气和调整放气阀调节罐体压力表压力为 0.02~0.03MPa，温度控制在 24~26℃ 进行液体菌种培养。液体菌种在上述条件下培养 5~6 天可达到培养指标。

6. 液体菌种检测

接种后第四天进行检测，首先用酒精火焰球灼烧取样阀 30~40s 后，弃掉最初流出的少量液体菌种，然后用酒精火焰封口直接放入经灭菌的三角瓶中，塞紧棉塞，取样后用酒精火焰把取样阀烧干，以免杂菌进入造成污染。

将样品带入接种箱，分别接入到试管斜面或培养皿的培养基上，放入 28℃ 条件下恒温培养 2~5 天，采用显微镜和感官观察菌丝生长状况和有无杂菌污染。若无细菌、真菌等杂菌菌落生长，则表明该样品无杂菌污染。

## 二、食用菌栽培技术

### （一）食用菌的菌种选择

1. 食用菌栽培手段

食用菌栽培过程，以选择优良的菌种为核心。食用菌选择菌种过程中，一般选用自然育种、基因育种、杂交育种、人工选育等育种方式。其中人工选育与杂交育种 2 种方式应用最为广泛。基因育种通过利用生物技术筛选菌种的基因序列，实现菌种的基因组合以及整合，使菌种具有较好的优良基因，以确保栽培出的菌种具有良好的质量。该方式已经成为近年来育种的重要方式。

2. 食用菌栽培料的选择

在食用菌栽培技术改良过程中，栽培料需要谨慎选择。食用菌栽培料主要源于 2 个地方，一是工业、农业生产废料；二是食用菌栽培废料。通常情况下，食用菌栽培过程使用的原料需要先加工处理后才能使用。充分利用收集的废料，可实现资源的循环利用，节约资源，促进食用菌产业生态效益提高。保障食用菌的质量以及产量，促进我国食用菌产业可持续发展，实现使用食用菌产业发展目标。

### 3.食用菌的灭菌技术

食用菌生长过程中，需要对培养基进行杀菌。日常采用的技术主要有 2 种，即高温灭菌和药物灭菌。

### 4.食用菌的接种关键点

食用菌生长环境比较特殊，接种需确保在无菌、密闭遮光的环境中进行。此外，在其接种过程中，需要对空气进行净化，避免对菌种带来污染。通过以上方式可以有效提高食用菌菌种的产量，确保其质量。

## （二）食用菌栽培模式

近年来，食用菌栽培技术发展迅速，周年栽培模式、仿野生栽培、闲置资源再利用、液体菌种栽培等新栽培技术越来越成熟。现行的食用菌栽培技术不仅能因地制宜，且可根据季节变化进行调整，确保土地资源得到充分利用，有效避免自然因素对食用菌产业发展造成阻碍，实现食用菌产业的全年供应。

### 1.周年栽培模式

食用菌周年栽培技术，能够有效推动食用菌产业发展，满足供应需求。提高在食品市场上的国际竞争力，有效满足国内外日益增长的消费需求，尤其对新鲜食用菌的需求。为促进食用菌产业发展，可以实施周年栽培技术。我国食用菌周年栽培技术已逐渐形成日常生产模式，如实施室内周年栽培等。

例如香菇周年栽培过程当中，需要控制好栽培料，不能一味增加食用菌石灰用量，防止食用菌出现厌氧发酵现象。但该方法并不能从本质上预防食用菌栽培料厌氧发酵，因此为促进食用菌健康成长，需要提供适宜嗜热微生物生长的环境条件，避免食用菌栽培过程出现污染，保障栽培料稳定的好氧发酵。

在食用菌菌丝生长阶段对栽培料温度控制起到至关重要的作用，需避免栽培料温度超过 40℃。与此同时，需要结合不同品种食用菌发菌天数，对栽培料温度进行有效控制。随着食用菌发酵时间延长，需要渐渐降低栽培料温度。对于香菇栽培料的温度一般控制在 32~34℃，并且需要保持气温在 28~30℃范围内。为保障食用菌产量及质量，需做好空气循环管理，避免空间上下层温度和湿度存在较大差异。

### 2.仿野生栽培

仿野生栽培属于人工配料播种食用菌作业模式，需要在半保护条件下栽培，并不属于全开放式栽培。食用菌仿野生栽培过程中食用菌在大自然风吹雨打下成长，属于一种开放式栽培方式，因此具有较强的生命力，能够有效防止各种病虫害出现。但该栽培技术需要使用周年化、大规模生产要求，较难进行温度控制，因此仿野生栽培技术需要进一步完善。

### 3.闲置资源再利用

栽培食用菌过程中，为提高经济效益，可以充分利用闲置土地资源。食用菌属于绿色食品，能够有效保护土地资源，同时促进食用菌产业发展。充分利用周围环境优势，满足食用菌生长需求，并利用大自然氧气给予食用菌足够氧供应，提高食用菌质量。对于气温较低的区域，可以采用瓶栽技术提高食用菌产量，充分利用各个区域资源优势实现食用菌高质量生产。

4.液体菌种栽培

采用液体食用菌栽培，就是将食用菌菌种放入液体基质中进行培养，完成菌种接种后用以培养。液体菌种是食用菌产业未来生产必然发展趋势。长久以来，我国食用菌均采用固体菌种栽培方式，但两者相比较下，液体菌种具有显著的优势：第一，液体菌种栽培技术新陈代谢快，细胞容易分裂，并且生长速度快、数量多；第二，液体菌种栽培技术具有一定的流动性，较容易分散，因此萌芽过程较快；第三，能够有效避免食用菌栽培过程中受到污染，提高生命力；第四，液体菌种栽培技术生产周期短、产量高，具有较高的生产效率。

# 第四节　食用菌无公害产品加工技术

## 一、食用菌保鲜技术

食用菌的色、香、味及外观形态是其商品质量的外在体现。食用菌以其营养价值高、味道鲜美、热量低和具有保健作用而被人们视为食品中的珍品，素有"山珍佳肴"之称。但是如果贮藏保鲜不善，极易造成外观形态损伤，营养价值和食用价值降低甚至腐烂变质，造成浪费和损失。所以重视食用菌贮藏保鲜，确保食用菌食用安全，对满足人民生活需求具有重要意义。

（一）贮前处理

食用菌采收后，必须除去残留的培养基质与污染物，剔除有病虫害及霉变的个体，特别应注意避免采收及处理过程中的机械伤害，不使菌体表面保护层受到破坏。采后尽快进行分级、包装、预冷处理，使菌体迅速降温至贮温要求[①]。

（二）选择适宜的贮藏方法

食用菌主要采用以下几种贮藏保鲜方式。

1.低温贮藏

低温贮藏是食用菌常用的贮藏保鲜方式。低温可抑制酶活性，降低生理代谢活动，减少呼吸强度，抑制各种微生物的活动。其方式主要包括以下几种。

---

① 李福后，王伟霞，孙强，刘伟，尹丹慧，沈薇，张春玲.食用菌保鲜技术的研究进展[J].食品研究与开发，2018，39（15）：205-210.

（1）冰藏。通过采集天然冻结的冰，建造冰窖进行低温贮藏。

（2）机械冷藏。在冷库内利用机械制冷系统的作用，使冷库内的温度降低以达到保鲜的目的。下面介绍食用菌的冷库贮藏技术。

①收水。将鲜菇摊放在太阳下晒（或置于烘房，在30~35℃下烘烤至三成干），以增加菇体塑性，改善菇体贮藏后的外观性状。

②预冷。因对于刚收水的菇体，其温度比冷库高，进库前需将这些热量排除，减少制冷系统负荷。可采用真空冷却。

③冷库温度。各种食用菌适宜冷藏温度不同，一般为0~8℃，在这一温度下贮存72h，菇体虽略变小，但质地仍较硬，未开伞，无异味。

④冷库湿度。为了维持新鲜菇体的膨胀状态，防止萎蔫，冷库需维持较高的相对湿度，一般为80%，通过库房地面洒水或开启冷藏的增湿设备来保持。

⑤冷库通风。冷库常配有鼓风机、风扇等通风设备，使空气分布均匀。

⑥空气洗涤。菇体通过呼吸释放的二氧化碳可用氢氧化钠溶液吸收。

⑦货架低温。可采用鼓风制冷技术，由抽风机把经过冷库冷却的低温高湿空气送到货架上，用穿孔塑料周转盒盛载鲜菇，使贮存至销售过程均保持特定的低温状态。

2. 气调贮藏

（1）气调冷藏库

①普通气调贮藏。根据气体成分分析，可开（关）通风机，控制氧气量，开（关）二氧化碳洗涤器，控制二氧化碳量。用这种方式降低氧气量和增加二氧化碳量较慢，冷库气密性要求高，但所需费用低。

②充氮式机械气调贮藏。在氮气发生器中，用某些燃料（如酒精）和空气混合燃烧，燃烧后的空气经净化，剩下的主要是氮气，并混有少量的氧气，还有燃烧生成的二氧化碳。用这种方法降低氧气浓度，增加二氧化碳浓度，达到气调贮藏的目的。这种方式对冷藏库的气密性要求低，但所需费用较高。

③再循环式机械气调贮藏。将库内空气引入燃烧装置，把氧气变成二氧化碳，当二氧化碳浓度达到要求时，开启二氧化碳洗涤器，当氧气浓度达到要求时便停止燃烧。

（2）薄膜封闭气调贮藏

①垛封法。将鲜菇放在通气的塑料筐内，四周留空隙码放成垛，垛四周用聚乙烯薄膜封闭，利用菇体的呼吸作用降低氧气浓度，增加二氧化碳浓度，达到气调贮藏的目的。在垛底撒放适量的消石灰以吸收过量的二氧化碳，以免对菇体造成毒害。

②袋封法。将鲜菇装在聚乙烯塑料薄膜袋内，扎紧袋口，放在贮藏货架上，可采用真空包装法，即通过挤压或抽空，排出袋内空气后包装，如再配合冷藏，保鲜效果更好。目前，中国台湾地区和日本的金针菇保鲜常采用这一方法。也可采用定期调气或打开袋口放

风，换气后再封闭。有的采用较薄的袋，本身是有一定的透气性，达到自然气调。目前国内食用菌保鲜贮藏常采用这种方式。

③硅窗自动调气。利用硅橡胶窗调节气体，维持袋内高二氧化碳低氧气环境，抑制呼吸，同时不会引起二氧化碳毒害，是一种较理想的气调方法。

## 二、干制加工技术

食用菌常用的干制方法有自然干制和人工干制两类。在干制过程中，干燥速度的快慢对干制品的质量起着决定性影响。干燥速度越快，产品质量越好。

### （一）自然干制（晒干）

利用太阳光为热源进行干燥，适用于竹荪、银耳、金针菇、猴头菇、香菇等品种，是我国食用菌最古老的干制加工方法之一，也是最简单、实用、成本低的方法，但是易受天气的影响。

晒干加工时将菌体平铺在竹制晒帘、竹席、农膜、彩条膜上（最好向南倾斜），相互不重叠，冬季需加大晒帘倾斜角度以增加阳光的照射。鲜菌摊晒时，宜轻翻轻动，以防破损，一般要 2~3 天才能晒干。这种方法适用于小规模培育场的生产加工。

### （二）人工干制（烘烤）

人工干制用烘箱、烘笼、烘房，或用炭火、热风、电热以及红外线等热源进行烘烤，使菌体脱水干燥。此法干制速度快，质量好，适用于大规模加工产品。目前人工干制按热作用方式可分为：①热气对流式干燥；②热辐射式干燥；③电磁感应式干燥。我国现在大量使用的有直线升温式烘房、回火升温式烘房以及热风脱水烘干机、蒸汽脱水烘干机、红外线脱水烘干机等设备。

人工干制是利用烘房或烘干机等设备人为操纵，使菇体干燥，可以根据生产规模或投资能力确定干制所需的烘干设备。①大型烘干设备：一般每炉次可烘干鲜菇 2000~2500 千克，可投资修建大型烘房或购买大型烘干机。②中型烘干设备：每炉次烘烤鲜菇 500~1000千克，可采用塞进式强制通风烘干房。③小型烘干设备：每炉次烘烤鲜菇 250 千克左右，可制作简易烘干房。④家用烘干设备：每炉次烘烤 20~25 千克，可购置小型烘干机，也可自制小型烘干箱。

## 三、食用菌盐渍加工技术

### （一）食用菌盐渍的原理

盐渍的原理主要是：利用食盐溶液的高渗透压使附着在菇体表面的有害微生物细胞内的水分外渗，致使其原生质收缩，质壁分离，导致生理干燥而死亡，从而达到防止蘑菇腐烂变质的目的。

（二）盐渍的工艺流程

鲜菇采收→等级划分→漂洗→杀青→冷却→盐渍→翻缸→补充调整液→装桶。

（三）具体操作要点

1. 选菇

供盐渍的菇，都应适时采收，清除杂质，剔除病虫危害及霉烂个体。蘑菇要求菌盖完整，削去菇脚基部；平菇要把成丛的子实体逐个掰开，淘汰畸形菇；猴头菇和滑菇要求切去老化菌柄。当天采收，当天加工，不能过夜。

菇体分级应根据需方要求或各类食用菌的通用等级标准，依菌盖直径、柄长、菇形等进行分级。即使需方要求是统菇，也应把大小菇分开。这样在杀青时才能掌握好熟度，以保证杀青质量。

从采收到分级必须时间短，不能挤压，减少菇体破损。

2. 漂洗

（1）先用 0.6% 的盐水漂洗，以除去菇体表面泥屑等杂质。

（2）接着用 0.05 摩尔/升柠檬酸液（pH 值为 4.5）、氯化钙漂洗。若用焦亚硫酸钠漂洗，则应先放在 0.02% 溶液中漂洗干净，然后置于 0.05% 焦亚硫酸钠溶液中进行漂白护色 10 分钟。

（3）漂洗后用清水冲洗 3~4 次，洗去菇表的焦亚硫酸钠。

3. 杀青

（1）杀青的作用：在稀盐水中煮沸杀死菇体细胞的过程。杀青的作用主要有三点：①抑制酶活性，驱除菇体组织中的空气，破坏酶蛋白，防止褐变，防止菇开伞；②杀死菇体细胞，破坏细胞膜结构，增强细胞透性，排出菇体内水分，使气孔放大，以便盐水很快进入菇体，有利于盐水渗入组织；③软化组织，增加塑性，便于加工。

（2）杀青的方法：杀青要在漂洗后及时进行。使用不锈钢锅或铝锅，加入 10% 的盐水，水与菇比例为 10：4，火要旺，烧至沸腾，持续 7~10 分钟，以剖开菇体没有白心，内外均呈淡黄色为度。锅内盐水可连续使用 5~6 次，但用 2~3 次后，每次应补充适量食盐。

（3）鉴别杀青生熟标准有如下几种方法：①菇体熟透时沉入锅底，生的则上浮；②切开菇体，熟的为黄色，生的为白色；③用牙咬试，生的粘牙，熟的脆而不粘牙；④把菇体捞出放入冷水中，若下沉即为熟，若上浮则是生。

4. 冷却盐渍

（1）盐渍前先冷却：冷却的作用是终止热处理，若冷却不透，热效应继续作用，会使菇体的色泽、风味、组织结构受到破坏，容易霉烂发臭、变黑。

冷却的方法是将杀青后的菇体放入流动的冷水中冷却或用 3~4 只冷水缸连续轮流冷却，到冷透为止。

（2）装桶：冷却菇装桶或缸中保存，一层盐一层菇，上面盖一层盐，加入适量的水，水以浸到菇体上5厘米为宜。盐渍最终量为50千克菇加15千克盐（分次加入）。

（3）注意事项；①容器要洗刷干净，并用0.5%高锰酸钾溶液消毒后经开水冲洗；②将杀青分级后沥去水分的菇按每100千克加25~30千克食盐的比例逐层盐渍；③缸内注入煮沸后冷却的饱和盐水。表面加盖帘，并压上鹅卵石，使菇浸没在盐水内。

5. 翻缸

盐渍后3天内必须倒缸一次。以后每5~7天倒缸一次。盐渍过程中要经常用波美比重计测盐水浓度，使其保持在23°左右，低了就应倒缸。缸口要用纱布和缸盖盖好。

6. 装桶

（1）盐渍20天以上即可装桶。装桶前先将盐渍好的菇捞出控尽盐水。

（2）一般用塑料桶分装：出口菇需用外贸部门拨给的专用塑料桶，定量装菇。然后加入新配制的调酸剂至菇面，用精盐封口，排除桶内空气，盖紧内外盖。

（3）再装入统一的加衬纸箱，箱衬要立着用，纸箱上下口用胶条封住，打井字腰。

（4）存放时桶口朝上。注意防潮和防热，包装室严禁放置农药、化学药品及其他无关杂物。

## 四、食用菌糖渍加工技术

### （一）糖渍原理

利用高浓度糖液所产生的高渗透压，析出菇中的大量水分，抑制微生物的生命活动，从而达到长期保藏食用菌的目的。

### （二）工艺流程

预煮或灰漂→糖渍→干燥或蜜置→上糖衣。

### （三）工艺要点

1. 预煮或灰漂

糖渍前，有些食用菌采用预煮处理，有些则采用灰漂处理，预煮的目的和方法与罐藏相同。灰漂就是把食用菌子实体放在石灰溶液中浸渍，石灰与食用菌组织中的果胶物质作用生成果胶物质的钙盐。这种钙盐具有凝胶能力，使细胞之间相互粘连在一起，子实体变得比较坚硬而清脆耐者。所以又称硬化。同时细胞已失去活性，细胞膜通透性大增，糖液容易进入细胞，析出细胞内的水分。灰漂用石灰浓度为5%~8%，灰漂时间为8~12小时。灰漂后捞出，用清水洗净多余的石灰。

2. 糖渍

糖渍的方法有两种，即糖煮和糖腌。糖煮适用于坚实的原料，糖腌适用于柔软的原料。

糖煮的方法南北不同。

南方多用的方法：把已处理的原料先加糖浸渍，糖度约 38°，10~24 小时后过滤，在滤液中加糖或熬去水分以增加糖度，然后倒入经过糖浸渍的原料，再浸渍或煮沸一段时间，捞出沥干。

北方多用的方法：把处理好的原料，直接放入浓度为 60% 左右的糖液中热煮，煮制时间为 1~2 小时，中间加砂糖或糖浆 4~6 次，以补充糖液浓度，当糖液浓度达到 60% 左右时取出，连同糖液一起放入容器中浸渍 48 小时左右，捞出沥干。

3. 干燥

一般使用烘灶或烘房进行烘干。干燥时，温度维持在 55~60℃，直至烘干。整个过程要通风排湿 3~5 次，并注意调换烘盘位置。烘烤时间为 12~24 小时，烘干的重点一般根据经验，以手摸产品表面不黏手为度。

4. 蜜置

有的糖渍蜜饯糖制后不经过干燥手续，而是装入瓶中或缸中，用一定浓度的糖液浸渍蜜置。

5. 上糖衣

如制作糖衣"脯饯"，最后一道工序就是上糖衣。方法是将新配制好的过饱和糖液浇在"脯饯"的表面上，或者是将"脯饯"在饱和糖液中浸渍一下，然后取出冷却，糖液就在产品的表面上凝结形成一层晶亮的糖衣薄膜。

# 第十一章　现代蔬菜种植技术

近年来，随着蔬菜产业经济效益的提高，蔬菜已经发展成为一些地区经济发展的支柱，是农民重要的经济来源。做好蔬菜种植技术的推广工作，能给蔬菜生产带来发展活力，提高种植效益。我国蔬菜种类繁多，本章重点阐述白菜、萝卜、韭菜的种植技术。

# 第一节　白菜种植技术

白菜是我国重要的农作物之一，也是我国许多农民的收入来源之一，如何通过有效的方式减少白菜病虫害的影响，同时提高白菜的种植技术，已经成为现阶段白菜种植户最关心的问题之一。白菜具有便于运输、易于储存的特点，因此种植户要根据消费者的需求选择合适的白菜品种。同时，为了有效地提升白菜的质量以及产量，需要科学选用肥料，避免施肥过度而引起土壤板结，还要避免因使用单一肥料而影响白菜生长。白菜种植后期阶段，为了预防白菜病虫害的发生，需要采取针对性的预防措施，减少病虫害带来的经济损失。

## 一、白菜种植技术要点

### （一）选择合适的品种和种植地点

现在市场上的白菜品种较多，要想保证所种植的白菜获取相应的经济效益，选择合适的白菜品种是十分重要的一步。在选择白菜品种的时候，首先，需要根据市场的需求，尽可能选择需求量较大的品种，避免白菜上市之后形成积压。其次，要对白菜的生长周期进行调查。

目前，我国大多数白菜的生长周期分为晚熟型、中熟型以及早熟型三种。确定白菜的生长周期之后，需要进一步分析天气对白菜的产出以及后期运输带来的影响，保证白菜在生长的过程中能获取足够的日照。其次，要了解白菜的抗逆性程度，尽可能选择抗逆性较好的品种，例如，北方的气温较低，应当尽可能选择抗寒性较好的品种。最后，由于白菜的储存时间较长，因此需要根据农户自身的情况选择耐运输、耐储存的品种，避免白菜在较长的储存和运输过程中腐烂。

选择合适的白菜种植地点，以尽可能降低发生病虫害的风险。种植白菜后的土壤中极有可能会残留对白菜有腐蚀作用的病菌，因此在选择种植地点时要尽可能避免重茬种植，防止白菜被腐蚀，同时保证白菜产量。除此之外，还需要避免肥料消耗较多的地区，最大程度避免与十字花科的作物轮种。白菜属于喜水作物，应尽可能选择多水、多肥的地区，种植的时候最好将播种的深度控制在20厘米左右，垄间距离也需要控制在60厘米左右，且株距需要控制在40厘米左右，保证白菜有足够的生长空间。撒下种子之后，还需要将垄背推平，避免种子被太阳光暴晒而影响其正常生长[①]。

## （二）选择合适的播种期

种植白菜时，需要根据当季的温度选择合适的播种期。若在低温时期种植白菜，很可能会因外界温度过低而导致白菜过早开花，最终影响白菜的正常生长和产量，因此需要根据当季的温度对种植基地采取相应的保护措施，如大棚养殖和温室养殖等。除此之外，还可以采用护根育苗技术缩短缓苗期，从而避免因为室外温度过低而导致白菜过早开花，最终对白菜的正常生长和产量造成影响。

## （三）在种植期间选用合适的肥料

选用合适的肥料对白菜的生长至关重要，因此需根据白菜的品种以及种植地点的实际情况选用合适的肥料。使用传统肥料时，主要是将多种不同的化学元素进行结合处理，再将其作用于白菜。换言之，白菜是受到这些化学元素的刺激之后被催生的，这样的施肥方式会破坏白菜的正常生长周期。同时，单一元素的长期补给，也会导致白菜吸收了大量该元素之后出现生长变形的现象，该元素也会残留在叶片上造成化学污染，最终影响白菜的正常生长。

为白菜选择肥料时要尽量选择藻肥。藻肥结合了新兴技术，有不同的营养比例，其发挥效用的原理与传统肥料存在差异，其集合了多种元素，可以对白菜进行源源不断的元素补给，保证白菜的营养更加全面，促进白菜稳定健康生长。

## （四）种子处理与肥水管理

选择种子时，需要对种子的状态进行挑选，丢弃过于瘦小以及破伤的种子，尽可能选择粒大饱满的种子，从而有效提高发芽率。除此之外，还需要进行合理的浸种和拌种处理。浸泡种子时，需选择50℃左右的温水，将浸泡时间控制在2小时，捞出种子之后再选用专业的试剂进行拌种。

白菜的肥水管理主要在发芽阶段、幼苗阶段、莲座阶段以及结球阶段进行。白菜在发芽时期一旦水分不足，就会因干旱而出现蒸发以及芽干的现象。浇水的时候需要遵循三水齐苗的原则。处于幼苗阶段的白菜没有发达的根系，吸水能力较差，因此为了保证白菜的正常生长，这期间需要进行大量的浇水作业，保证土壤处于湿润的状态。与此同时，还需

---

① 于丽艳，张德全，宋波，戈东辉. 白菜的种植管理方法 [J]. 吉林农业，2019（21）：72.

要对其进行施肥处理，保证白菜在生长阶段有足够的营养摄入。莲座阶段则需要对土壤的水分进行严格控制。结球阶段需要停止蹲苗，每周只需要浇 1 次水，在浇水的过程中对其施加有机肥，从而保证其健康生长[①]。

## 二、白菜常见的病虫害类型以及防治措施

### （一）病虫害的防治与检测工作

在对农作物的病虫害进行处理的时候，最好选择物理处理的方式，同时还要以预防为主，治疗为辅。为了预防白菜虫害，可以在虫子孵化成功之前采用灭虫灯将其杀灭，从而有效避免害虫影响白菜后期的正常生长。

如果前期没有采用有效的防虫措施，害虫孵化之后可以采用黄色胶板对其进行诱杀。物理防虫方式可以有效避免化学药品对白菜的伤害，还能避免使用化学防虫剂造成土壤板结的现象，有效地提高了白菜的产量和质量。除此之外，当白菜的病虫害较为严重时，可以采用化学药剂对其进行处理，但为了避免白菜和土壤遭到过度污染，需要严格控制化学药剂的使用量。为了有效地控制白菜的病虫害，不仅需要进行病虫害的预防，还需要对白菜的生长情况进行监测。在白菜的种植期间，农户要做好病虫害的检测、预防工作，加大对白菜种植的投入，购买最新的病虫害检测设备，同时搜集白菜生长期间的一系列数据，了解白菜的生长情况，并根据搜集到的数据对白菜采取相应的防虫措施，进一步提高白菜的质量以及产量。

### （二）白菜霜霉病及其防治措施

霜霉病多发在白菜的发颗期以及包心期，当白菜受到霜霉真菌的感染便会出现该疾病。白菜发生霜霉病之后，叶面会出现少量的斑点，这时采取相应的防治措施便可对其进行有效的预防。若没有及时采取相应的防治措施，就会导致其病情进一步扩散，最终使整颗白菜都呈现枯黄的状态。要想防治白菜霜霉病，首先，要用占种子量的 0.3%~0.4% 的甲霜灵或者百菌清进行拌种。其次，在白菜种植的时候进行轮作，同时使用适量的磷钾肥和有机肥。最后，当霜霉病严重威胁白菜的生长时，可以选用 70% 的代森锰锌可湿性粉剂（400 倍液~500 倍液）。

### （三）白菜软腐病及其防治措施

欧式杆菌属细菌是导致白菜发生软腐病的病原。当患有软腐病之后，白菜的叶子将会出现大量的发蔫以及萎缩现象，内部位置也会有黏稠状的腐烂物，最终对白菜的正常生长以及后期的储存造成严重的影响。当白菜患有软腐病之后，需要及时对已经患病的植株进行处理，前期可以采用一些专业的药剂进行防治；当叶面出现明显的黄褐色斑点之后，则应采用农用链霉素对其进行治疗。

① 李玲，翟今成.白菜病虫害防治技术推广现状及改进措施 [J].吉林农业，2019（1）：68-69.

### （四）白菜病毒病及其防治措施

白菜病毒病也被称为花叶病，是白菜常见的病虫害类型之一。白菜病毒病大多数发生在白菜的幼苗阶段。在这个阶段，白菜患病之后的叶片会变脆变硬，出现许多凹凸不平的黄绿相间的花叶，更严重的还会导致白菜发生矮化，甚至不能包心。对此，可重点将对白菜病毒病的防治放在田间管理。蚜虫是白菜病毒病主要的来源，因此种植户需要在白菜的幼苗阶段对蚜虫进行防治，从而有效防治白菜病毒病。乐果乳剂是防治蚜虫的有效药，最好使用 40% 的果乳液 1500 倍液，同时喷雾计量应当控制在 60 千克 /s；还可以使用 2.5% 溴氰菊酯乳剂或者 20% 的速灭杀丁乳剂，将药量控制在 10 毫升 / 公顷 ~20 毫升 / 公顷，并兑 50 千克的水进行喷雾工作[①]。

### （五）小菜蛾及其防治措施

小菜蛾具有趋光性的特点，因此在防治的过程中应充分利用小菜蛾的这一特性，通过杀虫灯对小菜蛾进行诱捕扑灭，从而有效地减少小菜蛾的数量。利用杀虫灯对小菜蛾进行诱捕属于物理捕杀，不需要大量的药剂作为辅助，捕杀成本较低。除此之外，还可以应用人工合成的昆虫性激素加强杀伤力。使用人工合成的昆虫性激素的时候可以将诱芯放置在密度为 10 个 / 平方米 ~15 个 / 平方米，并且每周都需要更换 1 次诱芯。最后，还可以利用小菜蛾的天敌对其进行压制，避免小菜蛾的数量过多；当小菜蛾的数量过多时，则需要及时使用化学药物对其进行防治，避免对白菜的正常生长造成影响。

随着人们生活质量的不断提升，人们对食品的质量要求也在不断提升。白菜作为十分重要的农作物，其质量和产量成为相关部门关注的重点；而我国的农业种植技术经过长期的发展，已形成了规范的白菜种植体系。白菜的生长期分为不同的阶段，每个阶段对水分以及肥料都有不同的要求，为了保证白菜的正常生长，需要了解白菜的生长周期，同时对白菜处于哪一生长期要进行准确的判断，从而采用专业且适合的种植技术。另外，还需要科学地挑选肥料，避免使用单一肥料导致白菜出现生长变形的现象，且需要控制好肥料的用量，避免用量过多导致土壤板结。同时，加强对白菜病虫害的防治，以预防为主，治疗为辅，从而在前期做好一系列准备工作，有效避免白菜的病虫害问题，以提高白菜的质量及产量，满足人们对食用白菜的要求。

# 第二节　萝卜种植技术

萝卜种植所需的主要条件，种植萝卜以土层深厚，保水和排水良好，疏松透气的沙质土壤为好。土壤 PH 值以 5.3~7.0 较为适宜。萝卜对营养元素的吸收量以钾最多，氮次之，

① 马源 . 萝卜种植技术 [J]. 青海农技推广，2019（01）：29-30.

磷最少。每生产 1000 千克萝卜，约吸收 5.55 千克氮、2.60 千克磷、6.37 千克钾，氮、磷、钾的吸收比率是 2.1：1：2.5。

## 一、主要栽培技术

### （一）栽培季节

萝卜生长期 80~100 天。北方地区适于萝卜生长的季节较短。后期降温快，上冻早，所以对播种期要求比较严格。东北和西北较寒冷地区，7 月上、中旬播种，10 月上、中旬收获。

### （二）整地播种

萝卜前茬作物收获后应及时整地，要求做到深耕、平整、疏松，这样才能保证苗全苗齐苗壮。结合整地，应施足基肥，且基肥量应占总肥量的 70% 左右，即每亩施用充分腐熟的优质厩肥 4000~5000 千克、草本灰 50 千克、过磷酸钙 25~30 千克。

萝卜作畦方式因品种、气候、土质等条件而异。大型品种多起垄栽培，垄高 10~15 厘米；中、小型品种多采用平畦栽培。播种量和播种方式也因品种而不同。大型品种多采用穴播或条播，穴播每亩用种 0.3~0.5 千克，条播 0.5~1 千克；中型品种多采用条播方式，每亩用种 0.75~1 千克；小型品种可用条播或撒播方式，每亩用种 1~1.5 千克。

种植密度，大型品种行距 45~55 厘米，株距 20~30 厘米；中型品种行距 35~40 厘米，株距 15~20 厘米；小型品种可保持 8~10 厘米见方。

### （三）田间管理

1. 细苗期管理

幼苗期以幼苗叶生长为主。于第一真叶时进行第一次间苗，防止拥挤而幼苗细弱徒长。2~3 片真叶时进行第二次间苗，每穴可留苗 2~3 株。5~6 片叶时，可根据品种特性按一定的株距定苗。此外，如气温高而土壤干旱，应用时小水勤浇并配合中耕松土，促进根系生长。定苗后，筐亩可追施硫酸铵 10~15 千克，追肥后浇水，并要用时防治菜螟和蚜虫。萝卜蝇在秋季危害严重，可于成虫期喷 2 次敌百虫 800~1000 倍液，以消灭萝卜蝇成虫。

2. 肉质根生长前期的管理

肉质根生长前期的管理目标是：一方面促进叶片的旺盛生长，形成强大的莲座叶丛，保持强大的同化能力，另一方面还要防止叶片徒长，以免影响肉质根的膨大。第一次追肥后，可浇水 2~3 次，当第五叶环多数叶展出时，应适当控制浇水，促进植株用时转入以肉质根旺盛生长为主的时期，此时，还要用时喷药防治蚜虫和霜霉病。露肩后，可进行第二次追肥，每亩追施复合肥 25~30 千克。

3. 肉质根生长盛期的管理

此期是萝卜器官形成的主要时期，需肥水较多，第二次追肥后需及时浇水，以后每3~5 天浇水 1 次，经常保持土壤湿润。若土壤缺水，肉质根生长受阻，肉质粗糙，辣味重，降低产量和品质。一般于收获前 5~7 天停止浇水。

萝卜的品种都可以用，其生态型有白、红、青三种，每个品种都有一定的形状和特点，按栽培季节可分为春萝卜、夏秋萝卜、秋萝卜和四季萝卜 4 个类型。秋萝卜的生育期一般为 60~100 天。秋播初冬收获，具有一定的耐热性，一般表现丰产耐贮，为冬春的主要贮藏菜[①]。其栽培技术要点如下：

（四）地块选择

选择地块：萝卜根深叶茂，吸肥力强，需肥较多，病虫危害较重，应注意茬口选择和进行轮作。萝卜的前茬宜选择施肥多而消耗养分少的菜地，最好是黄瓜、甜瓜等，其次是马铃薯、豆类等蔬菜和小麦、玉米等粮食作物。还可以与大田作物间套作，既能充分利用土地，又能增加收入。秋萝卜连作，可以使肉质根表面光滑，提高品质。但容易引起病虫为害，为了高产稳产，不宜与十字花科蔬菜如白菜、菜花等连作，防止根传病害的发生，最好隔 3~4 年轮作一次。

（五）施肥要求

整地施肥：萝卜生长的首要条件是土壤疏松、肥沃。因此要选择土层深厚的中性或酸性沙质壤土，进行深耕细耙。耕翻深度因品种而异，大型或入土较深的萝卜品种，一般深耕 25~35 厘米，入土较浅的品种可适当浅耕。萝卜都进行直播，不能移植，用种子播种。要求土地平整，土壤细碎，没有坷垃，否则会使种子入土深浅不匀而影响出苗，并容易引起死苗，造成缺苗断垄。增施底肥是秋萝卜丰产的基础。底肥应以有机肥为主，施底肥应结合整地进行，每亩施腐熟圈肥 3000~4000 公斤，肥料一定要细碎，土肥要充分混合。

## 二、品种选择

萝卜的不同品种，丰产性和抗病性有很大差别，在选择品种时，既要考虑到丰产性，又要从当地病虫害的实际情况出发，使品种的生长期与当地适于萝卜的生长日数相吻合，根据栽培目的和当地的气候、土质条件选用品种。

## 三、播种方法

（1）采用直播法，把种子点播或条播在垄上，小萝卜可撒播在畦上，播种深度约为1~1.5 厘米，不宜过深，播后用铁耙轻搂细土覆盖种子，然后用脚踏实。

（2）秋萝卜生长期较长，产量也高，除施足粗肥外，追肥一般进行 2 次，第一次在

① 马源 . 萝卜种植技术 [J]. 青海农技推广，2019（01）：29-30.

直根根部开始膨大时，以速效氮肥为主，配合磷钾肥，并追施人粪尿 150~200 千克；第二次在第一次追肥后 20 天左右，结合浇水，以亩追人粪尿 500 千克或尿素 7.5~10 千克。萝卜对微量元素的需要量也很大，缺硼会引起萝卜褐色心腐病和根部表皮木栓化，因此要注意施用微肥。

（3）萝卜灌溉，除根据生长特点和各个生育时期对土壤水分的要求进行外，还要看降水、土质、地下水位、空气和土壤湿度而定。苗期需水较少，但在天气炎热、干旱时须注意浇水。莲座期是叶生长盛期，为防止茎叶徒长，要适当控制水分，进行蹲苗；肉质根生长盛期，必须充分供应水分，保持土壤经常湿润，8 天浇一次水，到收获前 5 天停止浇水。

## 四、收获

萝卜由于品种和播期不同，收获也应有先后之分。收获不能过晚，以免发生空心和受冻，影响贮藏。

# 第三节　韭菜种植技术

## 一、韭菜的生长特点

韭菜耐寒，在日照充足的环境条件下，叶尖往往表现出焦黄色。韭菜品种繁多，大叶韭菜是其中的一种，喜欢生长在阴湿肥沃的环境中，该种植株生长旺盛，翠绿鲜嫩，品质优良。花果期为 7~10 个月，果实为蒴果，种子呈现黑色半球形。另外，韭菜长成一定的营养体后，只要满足低温与长日照条件就会转向生殖生长，每年都能抽薹开花结出种子。韭菜的地上部分枯死后，其地下组织仍可生长，仅是因天气原因而暂时处于休眠状态[1]。

韭菜生长的最适温度为 12~24℃。大叶韭菜的最适生长温度为 15~22℃，种子发芽的最适宜温度为 15~18℃，20℃左右适宜幼苗发芽。无论是小于或超过其最适宜温度，韭菜均都不能正常生长。最适宜的土壤酸碱度为 pH6.0~7.0，忌酸性土壤；主要以种子繁殖为主。

## 二、播前准备

可用干籽直播（春播为主），也可用 30~40℃温水浸种 8~12 小时，清除杂质和瘪籽，将种子上的黏液洗净后用湿布包好，放在 15~20℃的环境中催芽，每天用清水冲洗 1~2 次，50% 的种子露白尖时播种（以夏、秋播为主）。

---

① 吕艳平，刘海英，王晓红，王海燕，王朝忠. 韭菜无公害种植技术 [J]. 安徽农学通报，2008（04）：76-77.

### 三、播种

#### （一）播种时间

在土壤解冻后到秋分之间可随时播种，一般在 3 月下旬至 5 月上旬，以春季播种为宜，夏季播种宜早不宜迟。

#### （二）播种量

每 667 亩需种 4~5 千克。露地育苗移栽 1.5~2 千克。

#### （三）播种方法

播种前，先将畦表面土起出一部分（过筛，以备播种覆土用），然后浅锄耧平，先浇 1 次底水，约 3.3 厘米深，待水渗下后再浇 3.3 厘米右深的水。

待水渗下后将种子均匀撒下，然后覆土 1.5 厘米左右，次日用齿耙耧平，保持表土既疏松又湿润，有利于种子发芽出土。播后用地膜覆盖保墒，待有 30% 以上的种子出苗后，及时揭去地膜，以防烧苗，发现有露白倒伏的，要再补些湿润的土。

也有采用干播法的。干播法即用没有催芽的干种子直播于苗床。在整理好的苗床上按行距 10 厘米，开成宽 10 厘米、深 1.6 厘米左右的小浅沟，将种子撒入沟内，然后用扫帚轻轻地将沟扫平、压实，随即浇 1 遍水，2~3 天后再浇 1 次水。在种子出土前后，要一直保持土壤处于湿润状态。

### 四、定植

#### （一）定植时间

春播苗应在夏至后定植，夏播苗应在大暑前后定植。定植时要错开高湿季节，因此时不利于定植后韭菜缓苗生长。

#### （二）定植方法

将韭菜起苗，剪短须根（只留 2~3 厘米），剪短叶尖（留叶长 10 厘米）。在畦内按行距 18~20 厘米、穴距 10 厘米，每穴栽苗 7~10 株，适用于青韭；按行距 30~36 厘米开沟，沟深 16~20 厘米，穴距 16 厘米，每穴栽苗 20~30 株，适于生产软化韭菜，栽培深度以埋没分蘖节为宜。

### 五、田间管理

#### （一）温度管理

棚室密闭后，保持白天温度 20~24℃，夜间温度 12~14℃。株高在 10 厘米以上时，白天温度保持 16~20℃，棚内温度超过 24℃要放风降湿。冬季小拱棚栽培应加强保温，夜间温度保持在 6℃以上。

（二）肥水管理

定植后，当新根新叶出现时，即可追肥浇水，每 667 亩随水追施尿素 10~15 千克，幼苗 4 叶期，要控水防徒长，并加强中耕、除草。当长到 6 叶期开始分蘖时，出现跳根现象（分蘖的根状茎在原根状茎的上部），这时可以进行盖沙、压土或扶垄培土，以免根系露出土面。当苗高 20 厘米时，停止追肥浇水，以备收割。开始收割后每收割 1 次，追 1 次肥，收割后株高长至 10 厘米时，结合培土，施速效氮肥，每 667 亩追施尿素 8 千克。天气转凉时，应停止浇水，封冻前浇 1 次封冻水。

# 第十二章　果蔬反延季节高产栽培技术

## 第一节　菜苜蓿反延季节高产栽培技术

菜苜蓿，别名秧草头、金花菜、黄花苜蓿等。超越常规栽培季节或时段的栽培，称反延季节栽培。反延季节栽培是全方位利用土地空间与作物生长时间，高层次利用光、热、水资源，充分利用各种保护设施，科学利用品种特性和优化栽培技术，创造一切条件，来扩展和延长栽培季节，延长各种蔬菜的生长期和供应季节，提高蔬菜的产量和品质，从而满足人民生活的需要，达到增产增收的目的。

### 一、调整播期

菜苜蓿常规播种季节一般在秋季，即 8 月下旬至 9 月中下旬。长江中下游素有"秋分笃秧草"的农谚，"笃"即播种的意思，秧草即菜苜蓿。要实现菜苜蓿延季节栽培，其核心技术，主要是通过调整播种的期限，从而达到延季节的目的。根据菜苜蓿休眠期短的特性，在不采取任何保护设施的情况下，可将传统的秋季播种，改为春、夏末秋初播种。春季当日平均气温稳定达到 5℃以上时，长江中下游地区一般在 2 月下旬，即可开始播种，以后可分批播种至 6 月份，4 月下旬至 7 月上旬可供应市场。

反延季节夏末秋初播种，即从处暑立秋后即开始播种，比常规秋播的播期提前 1 个多月时间，也就是说在传统的菜苜蓿播种季节里，我们就能吃上反季节栽培的菜苜蓿。另外，此期播种的菜苜蓿，不但上市早，价格高，而且产量高，一般比春播的产量高 1 倍以上，可一直延期供应到翌年的 3~4 月份。

### 二、保护栽培

（一）夏遮阳

夏季气温高，湿度小，若不采取保护措施，不但出苗困难，生长亦会受到抑制，但只要采取简易的遮阳措施，就能实现菜苜蓿反延季节栽培的目的。根据试验，通常采用的措施，主要有三种；

1. 覆盖遮阳网

农用遮阳网是 20 世纪 90 年代一项先进的覆盖保护栽培技术，目前已在蔬菜、药材、苗木、花卉等生产领域广泛应用，遮阳网的主要作用是：

（1）降温。夏秋季节栽培的蔬菜采用 12 目黑色或银灰色网覆盖，遮光率分别为 65%、45%，直接光照度下降 50% 左右，离地面 50 厘米处气温下降 2.5~5℃，5 厘米深的耕作层地温可下降 3~6℃。可避免强光高温危害，有利于菜苜蓿正常生长。

（2）防雷雨、冰雹。7~9 月份是中国台风暴雨多发季节，覆盖遮阳网后，对暴雨的直接冲力可减轻 90% 以上，约有 13%~23% 的雨水从遮阳网两侧流入畦沟，特别能减少暴雨、冰雹对菜苜蓿的机械损伤，减少水土流失，减少根系外露和死苗。

（3）保湿抗旱。干旱季节覆盖遮阳网后可减少太阳辐射热，降低棚温，减少水分蒸发量 60% 以上，有利保湿抗旱。盐碱地还可减轻返盐现象。

2. 人工搭建遮阳棚

用人工编制的草帘或芦帘进行遮光，同样能起到遮阳网所起的许多作用。人工搭建遮阳棚可就地取材，节约成本。

3. 和高秆遮阳作物进行间作

利用高秆作物遮阳挡阳光，调节田间小气候，实际上是一种利用生物保护栽培的农业措施。科学进行间套组合搭配，能收到一举多得的效果。靖江市越江乡推广的冬菜/丝瓜—菜苜蓿—抛栽稻种植模式，就是利用生物保护原理，达到延季节栽培的典型例子。其主要操作方法是：第一年水稻收获后，栽种莴苣或泰国生菜、雪里蔚、芥菜以及马铃薯等多种蔬菜，畦宽 2.5~3 米，距墒沟边 30 厘米处，留 40~50 厘米空茬，冬翻晒垡作为翌年套种丝瓜的茬口，其余全部栽种上冬菜（也可不留空幅、满畦种植、以后抽条栽种丝瓜）。丝瓜全部采用双膜覆盖育苗，地膜移栽技术，以争取丝瓜早上市，7 月底 8 月初丝瓜拉藤前 10~15 天，在丝瓜棚内套种菜苜蓿，利用丝瓜棚遮阳，达到早播菜苜蓿的目的。拆棚拉掉丝瓜藤后，在原来种植丝瓜的茬口上，播种莴苣（莴苣作为轮作稻茬移栽菌苣的秧苗），菜苜蓿一直收割至翌年 3~4 月份，在菜苜蓿即将开花的前 10~15 天停止收割，并喷施 1% 过磷酸钙 2~3 次，以保证菜苜蓿正常开花、结籽、留种，根外喷磷可提高种子的饱满度和成熟度，一般 5 月底 6 月初菜苜蓿种子成熟。种子收获后，将菜苜蓿枝基切碎还田是抛栽稻的优质有机肥料。

## （二）冬盖膜

菜苜蓿生长最适宜的温度为 12~17℃，在 20℃ 以上 10℃ 以下时植株生长缓慢。在 –5℃ 的低温下，叶片就会发生冻害。冬季，尤其是春节前后，菜苜蓿的价格一般都比较高。因此，提高此期菜苜蓿产量不但具有较高的经济效益，还具有一定的社会效益。而要实现这一目标，并不困难，最有效的措施，就是当气温降至 0~5℃ 时，直接在菜苜蓿上覆盖一层薄膜即可，既可防霜，又能增温促长，还明显提高了菜苜蓿的品质和商品率，可收到一举多得的效果[1]。

## 三、精田播种

### （一）精细整地

菜苜蓿是一种浅根蔬菜，喜肥沃湿润，不耐瘠，忌干旱、积水，所以一般应选择表土疏松肥沃、排水良好的砂质壤土种植。整地前应施足基肥，每 667 亩基施腐熟的人畜粪 1500~2000 千克，碳酸氢铵 10~15 千克，过磷酸钙 15~20 千克，草木灰 100~150 千克，然后耕翻深度至 15~18 厘米，挖好排水沟，做成 2 米左右宽的高畦，整细整平畦面即可播种。

### （二）精选种子

因为菜苜蓿螺旋状的荚果中瘪籽和坏籽较多，所以播种前要进行选种。选种可用 55~60℃的温水浸种 5~8 分钟，捞去水上的浮籽，经水选后的种子。种子饱满，播种后苗壮，出苗整齐均匀。

### （三）催芽播种

夏末秋初气温高，湿度小，不利菜苜蓿出苗，采用浸种催芽的方法播种，能有效克服这一弱点，方法是：将已晒过和选好的种子，放在袋子内，于傍晚浸于井水或河水中 10~11 小时。然后将种子取出，摊放阴凉处 2~3 天，每隔 3~4 小时用喷壶浇凉水一次，保持湿润，种子露芽后，用稀河泥浆与种子拌匀浇浆落谷，使每粒籽上都能沾上薄薄一层河泥，有利出苗。也可用少量稀河泥、草木灰、少量磷肥与种子拌和，搓揉成颗粒进行撒播或条播。播后浇足水分，并盖上薄薄一层稻草，以保证田间湿度。

### （四）增加播量

尽管采取多种措施，但夏末秋初播种的菜苜蓿，其出苗率还会远低于常规季节播种的，所以加大播种量是菜苜蓿反延季节栽培不可避免的措施和手段，一般晚秋和早春播种，667 亩² 播量只要 10~15 千克就可以了，但夏末秋初的播种量必须达到 35~40 千克，是常规栽培播种的 3~4 倍，苗多才能高产。

### （五）浇足水分

菜苜蓿从播种后至 2 片真叶前对水分最为敏感。尤其是反延季节播种的菜苜蓿，如不浇足水分，一是出苗慢，二是出苗不齐，严重时根本就不能出苗，即使出苗的，如水分不足也会枯死。出苗前一定要浇足水，保持湿润，一般是早晚各浇一次。出苗后每天浇一次。10 天后可少浇或不浇。

[1] 戴振福，姚久琴，吴文军. 绿色食品菜苜蓿大棚栽培技术规程 [J]. 现代农业科技，2019（20）：69+71.

## 四、化学除草

菜苜蓿叶片小，如田内杂草多，采收时草和菜叶一起收割，很难将草剔除掉，会严重影响到菜苜蓿的品质。和其他蔬菜相比，搞好化学除草，菜苜蓿更具有它的特殊性和必要性。菜苜蓿化除可分为播后芽前和苗后两个时期进行。

播后芽前化除：施肥整地播种 1~3 天内，667 亩用 72% 的都尔 80~100 毫升，兑水 40 千克喷雾，进行土壤封闭，可防除看麦娘、早熟禾等为主的禾本科类的杂草。

苗后化除：菜苜蓿 3 叶后，如田间仍有杂草，667 亩用 10.8% 的高效盖草能 30~40 毫升水 50 千克喷雾，能防治众多类型的阔叶类杂草。

## 五、合理追肥

菜苜蓿为半直立草本植物，虽有根瘤可固氮，但对肥料的要求仍很高，尤其是作为叶菜类栽培，收获批次多，因此对肥料的需求量更大。在施足基肥的基础上，主要靠追肥。一般齐苗后，当有 2 片真叶时每 667 亩施腐熟的稀水粪 1500~2000 千克，以后每收割一次，在收割后的第 2 天待伤口稍愈合后每 667 亩用碳酸氢铵 15~20 千克，对水 2000 千克进行泼浇。若收割后立即追肥，伤口未愈合，容易引起刀口感染，造成腐烂。

有的因茬口等因素，没有施用基肥，或基肥不足的田块，冬前需补施适量的磷钾肥，667 亩用 10~15 千克过磷酸钙对水泼浇，结合撒施草木灰或细杂肥 800~1000 千克匀施薄撒，可起到壅根护苗，促进幼苗扎根，增强抗寒能力等作用。

## 六、满月割草

菜苜蓿的主根并不发达，但侧根生活力很强，分枝优势也十分明显，根据这一特性，及时进行采割，促进侧根发育和分枝发生是提高菜苜蓿产量的一个重要环节。根据试验研究，菜苜蓿的第一次的收割时间，应该在播后一个月左右时进行。早收割的菜苜蓿，以后叶柄明显增长，叶片明显增大，并能刺激茎基部分枝的大量萌发和增生。过去误认为刚开始生长的菜苜蓿叶片小，产量低，不值得收割，应当让其多长一段时间再收割，实践证明这很不利促进菜苜蓿的进一步生长发育和产量的提高。第一次采收后，随着适宜温度的到来和肥水充足供应，采收间隔时间越来越短，最短的间隔一般一个星期就能收获一次。

采收菜苜蓿在收割技术上，应掌握"低"和"平"的原则，就是说割茎叶时，下部茎要适当留得短一些，以后地上部采收量才高，所谓"平"，是指割的高度要一致，高度一致，就不至于割到老茎，以后的生长也整齐。

# 第二节　芹菜反延季节高产栽培技术

芹菜喜冷凉湿润的环境，但由于中国南北气候差异较大，适宜芹菜生长的季节也不尽相同。长江流域和华南地区处于热带和亚热带地区，冬季比较温暖，春、秋、冬三季适宜芹菜生长发育。夏季常出现高温、强光、暴雨、大风等不利因素，使芹菜无法越夏，形成"伏缺"。中国南方芹菜延季节栽培的重点，主要在夏季。北方地区冬季寒冷，春、夏、秋三季可以露地生产芹菜，但大部分地区早春。秋延后低温、霜冻天气较多，常规露地栽培就不能生长，所以北方芹菜反延季节栽培的重点主要在冬季，现将南北反延季节主要高产栽培技术综述如下：

## 一、选择适宜品种

中国南北气候差异较大，南方夏季较炎热，一般温度都高于25℃以上，对发芽率和延迟发芽都有影响，除了种子进行处理和保护设施进行育苗外，大田防阳光直接照射、暴雨冲击畦面和降低地温，还需选择既耐旱又耐热，能在37~39℃高温下生长良好的品种，可选用菊花大叶、津南实芹1号、冬芹、夏芹、棒儿芹菜及白庙芹菜等耐热耐涝品种。中国北方冬季比较寒冷，进行冬季、早春和秋延后栽培时，温度高于−5℃的地区，植株可以露地越冬，气温在−10℃左右的地区需覆盖越冬。在北方芹菜栽培会遇到10℃以下的低温，芹菜苗长到3~4片叶以后10~15天，就能通过春化阶段，在长日照下进行花芽分化，处于低温时间愈长，抽薹率愈高。芹菜一抽薹就会影响产量和品质。所以北方地区进行反延季节高产栽培，在品种选择上应选择抗寒性较强，抽薹较迟，抗病、丰产性好的春丰芹菜、津南实芹1号、意大利冬芹、美国芹菜。

## 二、培育壮苗

芹菜种子小，出土缓慢，幼苗占地时间长，育苗期间除草费工，用小面积苗床育苗，5~6片叶定植，可以提高土地利用率，缩短本田生长期，提早收获，并且产品整齐，质量较高。

### （一）合理安排播期

中国南北气候差异较大。南方多高温、强光、暴雨、台风；北方多低温、霜冻、倒春寒等不利气候因素。芹菜耐低温喜冷凉湿润的环境，一般营养生长的适宜温度为15~20℃，日平均温度在21℃以上时生长不良，易发生病害，导致品质降低。需通过简易保护设施栽培，防病虫害发生提高品质[①]。

早春栽培的芹菜前期气温低，大多采用小拱棚栽培芹菜，一般在土壤化冻15厘米时为适宜定植期，从定植期向前推算50~60天即为适宜的播种期。早春芹菜的苗龄一般为

---

① 刘红松. 芹菜反延季节生产育苗技术要点 [J]. 吉林蔬菜，2012（05）：38-39.

50~60 天。

夏芹菜处于高温多雨季节，病虫害和草害较重，对芹菜培育壮苗很不利，易出现死苗、烂苗及高脚苗，大多采用遮阳网栽培芹菜。一般当日平均气温上升到 15℃左右时即为播适期，东北、西北北部等地易出现春寒，一般在"立夏"后播种。

秋延后和冬季栽培的芹菜，苗期正值高温、多雨季节，除需进行覆盖防高温、暴雨、阳光直射外，芹菜冬前必须有一定的营养体，具有较强的抗寒能力。如果苗太小，抗寒能力弱，易造成死苗。所以越冬芹菜秧苗的好坏对能否安全越冬有直接关系。只有培育适龄的壮苗、大苗，才能增强定植后芹菜植株的适应性，提高抗寒能力，保证越冬不死苗。生产上大多采用小拱棚栽培芹菜，北方地区播种期一般在 6 月中旬至 8 月之间，也可根据上市时间来确定播种期，准备 12 月至翌年 2 月初上市，播种期在 7 月上中旬，定植期在 9 月上中旬。如果在翌年 3 月下旬至 4 月初收获上市，播种期在 7 月下旬，9 月下旬定植。

### （二）精整苗床

芹菜为浅根系蔬菜，吸收能力弱，对土壤的水分和养分要求都比较严格。芹菜适宜保水保肥力强。含丰富有机肥的壤土或黏土壤。沙土、砂壤土保水、保肥能力较差，易缺肥水，即肥水流失严重，使芹菜苗质差，抗逆弱。播种前要精细整地，深翻耙平，施足基肥，选择地势高燥、通风良好、排灌方便、土质肥沃的田块作苗床。

整地作畦，畦宽 1.2~1.3 米，施入充分腐熟的有机肥，667 亩 5000 千克，深锄 1~2 遍，使肥土混合均匀，将土耙细，然后用耙子搂平畦面待播种。为防土壤病虫害，667 亩施 0.5 千克多菌灵随肥料拌和均匀撒施。

### （三）浸种催芽

芹菜"种子"，实际上是果实，为双悬果，成熟时沿中缝裂开两半，半果各悬于心皮上。不再开裂。每半果近似于椭圆形，各含一粒种子。果皮外皮革质，含有挥发油，透水性很差，发芽慢而不易出齐。

夏季栽培的因气候炎热导致发芽困难，在生产上应该采取催芽、激素处理等方法来解决。为了防止高温，各地对种子催芽的处理方法也不同。一般最简便的方法是；将浸种后的种子用湿布包好，放在凉处或吊挂于井内离水面 40 厘米左右处催芽。每天用凉水清洗种子 1 次，5~7 天有 80% 左右种子发芽。另外，也可对种子进行激素处理，用 5 微升 / 升的赤霉素，每支 20 毫升加水 4 千克，浸种 12 小时，捞出后待播。经处理的种子可缩短发芽时间，又能提高发芽率。有条件的也可利用变温处理，即将种子浸泡好后，放在 15~18℃温箱内，12 小时后将温度升高到 22~25℃，后经 12 小时后，将温度降到 15~18℃，经过 3 天左右种子就能发芽，即可播种。

冬季栽培的芹菜浸种催芽方法是；先除掉外壳和瘪粒，用清水浸泡 24 小时。若用

60~70℃温水浸种，将温水边倒入边搅拌，直到不烫手为止，浸种 12 小时。浸种后用清水冲洗几次，边洗边用手轻轻搓，搓开去皮，摊开晾种，待种子半干时，装入泥盆用湿布盖严，或用湿布包好埋入盛土的瓦盆内，或掺入体积为种子 5 倍的细砂装入木箱中，置于 15~20℃下催芽，可放在温室或家庭的炕上。芹菜种子发芽是喜光的，所以每天要翻动 2~3 次，为保持湿润每天用清水洗 1 次，一般 5~7 天就可出齐芽。

### （四）精细播种

播种前先打足底水，然后将种子均匀地撒播在床面上，为了均匀，可先用潮湿细砂或白菜籽与芹菜种子混合后再播。为了经济利用苗床，也可与早甘蓝种子混合播种，待甘蓝苗长到 2~3 片真叶时拔出，留芹菜苗继续生长。因芹菜种子小，芽顶土能力较弱，覆土厚度为 0.5 厘米左右为宜，太薄了芽易"烙干"，厚了出土困难。夏季和秋延后栽培一般要选择阴天或午后进行播种。

一般保护设施不同，栽培方式不同，栽培季节不同。靠群体增产，用种量大，所需苗床面积大；靠单株增产，用种量少，所需苗床面积小。冬季和夏季栽培的靠群体增产，每平方米播种量为 20~30g；早春和秋延后栽培的靠单株增产，每平方米播种量为 10g 左右。

### （五）保护设施育苗

芹菜在幼苗期对低温适应能力较强，能耐 –4~–5℃的短时间低温，也能耐 30℃左右的高温。幼苗生长最适温度在 15~23℃，因此生产上可以采取多种保护设施，为芹菜创造一个较为适宜的生长环境，达到反、延季节生产的目的。

南方夏季和秋延后栽培，幼苗期往往会遇到温度高于 25℃的天气，容易灼伤幼苗，浇水不及时也会把芽晒干、晒死；播种后遇上暴雨，易造成土壤板结，使芹菜种子干枯，失去生命活力，所以夏季育苗最好采用遮阳网育苗；秋延后栽培的可采用遮阴覆盖的方法。即在畦上直接覆盖林秸、麦秸和稻草等，或在距离地面 1~1.5 米处搭上支架，上面覆盖遮阴材料形成花荫；有条件的还可以用细竹竿间隔 1~1.2 米插成拱形骨架，上面覆盖旧的塑料薄膜，搭成小拱棚，四周应距离地面 33 厘米，不能封严，以利通风降温；另外也可以与小白菜混播，小白菜出苗快，可替芹菜遮阴，当芹菜苗出齐后，再将小白菜拔掉；也有的在高秧蔬菜架下套种芹菜苗，起到遮阴降温作用。冬季和早春栽培芹菜会遇到低温和霜冻，可采用塑料小棚育苗，出苗前保持温度 15~20℃，齐苗后，白天揭开小拱棚，温度控制在白天 15~20℃，夜间 10~15℃，定植前 10 天左右要加大放风量，并进行适当的炼苗，使幼苗适应外界环境条件。

### （六）塑盘育苗

塑盘育苗能简化移栽方法，减轻劳动强度，达到省工、节本、早发、增效的目的。播种前浸种催芽。苗床选择质地疏松、富含有机质、肥力较高的砂壤土。每 667 亩大田需准备 18 平方米的苗床，比一般苗床育苗节约 32 平方米。苗床施腐熟人粪尿 50 千克和 0.5 千克多菌灵粉剂，掺和均匀，粉碎过筛后，堆在一旁，作为穴盘营养土。播种前先将苗床整平，为防止地下害虫可用 1 千克糖加 0.5 千克玉米面加 0.5 千克大豆面混在一起炒熟后，用 50g 甲胺磷对水 0.5 千克进行拌和，撒施床面。按 1.5m 宽做畦，平铺穴盘，两片一对，横排向前，把穴盘拼整齐、贴实。穴盘选用 561 孔，长 60 厘米，宽 30 厘米，孔径 1.2 厘米，每 667 亩大田需穴盘 80 张。因芹菜种子小，芽顶土能力较弱，先在盘孔中撒 2/3 的营养土，种子可与潮湿细沙混合再播种，每张盘播种 1g，比一般育苗移栽节约种子 200g 左右，播后覆土厚度 0.5 厘米。防杂草用 25% 的除草醚 667 亩 750g 兑水 50 千克喷洒床面。为防止阳光直接照射，暴雨冲出畦面和降低地温，畦面上盖湿稻草，以利早出苗，4 天后出苗揭去稻草。播种后挖好四面沟系，沟深 20 厘米。出苗后沟灌洇水，保持土壤湿润。2 叶 1 心时 80 张盘施尿素 0.5 千克，兑水浇施，移栽前 1 周，80 张盘施尿素 0.5 千克作 "送嫁肥"。适时移栽芹菜，一般在苗高 5~6 厘米、5~6 片叶时移栽。起苗前 2 天盘面不得浇水，使孔中土成团，在起苗时有利根系带土不散落，无明显缓苗期，比一般苗床育苗早 2~3 天活棵。栽时只要把穴盘运到大田，在畦面上可用直径 1.5 厘米，顶端削尖的小木棍戳洞，用 3 只手指轻轻捏住芹菜苗的基部往上提，不能用力过大，防止捏碎芹菜的叶柄。戳洞深不超过 2 厘米，以免造成悬根苗。一般株行距 10 厘米 × 15 厘米，每 667 亩栽 4 万穴左右，每穴 3~4 株。栽后灌水，其他大田管理跟一般育苗移栽的相同。

## 三、适时定植

适时定植是反、延季节高产栽培芹菜的基础。一般当苗高 15 厘米左右、5~6 片真叶、苗龄为 50~60 天时，即可定植。

在时间上一般在严霜过后，当日平均气温稳定在 7℃ 以上时即可定植。定植宜早不宜迟，太晚易引起幼苗徒长，缓苗慢缺苗多。定植后到收获一般只有 50 多天的生长期，所以，在不受冻的原则下尽量早栽以争取有较长的营养生长期，以夺取高产。

定植前要整地做畦，一般提前半个月左右进行，每 667 亩施农家肥 7500 千克，把细搂平，做成 1 米宽的畦。每畦栽 6~7 行，穴距 10 厘米，每穴 4~5 株，边栽边浇水，水要浇足浇透，栽植不能太深，以土不埋住心叶为宜。

秋延后栽培的芹菜在定植前，将前茬作物收获后立即深翻，晒垡 3~5 天。由于秋延后芹菜定植密度大，生长期长达 80~90 天，所以要施足底肥，667 亩施优质有机肥 5000 千克。施肥后要将地耙细整平作畦，畦宽 1~1.7 米。要适时定植，定植过早温度高，缓苗慢。南方定植时间可灵活掌握，北方多在立秋后温度开始下降时定植。定植时最好选阴天或多云天气，以利缓苗。定植前要先把苗畦浇透水，起苗时带主根 4 厘米左右铲断，当主根被切断后，在 4 厘米范围内可发生大量侧根和须根，如主根留得太长，栽植时根易弯曲在土中，不利于侧根的发生，且缓苗慢。定植密度要合理，栽得过密，单株重量下降，品质也差，达不到目的；栽得过稀，虽单株重增加，因单位面积株数少，也达不到高产。必须有一个合理的密度。一般行距 15 厘米左右，株距 10 厘米，每穴双株，667 亩保苗 8 万 ~9 万株。栽植时要深浅适度，以埋住根茎为宜，不要将土埋住心叶，若栽得过深，心叶被浆蒙盖，造成死苗，缓苗也慢，成活率低。随栽随浇水。

冬季栽培芹菜的定植要做好整地作畦工作。一般前茬收获后立即整地作畦，每 667 亩施腐熟优质有机肥 5000 千克，与畦土混合均匀，搂平作畦，南畦埂比北畦埂略低一些，南畦埂高 10 厘米左右，北畦埂高 15 厘米。畦的宽度根据冬季寒冷时覆盖草帘宽度而定，一般 1.5~1.8 米。畦埂是为了便于越冬时覆盖，起到支撑作用，因此畦埂要作好、踩实。定植密度要适当大些，因为越冬芹菜生长经过整个较冷的冬季，到翌年春季经过一段时间生长后采收上市，一直在温度较低的条件下生长，就需要靠较大的群体夺取高产，需要靠大密度增加保险系数，以防越冬死苗。越冬芹菜的密度要大，一般行距为 15 厘米左右，穴距为 6~7 厘米，每穴 2~3 株，667 亩保苗 11 万 ~15 万株。定植后立即浇水促活株。

## 四、保护栽培

### （一）夏遮阳

芹菜定植后生长适宜温度为 15~20℃，温度超过 20℃则生长不良，品质下降，容易发病。另外在芹菜生长过程中要注意昼温、夜温和地温三者适当地组合，掌握白天的气温适当高些，促进芹菜叶片的增加和叶柄的伸长，而夜晚的气温要低些为宜，这样对功能叶增重、叶柄的肥大和根系的发育均有利，地温一般等于或低于昼温较为适宜。据日本学者在气候温室内试验表明：昼温 23℃、夜温 18℃、地温 23℃为芹菜生长最适宜的温度组合。夏季生产芹菜覆盖遮阳网能提高出苗率、成苗率和品质，比不覆盖增产 30%~50%，覆盖架式有大棚、小拱棚、平架三种，覆盖方式有全覆盖（整个棚全盖上网膜）、半覆盖（除棚架四周全盖上网膜）、浮面覆盖（网膜盖在植株上）等，各地可根据气候、环境条件选择运用。在干旱、烈日情况下，以采取全覆盖方法为最好，网（遮阳网）与膜（薄膜）结合，膜在下，网在上，网遮阳，膜避雨，四边可不着地，留一定的距离通风。其中四边的通风距离要低些，防止烈日强光射入。要做到晴天盖，阴天揭。气温高于 30℃时，上午 9 时盖，下午 4 时揭，气温高于 35℃时，全天盖，播种到出苗，移栽到成活连续盖，活棵后看天气情况，进行揭盖。

### （二）冬盖膜

中国北方冬季温度较低，早春 " 倒春寒 " 出现较多，给芹菜生产带来威胁。芹菜幼苗长到 3~4 叶片以后，遇到 10℃以下的低温，历时 10~15 天，如能通过春化阶段，在长日照和高温条件下进行花菜分化，容易出现抽薹，就会影响产量和品质。一般平均气温不低

于 –5℃的地区，不需加保护设施越冬，为了提早上市，可浮面覆盖薄膜，白天揭、夜间盖，促进芹菜生长，一般可增产 10%~30%。气温低于 –10℃的地区需建立小拱棚，用竹片、细竹竿、荆条或直径 6~8 毫米的钢筋等材料，每隔 50 厘米左右一道拱形的骨架，上面覆盖塑料薄膜，夜间温度较低可在薄膜上面加盖草帘、纸被等防寒物，白天吸收太阳光和热，保持棚内温度和湿度。

早春利用小拱棚栽培的定植初期要密闭保温，中午棚内温度较高，由于棚内湿度大，不能产生高温危害，反而可促进缓苗。定植初期以保温为主，一般情况下不必放风。当已有新生的心叶发生时，表明芹菜开始生长，此时应将温度控制在最适于芹菜生长的范围内，白天棚内气温超过 20℃时就要及时放风，将棚顶未黏合处用木棍支成棱形放风口，进行放顶风。注意此时不能放底风，以免冷风直接吹入造成伤苗。随着外界气温的逐渐升高，可逐渐加大放风量，先揭开两端薄膜放风，再进一步从两侧开口放风。当外界气温白天在 18~20℃已适合芹菜生长时，就要选无风晴天全部揭开塑料薄膜大放风，夜间无寒潮时开口放风。经霜期过后，要选阴天早晨或晚上光照较弱时撤掉小拱棚。

## 五、软化栽培

芹菜软化栽培是培土软化，经过软化后的芹菜，叶柄柔嫩，气味减淡，质地细脆，食之口感好、品质佳。

软化栽培多在秋季进行，育苗、定植及田间管理与秋芹菜大致相同。只是定植时要沟栽，加大行距，即行距 30~40 厘米，株距 5~7 厘米。由于行距大，既促进了单株生长，又发挥了群体增产潜力。

芹菜软化栽培关键是培土时间要适宜，过早培土因气温高易腐烂。一般月平均气温降到 10℃左右，植株高度在 25 厘米左右时开始培土，因培土后不再浇水，故在培土前要连续浇 3 次大水，供培土后植株旺盛生长对水分的需要。上午或阴雨天叶面如培土，因有露水易造成植株腐烂，所以要选择晴天下午叶面上没有水时进行培土。所用的土要细碎，没有土块杂质，也不能混入粪肥，以免引起腐烂，每隔 2~3 天培一次土，一般要培土 4~5 次，每次培土厚度以不盖住心叶为宜，最后培土总厚度为 17~20 厘米，沟栽行距宽的总厚度可达 30 厘米左右。经过软化栽培的芹菜，叶柄变得白嫩，品质提高，同时培土还具有防寒作用，可以适当延迟采收期，增加产量。

## 六、大田管理技术

芹菜大田管理措施得当，才能不缺苗，发苗快，发根多，达到按期生长，提早采收，达到得高产的目的。

早春栽培的定植初期由于温度不够稳定，定植时要浇透水，加强中耕保墒，提高地温。中耕要细而均匀，以使土壤疏松，通气性好，促进根系生长。结合中耕要拔除杂草，除草要干净，带根拔掉，以免消耗养分。缓苗后要浇一次缓苗水，由于早春芹菜定植后生长时间短，不要蹲苗。灌水后要适时松土，促进生长。当植株高 30 厘米。基本已达封垄时，芹菜生长速度明显加快，叶柄迅速肥大，外界气温也逐渐变暖，较适宜芹菜生长，这时要肥水齐攻，促进芹菜营养生长。因芹菜喜水喜肥，春季随着气温升高，空气和土壤都较干燥，如果肥水不足，营养生长速度减慢，易引起提早抽薹，影响品质，降低产量，所以要掌握追肥灌水的最佳时期。追肥时将塑料薄膜揭开，大放风，待芹菜叶片上露水散去后，每 667 亩撒施尿素 15 千克左右，追肥后用帚把叶片上化肥抖掉，以防烧苗。追肥后应立即灌水。经过追肥灌水后，芹菜生长很快，以后再不能缺水干旱，开始每隔 3~5 天浇 1 次水，两次后就改为 2 天浇 1 次水，始终保持畦面湿润，也可适当再追 1~2 次肥，以促进生长，满足其对养分的需求。

夏季栽培芹菜大田管理要覆盖遮阳网或搭凉棚，可防止或减轻夏季高温、强光、暴雨等不利气候条件的影响，确保芹菜正常生长。当气温高时，可利用早晚浇灌井水降温，在苗高 20 厘米时每 667 亩施尿素 15~20 千克，尽量不浇人粪尿，避免烂根。若芹菜受到大暴雨冲刷而露出白根，应及时撒盖一层营养土保根，防止太阳暴晒根部，造成僵苗不长。芹菜生长后期要逐渐撤掉遮阳物。

秋延后栽培的芹菜定植以后的田间管理主要采取先控后促的措施，即前期蹲苗控制地上部分生长，促进发根，后期肥水齐攻，获得高产。芹菜定植后 15~20 天不追肥，保持土壤湿润，小水勤浇，降低地温，可 2~3 天浇 1 次水，遇雨天要及时排水降渍。进入旺盛生长前 20 天必须进行蹲苗，为旺盛生长打基础。这段时间主要进行中耕、锄草，控制浇水，促进新根的发生，使根部下扎，心叶分化加速。如果水分过多，会引起徒长，心叶不粗壮，且易发病。若植株表现缺肥，可追一次捉苗肥，每 667 亩可施硫酸铵 10 千克或腐熟的人粪尿 500 千克左右，若发现病害应及时防治。进入旺盛生长期，此期约为 50~60 天，是形成产量的关键时期，因此要肥水齐放，促进营养生长。施肥以氮肥为主，适当配合磷钾肥。第一次每 667 亩追施硫酸铵 15~20 千克，然后浇 1 次水，10 天后每 667 亩可随水施人粪尿 750~1000 千克，10~15 天再追一次硫酸铵，并适当追施钾肥、磷肥各 10 千克左右。然后浇水，水要适时浇灌，前期 2~3 天浇 1 次。后期天气渐凉，4~5 天浇 1 次水，灌水量可适当减少，以免地温过低，不利于叶柄肥大。

冬季栽培的芹菜定植后 4~5 天浇 1 次缓苗水，浇水后待地表已干，土壤不粘时进行中耕松土，增加土壤的通气性，利于发根，促进缓苗。缓苗后进行 7~10 天的蹲苗，即停止浇水，中耕拔草。当芹菜植株粗壮，叶片颜色浓，产生大量新根后再浇水，每 7 天左右浇 1 次水，保持地表见干见湿。定植后 1 个月左右，植株高 30 厘米左右时，根群已比较庞大，根的吸收能力增强。叶柄开始迅速生长，此时既要防止高温干旱，又要防止低温和过于潮湿。夜间有露水时。易发生病害，使生长发育不良，降低品质。随着外界气温的下降，当气温达 18~20℃时，最适宜芹菜生长，此时要肥水齐放，每隔 4~5 天浇 1 次大水，要浇足浇透。因外界气温较低，棚内气温也随之下降，因扣塑料薄膜水分蒸发量较少。扣塑料薄膜后一般不浇水，如果发现干旱可在中午前后浇水，在收获前 7~8 天浇最后一次水，有利于叶柄生长充实。防止叶柄老化，提高鲜度。结合灌水适当追肥蹲苗结束后，追 1~2 次化肥或稀粪作提苗肥。667 亩施硫酸铵 15 千克或碳酸氢铵 20 千克，植株高 30 厘米进入盛生长期时，多施两次肥，667 亩施硫酸铵 20~25 千克或碳酸氢铵 25~30 千克，也可追施浓粪水，间隔10 天后再以同样量追施 1 次肥。扣棚时追 1 次稀粪或化肥，667 亩每次尿素 20 千克左右。追施碳酸氢铵和尿素时，要注意通风，以防氨气中毒。后期叶片黄化转淡时，可对叶片进行喷肥，用 0.1% 尿素液肥均匀地喷洒叶面。

# 第三节　西瓜反延季节高产栽培技术

西瓜原产于热带，喜高温、空气干燥、阳光充足的气候条件。早春气温低，空气湿度大；而秋延后温度逐渐降低，达不到西瓜生长发育的要求。通过保护设施创造适宜西瓜生长发育的气候要求，从而达到早上市和延长供应期，夺取较高的经济效益。

## 一、播种与嫁接

### （一）播种期

特早熟栽培，必须提前播种，大苗移栽，提前定植。播种期可提早到 2 月中下旬，2月份气温低，若采用一般的冷床育苗，不能保证秧苗对温度条件的要求，所以育苗的成功率低。根据当地条件，采用大棚套小棚苗床，通过两层覆盖，提高保温能力。苗床大棚的跨度约 4 米，高 1.6~1.8 米，其间纵向做两个 1.6 米宽的小拱棚，覆盖两层塑料薄膜，床底挖深约 30 厘米的床孔，垫装猪、牛、羊鲜厩肥、垃圾，利用生物酿热或铺电热线加温，电热线的功率 120 瓦 / 平方米。大棚套小棚的日平均温度和最低温度均比小棚高 3~5℃，由于容积大，温度比较稳定，特别是可防止夜间低温和冻害影响。在严寒期间还可于小棚上覆盖草帘保温，提高地温，保证西瓜苗对温度条件的需要。据试验，2 月 11 日地温可达 16.3℃，2 月下旬棚温达 13.7℃时 5 厘米的地温为 22.4℃，从而西瓜可以安全播种和出苗。

早熟栽培的苗床选避风、向阳、排水良好的地方，大棚宽 3.7 米，东西向，北侧筑高约 50 厘米的土墙防风，用小竹竿作拱架，覆膜宽 5 米，其间设置宽 1.3 米的小拱棚，小棚间留 50 厘米走道，小棚离大棚 25~30 厘米，有利于保温。如有条件，育苗营养钵用长33 厘米、宽 12 厘米废膜缝制成直径 10 厘米，高 12 厘米的无底钵。营养土以风化过筛的稻田表土，加 10%~15% 腐熟猪粪，加 0.5%~0.8% 过磷酸钙，加人粪尿，在播种前 1 个月堆制而成。装钵时应掌握营养土的湿度，钵底应揿实使钵形固定，防止移植时破碎伤根，上面要松，以利种子出土。苗床在排放营养钵前洒 800 倍敌百虫液，杀死蚯蚓等地下害虫，然后铺一层旧报纸，防止根伸入底土中，钵要排平，使水分一致，出苗整齐。种子以 55℃温水浸种约半个小时，在常温下再浸 2~4 个小时。在 30℃条件下催芽，以湿砂做发芽床，防止湿度过高。露白时播种，一般 3 月上旬播种。播种前将苗床浇透，播种时种子平放，胚根向下，其上覆约 0.5 厘米的松土，盖地膜，再严密盖好环棚，夜间在小拱棚上盖草帘保温，待 50% 出苗后将地膜抽去，苗期通过温度的调控、光照等管理，提高秧苗的素质和适应性，是早熟高产栽培的关键。

秋延后栽培的秋西瓜，只有在适宜的生长季节里，适当提前播种，既能充分利用生长季节的温光资源，又能保证成熟。不同地区气候条件不同，播种期也不同，为了稳妥起见，可提早到 7 月上旬。适当早播是增大果形，增加单瓜种子数和千粒重的关键。秋延后栽培西瓜播种期间雨水较多，直播难以保苗，多采用育苗移栽，集中育苗可以改善环境条件，适当提前播种，争取生长季节。夏季气温高，幼苗生长迅速，容易出现徒长，因此应严格控制水分，同时在苗床上搭倾斜棚架，盖塑料薄膜防雨，出苗初期盖草帘子，防止强光曝晒（上午 10 时至下午 3 时）。苗龄不宜过大，以 15~20 天 2 叶 1 心带土移栽为宜。

### （二）嫁接技术

枯萎病是西瓜生产的大敌，瓜田一旦发生枯萎病，轻者减产，重者全田覆灭。利用葫芦、南瓜根系具有抗枯萎病的特性，把西瓜苗嫁接在葫芦或南瓜等砧木上，可以有效地防止枯萎病的发生，从而使西瓜的连作重茬成为可能。

通过试验，连茬 3 年的发病率为 19%，667 亩产 2100 千克；连茬 4 年的发病率为 23%，667 亩产 1600 千克；连茬 5 年的发病率为 26%，667 亩产 1750 千克；连茬 6 年的发病率为 52%，667 亩产 450 千克。通过对比试验，嫁接苗田未发现病株，单瓜平均重 4.75 千克，667 亩产 3888 千克；自根苗枯萎病率为 52%，单瓜平均重 4.05 千克，667 亩产 2120 千克，嫁接可增产 83.4%，可溶性固形物增加 11.23%，无异味。

西瓜嫁接在葫芦或南瓜砧木上，改变了原来的特性，特别是生长前期，由于砧木的吸肥力强，加速了生长，从而可节省苗期的施肥量，葫芦砧少施肥 25%，南瓜砧少施 30%~40%，嫁接苗提高了耐低温的能力，加速前期生长、即使在不发病的情况下，亦可增产 17.3%~58.1%，这对前期生长缓慢的四倍体西瓜和无籽西瓜的增产效果更为显著。

（1）砧木的选择。砧木应具有抗枯萎病能力，与接穗西瓜的亲和能力强，使嫁接苗能顺利生长结果，对果实的品质无不良影响，还要求嫁接时操作方便，据试验和实际应用的结果，砧木应以葫芦和南瓜为主。

（2）嫁接方法。按秧苗的状态，可以分为子叶苗嫁接和成苗嫁接，以子叶苗为主，嫁接方法有顶插接、劈接、靠插接等。顶插接操作方便，成活率高，工效高，其嫁接方法如下：先用刀片削除砧木的生长点，然后用竹签（粗度与接穗下胚轴相近，断面半圆形，先端渐尖）在砧木切口斜戳深约 1 厘米的小孔,取接穗于子叶节向下削成长约 1 厘米的楔形面,插入砧木的孔中即成。接穗的子叶方向应与砧木子叶一致,利用砧木子叶承托接穗。砧木苗以真叶出现时嫁接为宜,南瓜砧中腔出现早。宜小些,葫芦破则可以适当大些;西瓜接穗苗以子叶充分开展时为宜,为使砧木和接穗适期相遇,砧木种子应提前 5~7 天播种,出苗后移植于钵中,并于砧木移植的同时播种经催芽作接穗用的西瓜种子,7~10 天后嫁接。顶插接适用于葫芦砧,砧木和接穗均为培养下胚轴粗壮的健苗,以提高成活率。因为接穗不带白根,故应加强管理,否则接穗凋萎,影响成活。

（3）嫁接苗的管理。精心管理嫁接苗,是取得成活的关键,特别是最初 5 天的环境条件,对接口的愈合和促进嫁接苗的生长关系很大。

温度:刚嫁接苗白天温度保持 26~28℃,并遮光防止高温,夜间覆盖保温 24~25℃。随着嫁接苗的成活,3~4 天后通风逐渐增加,逐步降低温度,1 周后白天温度 23~24℃,夜间 18~20℃。土温 24℃,定植前 1 周降至 13~15℃。

湿度:减少接穗水分蒸腾量到最小的程度,是提高成活率的决定因素,嫁接前 1~2 天要充分浇水,嫁接后密闭塑料棚,使空气湿度达饱和状态,不必换气。3~4 天嫁接苗进入融合期,这时既要防止接穗凋萎,又要让嫁接苗逐渐接受外界条件,可在清晨、傍晚湿度较高时换气,并逐渐增加通风时间和通风量,10 天后按一般苗床管理。

遮光:嫁接苗最初几天,应于苗床上覆草帘遮光,以免高温和直射光引起接穗凋萎,2~3 天后在早上、傍晚除去覆盖物接受散射光,逐渐增加见光时间,1 周后只在中午前后遮光,10 天后恢复到一般苗床管理。遮光时间过长会影响嫁接苗的生育,对生长不利。在管理中应认真细致、合理调控。

砧木在嫁接时虽切去生长点,但在子叶节仍可萌发不定芽,这些不定芽生长迅速,常与接穗争夺养分,影响嫁接苗的成活。要随时切除这些不定芽,以保证接穗的正常生长。除萌芽操作要注意不损伤子叶和松动接穗。

## 二、早熟栽培

早熟栽培可采用大棚套小棚、小棚和平铺地膜、地膜覆盖等措施,充分利用当地的温光等自然资源,通过精细的栽培管理,熟期在南方由过去的 7 月中上旬提前到 5 月底 6 月初,经济效益明显提高。由于生育期提前,可以在梅雨以前坐果,从而增强了抗御自然灾害的能力,这是长江中下游多雨地区早熟、丰产、稳产的一项重要措施,同时早熟栽培提前腾茬插晚稻,对保证粮食生产有一定的积极作用。西瓜早熟栽培促进了农业耕作制度的改变,在原有麦、稻两熟基础上,初步形成了麦—瓜—晚稻新的耕作模式,进一步提高了农田的利用率,取得了明显的经济效益、社会效益和农田生态效益。

## （一）特早熟栽培

特早熟栽培提前到 2 月中下旬，在比较寒冷的季节播种，为了保温育苗，改用大（中）棚套小棚和提高土壤温度的苗床，定植后为了避免低温袭击，在小棚中再覆盖小棚及地膜。

特早熟栽培的移栽期一般在 3 月上旬，当时气温和地温均比较低，应选择晴天移栽以利根系生长，定植后搭好简易棚，以长约 1 米的竹片做成拱棚，其上覆盖幅宽约 1 米的地膜，简易棚宽 70~80 厘米，高约 30 厘米，再在瓜垄搭上小拱棚，幅宽 1.2~1.4 米，高约 60~70 厘米，上覆幅宽 2 米的农用薄膜，然后棚架用绳网固定防风。

定植以后主要是利用日光能及保温措施来提高棚温，缩短缓苗期，加速生长。当棚温达 30℃ 以上时就可适当通风。4 月初晴天中午应适当通风，降低空气湿度增加光线的透过率，提高秧苗的素质，但阴天和夜间仍以覆盖保温为主，以后随着气温的回升逐渐增加通风面和通风时间，4 月中旬前后气温稳定在 15℃ 以上，瓜蔓伸长，出现雌花，可以拆除棚上的地膜。5 月上旬气温达 17.5℃，已基本满足西瓜生长对温度条件的要求，晴天可将小棚两侧的薄膜向顶部卷起，夜间则依瓜苗生长状态而定，如植株生长旺盛。夜间就不必覆盖，以适当降温使其正常生长。如植株生育缓慢，则夜间要继续覆膜，以促进生长。降雨天应放下薄膜防雨。5 月中旬以后，植株已全部坐果，则应全部拆除小拱棚的棚架和薄膜。

除正常的温度管理外，应随时注意当地气象预报，以防夜温过低而造成冻害。必要时可在棚上再覆盖干草提高保温能力。同时，要检查防风网，避免大风掀膜，在暖晴天，有时棚温高达 40℃ 以上，极易灼伤植株，可临时用乱草遮阴降温。在通风降温的同时，棚内温度条件变化很大，一般在温度较低密闭条件下湿度较高，而升温后增加通风量时湿度急剧降低，易伤害秧苗。据观察，在气温 40℃ 密闭条件下，空气湿度在 60% 以上时，植株仍能维持正常生长。在连续阴雨天气放晴时，应在上午 9 时前揭膜通风，切忌在中午前后仓促通风，因这时通风棚内水汽大量散失，湿度迅速下降，致使秧苗失水伤苗。

## （二）早熟栽培

早熟栽培是采用小拱棚加地膜平铺或地膜覆盖，提前了播种育苗季节，一般 3 月上旬播种，气温已经比较高。采用一般的小拱棚冷床育苗就可以了。但是，育苗期间气候条件比较恶劣，双膜覆盖光照条件较差，空气湿度较高，容易出现幼苗徒长和发生病害。应加强育苗期间的管理。

早熟栽培 4 月上中旬移栽，当时的气温和地温比较高，小拱棚栽培一般只盖一层塑料薄膜即可，小棚的宽度 1 米，其上覆盖厚 0.05~0.3 毫米的地膜，每 667 亩用膜量仅需 4 千克。前期以保温为主，但最高不能超过 35℃，由于早熟栽培是单层覆盖，小棚保温能力差。前期可在拱棚上覆盖草帘保温，通风管理应根据天气、秧苗的状况，灵活掌握。当夜间温度稳定超过 20℃ 时，可昼夜通风，5 月下旬拆除棚架和薄膜，并做好理藤压藤工作。

## 三、秋延后栽培

秋延后栽培的秋西瓜是指夏季播种秋季收获，亦称夏种西瓜。发展秋西瓜生产，延长供应季节，增加中秋、国庆节期间果品种类，对于发展农村商品生产、活跃市场具有一定的意义。秋西瓜一般 667 亩产量 1500~2000 千克，当时气候温暖，又适逢节日，市场有一定的消费量。

夏季播种的光、温条件完全可以满足西瓜生育需要，但是此时正值北方地区的雨季，对西瓜出苗及前期生长带来不利影响，而在长江中下游地区都是高温干旱季节，如持续时间长，则易诱发病毒病，而且夜温高，昼夜温差小，生长较纤弱，并易遭台风暴雨的袭击，生长很不稳定。生长季节内的温度变化是由高到低，果实膨大期间的气温较低，生长和成熟缓慢。在栽培上前期应避开高温雨季（干旱）的影响，后期应防止低温。播种育苗要防雨防强光曝晒，移栽时要覆盖银灰色地膜，能保墒、防雨、提高土温、驱避蚜虫，减少病毒病的传播和发生，银灰色膜反光，可改善植株的光照状况。

种植西瓜的田块应地势较高、干燥、排水通畅。西瓜是深根作物，为了充分发挥其增产潜力，一般瓜田均进行深翻，但是深翻的程度与时间则视各地具体情况而定。北方瓜地一般头年作物收获后即用拖拉机耕翻，深约 30 厘米，墒情较差的砂地深挖瓜沟，深约 70 厘米，以便改土和冬季蓄水，开春后酌情趁下雨、下雪或灌水后耙糖保墒，头年不开瓜沟的瓜地，通常都在播种或定植前结合施基肥，于瓜行内进行一次深翻，深约 20~30 厘米；南方瓜地一般均套作，它的深翻就必须在越冬作物播种前进行，行间留出瓜路，在移栽前结合施基肥进行一次人工耕翻。

特早熟栽培畦宽 4~4.5 米，东西向，两侧各种宽 1.2~1.5 米的麦或菜，中间 1.5~2 米为预留瓜行，冬季开好排水沟，瓜行要耕翻 2~3 次以疏松土壤，早春 667 亩施优质猪圈肥 1500~2000 千克、过磷酸钙 15 千克、硫酸钾 15 千克或草木灰 75 千克，与土翻到均匀，上面再覆熟土，做成高约 30 厘米的瓜垄，畦面再泼浇人粪尿 667 亩 1500~2000 千克，栽前 1 周，当田间水分适宜时，把瓜垄表土翻到耙平，立即覆盖地膜，以吸收热量增加地温。

早熟栽培的冬前做好畦，畦宽 3 米，两侧种麦或叶菜，中间留 1.5 米宽的瓜路，冬翻冻土，春翻晒土。基肥在瓜路中开沟条施，667 亩施猪杂肥 1500 千克，过磷酸钙 40~50 千克，钾肥 10 千克，尿素 5 千克，然后做成公路式，等待移栽。

秋延后栽培的西瓜地前茬收获后 667 亩施杂肥 4000~6000 千克，复合肥 50 千克，用多菌灵、托布津或敌克松等杀菌剂配成 1∶50 的毒土、毒谷 1.5 千克施后翻均匀，然后做畦，每间隔 1.6 米做成高 9~10 厘米、宽 60~70 厘米的高畦[①]。

## 四、适时移栽

① 张小锋，苏恒山，苏生平，徐红，陈秀红，朱素芹. 秋冬西瓜栽培技术 [J]. 科学种养，2019（11）：22-23.

特早熟栽培移栽适期在 3 月上旬，当时气温和地温比较低，应选择晴天移栽，有利根系的生长。在地膜上单行种植，株距 75 厘米，每公顷 9750 株。

早熟栽培在 4 月上旬移栽，当时气温和地温比较高，一般采用双行三角形定植，瓜苗栽在各距中央 15 厘米处，以利用小棚温度、光照条件的最优位置，株距因品种不同而定，早熟品种 45 厘米，每公顷 9750 株，早中熟品种 50 厘米，每公顷栽 9000 株。

秋延后栽培的西瓜苗龄不宜过大，以 15~20 天具有 2 叶 1 心时带土移栽，瓜苗前期生长快，分枝较少，可以较早熟栽培密度大一些，一般 667 亩栽 700~800 株为宜。

## 五、科学追肥

西瓜对氮、磷、钾三要素的吸收，基本上与植株干重的增长相一致。发芽期吸肥量少，幼苗期吸收量仅占全生育期总吸收量的 0.54%；抽蔓期茎叶干重迅速增长，矿质营养吸收相应增加，占全生育期总吸收量的 14.66%；坐果期、果实生长期吸收量最大，占全生育期总吸收量的 84.78%，日平均吸收量最高，度瓤期由于基部衰老及器官中三要素含量降低，使吸收量成为负值。

西瓜对氮、磷、钾三要素吸收，以钾最多，氮次之，磷最少。据测定，三者的比例为 3.28：1：4.33。

不同生育期对三要素的吸收是不同的。氮的吸收较早，伸蔓期迅速增加，果实膨大期达吸收高峰；钾在前期吸收较少，果实膨大期急剧上升。磷在初期吸收较高，吸收高峰出现较早，在伸蔓期已趋于平稳，果实膨大期降低。磷促进根系生长和促进花芽的分化，应注意苗床及前期增加磷肥，植株不同部位三要素含量不同，营养生长阶段叶片含氮量较高，钾较少，茎、叶柄中以钾为高，氮较少。随着株龄增加，茎叶中磷含量略有增加，氮略减少，钾明显减少。子房膨大，果实中含钾量急增，说明果实膨大需要较多钾素营养。

西瓜需肥量较高，可根据西瓜吸肥规律、土壤的肥力和计划产量来确定施肥量。同时应考虑到气候条件、品种与植株的状况。

氮肥对西瓜的产量和品质有直接影响，据试验，在施用基肥的基础上，以 667 亩施氮肥 18 千克的产量最高。施用量过多，结果减少，产量降低，果实的可溶性固形物明显下降，品质降低。对于氮肥的施用量应严格控制。施用钾肥可以显著提高西瓜的含糖量，改善品质，并提高植株的抗病性，从而增加产量，磷对西瓜有增产和改进果实品质的作用。

总的施肥原则是轻施苗肥，巧施出藤肥，重施结瓜肥。特早熟栽培在 4 月中旬除棚时，施 1 次重肥，667 亩施畜禽肥 1500~2000 千克，磷、钾肥各 15 千克，于瓜垄两侧，距根约 1 米外开沟施入，4 月上旬至 5 月上旬，天气晴好，雨日和雨量也比较少，对西瓜的生长十分有利，植株生长迅速，并进入现蕾和开花坐果阶段，此时应注重保持土壤湿度，适当浇水，当头一批瓜鸡蛋大时，施好膨瓜肥，一般 667 亩施 1500~2000 千克清水粪或猪尿，每 100 千克加尿素 0.4 千克，距根约 1 米处浇下，湿度视土壤湿度灵活掌握，膨瓜肥应掌握先结后施，多结多施的原则。早熟栽培的有地膜覆盖苗期一般不施肥，而不覆盖地膜的在定植后 3~5 天施 10% 的人粪尿共 2~3 次，以促进生长。当植株倒蔓时，根据长势巧施出藤肥，如长势正常可不施肥，如长势较差，有缺肥现象时，在距根 20 厘米以外施肥，667 亩施优质禽畜粪 300~400 千克。植株大量开花时，应严格控制肥水，以控制植株的生长势头，同时及时理蔓，使叶片分布均匀，提高同化效能，并适当剪除部分弱枝，当主蔓第二雌花开放时，进行人工辅助授粉，争取早结果，多结果。

幼果有鸡蛋大小时应施重肥，以促进果实的膨大，结果肥以速效氮肥为主，可以配合少量的钾肥，用量每 667 亩 10~15 千克尿素，与人粪尿混合施用，有条件的可在 1 周后再施 1 次，5 月中旬降水量少，可根据土壤湿度适量浇水，必要时可结合浇水施 1 次清水粪，在果实成熟期间停止施肥，以提高品质，但采取延长结果的地块，则应在头批瓜采收后，按一般的要求施肥。

## 六、田间管理措施

田间管理主要包括土壤管理与地上部植株管理两个部分。中耕、除草、施肥、浇水等属于土壤管理。整枝、压蔓、果实管理属于地上部分管理。植株管理是通过对西瓜植株的蔓、叶、果等的调整管理，使植株得以正常稳健生长和果实得以充分发育膨大，从而获得产量高、品质好的瓜。

### （一）整枝

西瓜的腋芽萌发力很强，很容易发权。如果放任不管，因枝权太多，耗费大量养分。若肥力不足，必然会引起瓜小、产量低、品质差的不良结果，所以必须进行不同程度的整枝管理。整枝的方式都可以用，目前南北各地应用最广泛的是双事整枝和三喜整枝。双喜整枝多是一主一副，即除主蔓外在基部选留一健壮侧蔓，其余侧枝全部摘除，这种方式多在早熟栽培上应用。三蔓整枝通常都是一主两副，除主蔓外在基部选留两条健壮侧蔓，其余侧蔓全部摘除，这种方式多在露地中晚熟栽培上应用。不论是双蔓整枝还是三蔓整枝，当果实坐稳后，植株体内养分集中往果实中运转时，枝蔓顶端生长已很缓慢，不会消耗大量养分，此时一般均停止整枝打权工作。

### （二）压蔓

压蔓方法有两种：明压一般在土壤湿度较大的黏质土壤上进行，通常用压土块或加树枝或用塑料夹卡的办法，一般每隔 20~30 厘米压 1 次，暗压常在砂地或旱地上采用，一般用压瓜铲开沟后，先把瓜蔓拉直，再把瓜蔓放入沟内，将沟土挤紧压实即可，亦有采用较简单的暗压方法，即先在压蔓处挖一小穴，把瓜蔓放入穴内，再盖土压紧，压时应注意不要把雌花压入土内。

## （三）果实管理

西瓜果实发育过程中，经常会发生一些不正常果实，这往往是生理原因引起的，果实发扁、果皮加厚，这是由于留瓜部位太近和果实膨大期遇到低温所引起的，主蔓上第一雌花所结的果，经常发生这种现象，小拱棚和大棚栽培经常会遇到低温，故也常发生此种现象。长形品种的果实经常会出现一头大一头小的葫芦形瓜，在肥水供应不足和坐瓜节过远时常会发生，偏头畸形瓜往往是在人工授粉时三裂柱头上授粉不均匀引起的。裂果与品种有关，但根本原因是在果实接近成熟前土壤水分骤变引起，下大雨或久旱后突然灌大水，极易引起裂果。空洞果主要是在果实发育期内遇到15℃以下过低气温所造成的，所以在早熟栽培上容易发生，果肉变质的黑肉果，在烈日下曝晒，果温过高时易发生。

## （四）坐果部位

西瓜的坐果节位与果形的大小有直接关系。主蔓上第一朵雌花形成的果实，果形小，形状不圆整，皮厚，一般不留用，而高节位的远藤瓜成熟期较晚，同时由于生长旺盛造成坐果困难，无法挽救，生产上多采用主蔓上第二、第三雌花结果，大致的节位为15~25节，距根部80~100厘米，留瓜节位与品种、栽培方式、坐果期气候条件及植株生长状况有关。早熟品种雌花发生较早，如作早熟栽培，通常选留10~15节主蔓上第二雌花。中熟品种露地栽培，雌花出现节位较高，以果形大又以丰产为目的。要考虑到主蔓上第三雌花果形最大，如第三雌花不能及时坐果。以后形成的果实又变小，因此为争取主动起见，选留主蔓15~25节第二或第三雌花结果。坐果期气候条件适宜，坐果后无不利因素影响果实发育，适当地推迟结果，可以增大果形，提高产量。南方坐果期在梅雨季节，为了争取带瓜入梅，坐果节位应适当提前；北方地区后期雨水较多，影响生长，坐果节位亦应相应提前。

关于植株的生长势与坐果的关系，前期生长势弱容易坐果，但果形小，为了促进营养生长，坐果节位可适当高些。反之，长势旺盛的则应提前结果。出现徒长的植株，可以促进低节位坐果，抑制其生长势，当适当部位结果后，摘除基部的果实。此外，可以通过整枝调节生长势，促进坐果。

## （五）促进坐果

西瓜是异花授粉作物，在自然条件下靠昆虫传播花粉，早期开放的雌花因处于较低温度条件下，昆虫活动少，影响授粉结实，采用人工辅助授粉可显著提高结果率。授粉的方法是当理想坐果部位雌花开放时，清晨采摘当天能开放的雄花蕾，置于小盒里让其自然开放，田间雌花开放时雄花亦开放，剥除雄花花冠，将扭曲的花药涂抹在雌蕊的柱头上。每果雄花可授粉2~3朵雌花，授粉时应注意不碰伤子房，以免影响结果。授粉的时间宜早，因刚开放的雌花花粉量多，生命力强，结果率高。10时以后柱头分泌黏液，影响授粉结果。人工辅助授粉的成功率与当时气候条件及子房的状态有关，晴天授粉结实率高达83%，阴天结实率只有 30%。雌花蕾发育好，表现为花柄较粗、子房大、外形正常，色泽鲜绿具光泽，子房密生茸毛，人工辅助授粉后容易坐果。雌花柄细、子房小而瘦弱的坐果率较低。当气温上升，西瓜花器发育正常，昆虫活动频繁，自然坐果率很高，人工辅助授粉就没有必要了，而在低温、阴雨或植株生长势旺时，则应采用人工辅助授粉。

雨天套防雨袋、纸袋授粉也有一定效果，方法是清晨雌花开放前，套小纸筒防雨，同时采摘雄花蕾移至室内存放，田间雌花同时开放，除去防雨袋授粉，然后再套上纸筒防雨，授粉后 4~5 小时无暴雨冲去防雨袋，部分雌花就能结果。

# 第十三章　果蔬无土栽培技术

## 第一节　无土栽培设施形式与类型

无土栽培的类型和方式都可以用，目前国际上没有统一的分类方法。若按照是否使用固体基质固定作物根系，可分为基质栽培和无基质栽培（确切地说是分为固体基质栽培和液体基质栽培）。某些特殊类型，如：鲁 SC 系统，根系的上半部固定于固体基质中，下半部伸入营养液中，称之为半基质栽培。若按其消耗能源多少和使用肥料的性质及其对环境生态条件的影响，可分为无机耗能型和有机生态型无土栽培。

### 一、无基质栽培

这种栽培方法，除了育苗阶段大都需用同体基质育苗以外，定植后不需要任何固态基质。其实"无基质"是说不使用"固体基质"而使用"液体基质"即"水"来进行栽培，它又可分为两大类：

#### （一）水培

定植后，作物根系一部分或大部分浸没于营养液中，这种根系与营养液直接接触的栽培方法，叫作营养液栽培，通常称之"水培"。水培种类都可以用，我国常用的有：营养液膜栽培法、深液流法和浮板毛管法等等。

#### （二）喷雾栽培

它是用高压喷雾的方法，将营养液直接喷射到作物根系上供其吸收利用的一种栽培方法，简称雾培或气培。通常用聚丙烯或聚苯乙烯泡沫板做成箱形栽培床，在箱顶面的定植板上，按一定距离钻孔，将作物根部插入定植孔内，根系下垂悬挂于雾培箱上部空间，根系下方安装定时自动向上喷雾的装置，每隔 3 分钟喷雾 30 秒（营养液循环利用），这种方法可同时为作物提供充足的水分、矿质、营养元素和氧气，使植株生长迅速。但因设备投资大，目前生产上很少应用，除科研和教学外，大多只在展览大厅上展览使用。

## 二、基质栽培

基质栽培是在一定容器内，将作物的根系用固体基质予以包埋固定，使之通过基质吸收营养液和氧气的一种栽培方法，如：槽培、袋培，等等。

基质栽培又分为无机基质栽培和有机基质栽培两大类。

### （一）无机基质栽培

无机基质种类都可以用，如：河砂、炉渣、泡沫塑料、岩棉、珍珠岩和蛭石等。目前，国外应用最广泛的首推岩棉，在西欧北美基质栽培中占绝大多数。其实，河砂是世界上应用最早的无土栽培基质之一，现在有不少地区还在应用。在我国北方的无土栽培中，炉渣的应用越来越广泛。珍珠岩与蛭石也是常用的基质。我国农用岩棉制造技术尚不成熟，用岩棉作基质需从国外进口，花费太大，很少应用。泡沫塑料虽为有机化学工业产品，但它不会被微生物分解利用，习惯上把它列为无机基质。如此划分的还有：硅胶、脲醛、环氧树脂等。

### （二）有机基质栽培

草炭、锯末、刨花、树皮、稻壳、棉籽壳、菇渣、甘蔗渣和椰子壳纤维等，均可作为无土栽培基质。但是锯末之类使用之前必须经过堆沤发酵处理，使其理化性质稳定，方可安全使用。

各种基质可以单独使用，也可以混合使用。尤其有机基质和无机基质混合，可以增进使用效果。基质栽培的最大特点是，基质能够固定作物根系，储存并向作物供应营养液和空气。而且在多数情况下基质中水、肥、气的比例协调，供应充分，能为作物提供良好的根基环境，使其生产性能良好而稳定。

## 三、半基质栽培

栽培容器中，基质在上部，营养液在下部，两者之间相隔一定空间，基质、营养液和空间各占一定比例，如：鲁SC系统，根系的上半部固定于基质中，下半部伸入营养液中，故称之为半基质栽培。其特点是保持了基质栽培中基质对供液的缓冲作用，又能使作物根系得到充足的营养液和空气。

## 四、有机生态型无土栽培

有机生态型无土栽培是一种基质栽培，但是它直接使用固态有机肥代替化肥配制的营养液，灌溉时只浇清水，排出液对环境没有污染，而且能避免产品亚硝酸盐含量超标，可生产出合格的"绿色食品"。

前面讲过，无土栽培以其本身具有的节肥、节水、节省劳力、高产优质和防病虫等特点，在西方发达国家已经成为蔬菜、花卉等园艺作物工厂化生产的主要形式。2000年，欧共体国家温室作物生产已按规定全部实现了无土栽培化。但是国外无土栽培均采用化肥配制的营养液灌溉作物，成本高、技术要求高、操作难度大，而且对环境有污染，因此严重阻碍了这一技术在我国的推广应用。针对上述情况，中国农业科学院蔬菜花卉研究所研究开发了"有机生态型无土栽培技术"。该技术不仅适合我国农业，符合有机农业和农业可持续发展的要求，并且具有显著的经济、社会和生态效益。

有机生态型无土栽培大胆改变了无土栽培必须使用化肥配制营养液的传统观念，采用价廉易得并可就地取材的农作物秸秆（如：玉米秸、向日葵秸）和废菇渣等农产品废弃物，取代价格昂贵的草炭作为无土栽培基质，不仅显著降低了无土栽培的生产成本，而且大大简化了操作管理程序，使无土栽培技术由深不可测变得简单易学，为无土栽培这一高新技术在中国的推广开辟了一条新路。目前该技术推广面积已超过全国无土栽培总面积的60%以上，具有十分广阔的应用前景，在西部大开发中也具有重大意义。

# 第二节　营养液的配制与管理

## 一、营养液配制

配制营养液所用的水和营养元素化合物都允许含有一定的杂质，在配制营养液时应按所用水的水质和原料所标明的纯度核算其实际用量。

### （一）水

在选用符合灌溉水标准的前提下，测定其中某些营养元素的含量，如钙、钾、镁、硝态氮及各种微量元素，以便按营养液配方计算用量时扣除这部分含量。例如，硬水中含有较多的钙、镁盐类，且主要以硫酸盐形态存在，在配制营养液时应相应减少钙、镁的用量。如可减少配方中毫克 $SO_4$ 的用量。不同地区因其水的硬度和所含元素比例不同，不可能有一成不变的配方供选用，要在实践中自行微调配方。

### （二）营养元素盐类

营养液中的大量元素多来源于农用肥料或工业原料，其纯度为90%~98%，所以在使用时需要换算。如使用 $KNO_3$ 为氮源时，其纯度为95%，则实际用量应按1：0.95比例增加。微量元素多使用化学试剂，纯度高、用量少，将化学试剂按纯品称量使用即可。部分营养元素的盐类具有很强的吸湿性，如营养元素的化合物吸湿严重，必须换算成干物量来称量。

生产上配制营养液一般分为母液（浓缩储备液）的配制和栽培营养液（也叫工作营养液）的配制两个步骤，前者是为方便后者的配制而配制的。

配制母液时，不能将所有盐类化合物溶解在一起，因为浓度较高时有些阴、阳离子间会形成难溶性电解质引起沉淀，所以一般将母液分成 A、B、C 三种（或者更多），称为 A 母液、B 母液、C 母液。A 母液以钙盐为中心，凡不与钙作用而产生沉淀的盐都可溶于其中，如 Ca（$NO_3$）$_2$ 和 $KNO_3$ 等。B 母液以磷酸盐为中心，凡不与磷酸根形成沉淀的盐都可溶于其中，如 $NH_4H_2PO_4$ 和毫克 $SO_4$ 等。C 母液为微量元素母液，由螯合铁和各种微量元素合在一起配制而成。母液的倍数，根据营养液配方规定的用量和各种盐类化合物在水中的溶解度来确定，以不至于过饱和而以析出为准。如大量元素 A、B 母液可浓缩为 200 倍，微量元素 C 母液，因其用量小可浓缩为 1000 倍。

栽培营养液一般用母液配制，在加入各种母液的过程中，也要防止局部出现沉淀。首先在贮液池内放入相当于要配制营养液体积的 40% 左右的水，将 A 母液应加入量倒入其中，开动水泵使其流动扩散均匀。然后再将应加入的 B 母液慢慢注入水泵口的水源中，让水源冲稀 B 母液后带入贮液池中参与流动扩散，此过程所加的水量以达到总液量的 80% 为好。再将 C 母液的应加入量也随水冲稀带入贮液池中参与流动扩散。最后加足量水，继续流动搅拌一段时间使其达到均匀[①]。

## 二、营养液管理

在无土栽培中，作物根系不断从营养液中吸收水分、养分和氧气，加之环境条件对营养液的影响，常引起营养液中离子间的不平衡、浓度、pH 值、溶存氧等变化。同时，根系也分泌有机物及少量衰老的残根脱落于营养液中，微生物也会在其中繁殖。为保证作物正常生长，必须对上述诸因素的影响进行监测和调控。

### （一）营养液浓度调整

作为营养液浓度管理的指标通常用电导率，即 EC 值来表示，在育苗时，EC 值一般为标准浓度的 1/3~1/2，叶菜类蔬菜无土栽培的 EC 值为 1.0~2.0 毫秒 / 厘米，果菜类蔬菜 EC 值为 2.0~4.0 毫秒 / 厘米左右。

以高浓度的营养液配方来栽培时，以总浓度不低于 1/2 个剂量为调理界限。以低浓度营养液配方栽培时，每天监测，使营养液常处于 1 个剂量的浓度水平。EC 值可用电导仪简便准确地测定出来，当营养液浓度低时，可加入母液调整，当营养液浓度高时，应加入清水稀释。

生产上常用的做法是，在贮液池内划上加水刻度，定时关闭水泵，使营养液全部回到贮液池中，如其水位已下降到加水的刻度线，即要加水恢复到原来的水位线，用电导仪测定其浓度，依据浓度的下降程度加入母液。

### （二）营养液 pH 值调节

大多数作物根系在 pH 值 5.5~6.5 的酸性环境下生长良好，营养液 pH 值在栽培过程中

① 沈嘉胜，顾国莲 . 无土栽培设施简介 [J]. 浙江农村机电，2002（03）：19.

也应尽可能保持在这一范围内，以促进根系正常生长。另外，pH 值直接影响营养液中各元素的有效性，使作物出现元素缺乏或过剩症状。为减轻营养液 pH 值变化的强度，延缓其变化的速度，可适当加大每株植物营养液的占有体积。当营养液 pH 值过高时，一般用 $HNO_3$ 或 $H_3PO_4$ 调节。pH 值过低，可用 NaOH 或 KOH 来调节。具体做法为，取出定量体积的营养液，用已知浓度的酸或碱逐渐滴定加入，达到要求 pH 值后计算出其酸或碱用量，推算出整个栽培系统的总用量。加入时要用水稀释为 1~2 摩尔 / 升的浓度，然后缓缓注入贮液池中。注意不要造成局部过浓而产生 $CaSO_4$ 或毫克（OH）$_2$ 等的沉淀。另外，一般一次调整 pH 值的范围以不超过 0.5 为宜，以免对作物生长产生影响。

### （三）营养液增氧技术

生长在营养液中的根系，其呼吸所需的氧，是来源于营养液中的氧和从植株地上部输送到根系的氧。在充分供液的基础上，增加营养液中溶存氧的浓度成为无土栽培技术改进和提高的核心。溶存氧的来源一是从空气中自然向溶液中扩散，二是人工增氧。

自然扩散的速度很慢、增氧量仅为饱和溶解氧的 1%~2%，远远赶不上植物根系的耗氧速度。人工增氧是水培技术中的一项重要措施。常用的增氧方法包括：①循环流动。效果很好，是生产上普遍采用的方法；②落差。营养液进入贮液池时，人为造成一定的落差，使溅泼面分散，效果好，较多采用；③增氧器。在进水口安装增氧器，提高营养液中溶存氧，已在较先进的水培设施中普遍采用，人工增氧经常是多种方法结合起来使用；④间歇供液。如每小时供液 10 分钟，停液 50 分钟，也可使作物根系得到充足的氧气供应。

### （四）营养液更换

营养液在循环使用一段时间后，虽然电导率经调整后能达到要求，但作物仍然生长不良。这可能是由于营养液配方中所带来的非营养成分（如 Na、Cl 等）、调节 pH 值时所产生的盐分、根系的分泌物和脱落物以及由此而引起的微生物分解产物等非营养成分的积累所致，从而出现电导率虽高，但实际营养成分很低的状况。此时就不能用电导率来反映营养成分的高低。若有条件，最好同时测定营养液中主要元素如 N、P、K 的含量，若其含量很低，而电导率却很高，即表明其中盐分多属非营养盐，需要更换全部营养液。如无分析仪器，长季节栽培 5~6 个月的果菜类，可在生长中期（3 个月时）更换 1 次。短期叶菜类，1 茬仅 20~30 天，则可种 3~4 茬更换 1 次。

# 第三节　无土栽培基地规划与环境调控

## 一、无土栽培基地规划

（一）无土栽培基地选址

1. 经济发达地区、对外开放城市、大中城市郊区

无土栽培是一项先进技术，具有一般土壤栽培所无法比拟的优越性，然而无土栽培又是一项高新技术，涉及农业工程、化学、肥料、农作物栽培等多门科学，其技术难度也很大，更重要的是因为无土栽培需要一定的设施和装置，还需要供应大量的营养液。

在发展无土栽培时应首先考虑成本的投入，在经济条件差的地方，不可盲目发展无土栽培。经济发达地区、对外开放城市有能力拿出较多资金投入无土栽培，形成规模效益，并通过无土栽培生产出优质的高档蔬菜、花卉产品，出口或内销均可。随着人们生活水平的提高和健康意识增强，无公害蔬菜和绿色蔬菜的需求量越来越大，在大中城市郊区从事无土栽培蔬菜、花卉生产，具有运输和销售方便、就近供应的特点。

2. 选择自然条件优越的地方

作为无土栽培基地要求地势平坦、交通便利、当地的基质资源丰富、水源充足、水质条件好、能源供应正常。有风力发电、沼气生产条件的地方，在无土栽培其他条件适宜的前提下，可优先考虑作为无土栽培基地，这样无土栽培可与生态农业、环保农业结合起来。

3. 选择当地政府重视的市县

农业是第一产业，是弱势产业，而无土栽培又具有高投入高产出的特点，最好得到地方政府在政策措施、资金上的大力支持。目前，国家、省、市三级政府重点支持龙头企业和农业园高新技术园区建设，各省市相继建立了国家级、省级农业高新技术示范园区，园区内及一些农业上的龙头企业都先后建有自己的无土栽培基地。

4. 选择效益较好的大型企事业单位所在地区

大型企事业单位效益好、员工数量多，有利于有针对性地生产和就近销售无土栽培的产品。而且可以利用一些工矿企业的余热进行温室加温、基质消毒等。

5. 考虑经营方向和栽培项目

如果从事旅游观光农业和面向中小学生开展科普教育或生产名贵高档花卉和出口蔬菜、无公害蔬菜，无土栽培基地最好建在城郊或农业高新技术园区内；如果经营生态酒店和生态餐厅，最好选择城乡结合部或一些风景区附近。

（二）选择无土栽培项目

在经济、技术和市场条件都很好的情况下可以发展无土栽培，但要选好栽培项目，应注意以下几点：

（1）经过市场调研。无论是土壤栽培还是无土栽培在选择和栽培项目时首先都要做好市场调查与预测工作。通过科学、细致的市场调查，做好可行性分析和专家论证，才能选准选好项目，可以说做好这项工作是为生产出适销对路的农产品奠定坚实基础。

（2）量力而行。无土栽培一次性投资较大，且运转成本较高，技术条件要求严格。

必须根据自身资金实力状况和人力、物力条件来选择大小适中的栽培项目、栽培方式和生产规模。一般经济欠发达地区、专业户最好选择投资较少、管理简便的基质栽培方式，而且栽培项目和栽培面积不宜太大。

（3）要明确栽培目的与重点。如果是要彻底解决长期保护地栽培造成的土壤连作障碍问题，则可以发展无土栽培；如果是丰富庭院经济，自产自销，则选择的项目不易大，投资少，便于管理，而且栽培形式要与庭院整体风格相一致。如果建设生态餐厅、生态酒店，所选择的栽培项目要与当地饮食习惯、整体布局相适应和协调，项目宜小宜大，但要分区域空间和地形确定，新颖别致并兼具观赏性。

（4）选用适当的栽培方式。无土栽培的类型和方式都可以用，根据不同地区和经济、技术等条件选用适当方式，尽可能就地取材，简易可行，降低成本。

（5）选种高效益的作物，如特菜、瓜果和花卉等。

### （三）无土栽培基地规划的主要内容

（1）面积和范围，根据投资与生产管理水平以 3.33~6.67 公顷为宜。受条件所限可降低面积。

（2）总体规划同一般设施栽培园艺场，包括生产区、育苗区、产品加工区及办公后勤区等。

（3）无土栽培生产区的划分以每区 2000~3333.5 平方米（10~15 个标准棚）为宜。

（4）栽培系统以 3~6 个标准大棚（666.7~1333.4 平方米）为一组。便于生产安排与营养液的供应和生产管理。

（5）栽培床不宜建水泥结构，因其比热大，易渗漏，不能搬迁和拆卸。可采用 EPS（聚苯乙烯）发泡材料压模成型栽培槽，可拼接，可搬迁。这种栽培槽既能作基质培亦可作深水培或营养液栽培。也可用砖砌成简易的临时栽培床。花卉栽培和工厂化育苗可用角铁焊成活动床架。

（6）供液池可置每组的中心棚内的中间位置，一般为地下式，有条件的亦可另建设施。

（7）棚内栽培床的设置以三排 6 条为宜，或四排 8 条。

## 二、无土栽培环境的调控技术

利用环境保护设施，有可能在一定程度上，按作物生育的需要，控制光照、室温、风速、相对湿度、$CO_2$ 浓度等土地上部环境，以及基质的温度等根际环境，使作物生长在最适的环境条件下，实现作物的高产、稳定、优质栽培。但是，实际上外界环境对作物生长与产量的影响是综合的，而不是单因子的。同时作物生长最适的环境，不仅因蔬菜种类品种的不同而不同，而且不同栽培季节和不同生长发育时期也是不同的，这就增加了环境调控技术的难度和复杂性。

## （一）保护设施环境的调控原则与目标

环境保护设施利用自然创造自然，为植物生长发育提供适宜的环境条件。由于设施覆盖物的屏障作用，使温室产生与外界不同的特殊环境，可以保护作物免遭风、雨、杂草、虫害、病害等的干扰和危害，也可以使生产者在外界不适合的条件下进行生产。温室与外界的隔离，使得加温、施用 $CO_2$、有效地使用化学和生物控制技术进行植物保护等措施成为可能。温室内单位面积的高产，使得种植者能够和愿意投资先进设备，如无土栽培、补光、保温/降温幕、活动床栽培式等，以改善和简化生产。温室生产属于精细、高级的作物生产形式，通常把其与温室工业相连，称之为温室工程，整个过程强调技术的作用。

由于先进设备的安装，温室的环境可以控制。温室环境控制是无土栽培中非常重要的工作，它能使种植者不依赖外界气候，控制生产过程。对于作物生长、生产及产品质量来说，环境控制水平高低在一定程度上起决定性的作用。在温室环境控制中，最重要的目标是降低成本、增加收入。

达到这一目标的具体指标可以简单归纳如下：①提高单位面积产量；②合适的上市期；③理想的产品质量；④灾害性气候或险情的预防（风灾、火灾、雪灾、人为破坏等）；⑤环境保护；⑥成本管理（如 $CO_2$、能源、劳力等）。

在此目标的基础上理想化作物生长条件，同时，必须考虑温室生产是一种经济行为，因此环境调控的原则为在总的经营框架范围内操作，要进行经济核算。在这种意义上，环境调控通常被认为是与经营目标相关联，在可接受的成本和可接受的风险范围内，获得产品的优质和高产。

环境调控的成本主要来自用于加热、降温、降湿或补光等的能源消耗，$CO_2$ 的施用也需要额外的成本，成本的投入必须核算由于额外投入成本所产生的额外经济效益。为此，有目标地调控和改善环境是提高温室作物生产效率的主要途径。

## （二）光照条件及其调控

### 1. 保护设施的光照条件

保护设施内的光照条件包括光强、光质、光照时间和光的分布，它们分别给予温室作物的生长发育以不同的影响。设施内光照条件与露地光照条件相比具有以下特征：①总辐射量低，这成为冬季喜光园艺作物生产的主要限制因子；②光质变化大；③光照在时间和空间上分布极不均匀，尤其高纬度地区冬季设施内光强弱，光照时间短，严重影响温室作物的生长发育。

影响设施内光环境条件的主要影响因素是覆盖材料的透光性与温室结构材料的遮光性。要从这两方面入手，研究如何增加室内采光量的设施结构和相应的管理技术，从而改善设施内的光照环境。

2. 设施内光照条件的调控

光照是作物生长的基本条件，对温室作物的生长发育产生光效应、热效应和形态效应。我们要加强光照条件调控，采取措施尽量满足作物生长发育所需的光照条件。调控设施内的光照条件，可采取以下几方面措施：

（1）设施结构建造合理

温室采用坐北面南东西延长的方位设计；从采光角度考虑，除现代化温室外，尽量选用单栋式的温室；选用防尘、防滴、防老化的透光性强的覆盖材料，目前首选醋酸乙烯膜（EVA），其次是聚乙烯膜（PE）和聚氯乙烯膜（PVC）；选择适宜的棚室的跨度、高度、倾斜角；尽可能选用细而坚固的骨架材料，从而提高室内采光量，降低温室结构材料的遮光。

（2）加强设施管理

经常打扫、清洗，保持屋面透明覆盖材料的高透光率；在保持室温的前提下，设施的不透明内外覆盖物（保温幕、草苫等）尽量早揭晚盖，以延长光照时间增加透光率；北方地区在温室北墙内壁张挂 2~2.5 米高的聚酯镀铝镜面反光幕，增加光强。

（3）加强栽培管理

加强作物的合理密植，注意行向（一般南北向为好），扩大行距，缩小株距，摘除身苗基部侧枝和老叶，增加群体光透过率。

（4）适时补光

在集中育苗、调节花期、保证按期上市等情况下，补充光照是必要的。补光灯一般采用高压汞灯、卤素灯和生物灯，受条件所限，也要安装普通荧光灯、节能灯。补光灯设置在内保温层下侧，温室四周常采用反光膜，以提高补光效果。补光强度因作物而异。因补光不仅设备费用大，耗电也多，运行成本高，只用于经济价值较高的花卉或季节性很强的育苗生产。

（5）根据需要遮光或遮黑

夏季光照过强，会引起室温过高，蒸腾加剧，植物容易萎蔫，需降低室内光强，生产上一般根据光照情况选用 25%~85% 的遮阳网。玻璃温室亦可采用在温室顶喷涂石灰等专用反光材料，减弱强光，夏季过后再清洗掉。保持设施黑暗，可选用黑色的 PE 膜、黑色编织物或编织物。

## （三）温度条件及其调控

1. 设施内温度变化特征

无加温温室内温度的来源主要靠太阳的辐射，引起温室效应。温室的温度变化特征是：

1. 随外界的阳光辐射和温度的变化而变化，有季节性变化和日变化，且昼夜温差大，北方地区局部温差明显，保护设施内存在着明显的四季变化。按照气象学的有关规定，日光温室的冬季天数比露地缩短 3~5 个月，夏天可延长 2~3 个月，春秋季也可延长 20~30 天，所以，北纬 410° 以南至 330° 以北地区，高效节能日光温室（室内外温差保持 30℃ 左右）可四季生产喜温果菜。而大棚冬季只比露地缩短 50 天左右，春秋比露地只增加 20 天左右，夏天很少增加，所以果菜只能进行春提前，秋延后栽培，只有在多重覆盖下，才有可能进行冬春季果菜生产。北方冬季、春季不加温温室的最高与最低气温出现的时间略迟于露地，但室内日温差要显著大于露地。北方节能型日光温室，由于采光、保温性好，冬季日温差高达 15℃ ~30℃，在北纬 400° 左右地区不加温或基本不加温下能生产出喜温果菜。

2. 设施内有"逆温"现象

但在无多重覆盖的塑料拱棚或玻璃温室中，日落后的降温速度往往比露地快，如再遇冷空气入侵，特别是有较大北风后的第一个晴朗微风夜晚，温室、大棚凌晨常出现室内气温反而低于室外气温 1℃ ~2℃ 的逆温现象。从 10 月至翌年 3 月都有可能出现，尤以春季逆温的危害较大。

3. 温室内气温的分布不均匀

一般室温上部高于下部，中部高于四周，北方日光温室夜间北侧高于南侧，保护设施面积越小，低温区比例越大，分布越不均匀。而地温的变化，不论季节与日变化，均比气温变化小。

### （四）设施内温度条件的调控

温度是园艺作物无土栽培的首要环境条件，任何作物的生长发育和维持生命活动都要求一定的温度范围,即温度的"三基点"。温度高低关系到作物的生长阶段、花芽分化和开花，昼夜温度影响植株形态和产品产量、质量。生产者将温度作为控制温室作物生长的主要手段被使用。综合各方面因素考虑，明确了作物生长的最适温度与经济生产的最适温度是有区别的，而且所确定的管理温度是使作物生产能适合市场需要时上市，获得最大效益。

稳定的温度环境是作物稳定生长、长季节生产的重要保证，温室的大小、方位、对光能的截获量、建筑地的风速、气温等都会影响温室温度的稳定。设施内温度环境的调控一般通过保温、加温、降温等途径来进行。

1. 保温

日光温室可通过设置保温墙体；加固后坡，并在后坡使用聚苯乙烯泡沫板隔热；在透明覆盖物上外覆草帘、纸被、保温被、棉被等，实施外保温；温室或塑料大棚内搭拱棚、设二层幕；在温室四周挖深 60~70 厘米、宽 50 厘米的防寒沟；尽量保持相对封闭，减少通风等措施加强保温效果。大型温室保温主要采取透明屋面，采用双层充气膜或双层聚乙烯板和在室内设置可平行移动的二层保温幕和垂直幕等进行保温。

2. 加温

当设施温度低、作物生长慢时，可适当加温。加温分三种方式：空气加温、基质加温、营养液加温。

（1）空气加温。空气加温方式有热水加温、蒸汽加温、火道加温、热风炉加温等。热水加温室温较稳定，是常用加温方式；蒸汽、热风加温效应快，但温度稳定性差；火道加温建设成本和运行费用低，是日光温室常采用的形式，但热效率低。

（2）地面的加温。冬季生产根际温度低，作物生长缓慢，成为生长限制因子，根际加热对于作物效果明显。为提高根际温度，通常将外部直径15~50厘米的塑料管埋于20~50厘米的栽培基质中，通以热水，用这种方法可以提高基质温度。一些地方采用酿热方式提高地温，即在温室内挖宽40厘米、深50~60厘米的地沟，填入麦秆或切碎的玉米秸，让其缓慢发酵放热。在面积较小时也可使用电热线提高根际温度。

（3）栽培床加热系统。无土栽培中，地面硬化后，常常加热混凝土地面。在加热混凝土地面时，一些管道埋于混凝土中，与土壤相比，混凝土材料的传导率常常要更好，所以管道与地表之间的温差要小一些；高架床栽培系统基质层较薄，受气温影响大，在加热种植床时，加热管道铺设于床下部近床处。在NFT栽培中，冬季通常在贮液池内加温，为保证营养液温度的稳定，供液管道需要进行隔热处理，即用铝箔岩棉等包被管道。

除上述加温方式外，利用地热、工厂余热、地下潜热、城市垃圾酿热、太阳能等加温方式也可进行设施内加温，有时采用临时性加温，如燃烧木炭、锯末、熏烟等。

3.降温

降温的途径有减少热量的进入和增加热量的散出，如用遮阳网遮阳、透明屋面喷涂涂料（石灰）和通风、喷雾（以汽化热形式散出）、湿帘等。

（1）通风。通风是降温的重要手段，自然通风的原则为由小渐大、先中、再顶、最后底部通风，关闭通风口的顺序则相反；强制通风的原则是空气应远离植株，以减少气流对植物的影响，并且许多小的通风口比少数的几个大通风口要好，冬季以排气扇向外排气散热，可防止冷空气直吹植株，冻伤作物，夏季可用带孔管道将冷风均匀送到植株附近。

（2）遮阳。夏季强光高温是作物生长的限制性因素，可通过利用遮阳网遮光降温，一般可降低气温5℃~7℃，有内遮光和外遮光两种。

（3）水幕、湿帘和喷雾降温。温室顶部喷水，形成水帘，遮光率达25%，并可吸热降温。在高温干旱地区，可设置湿帘降温。湿帘降温系统是由风扇、冷却板（湿带）和将水分传输到湿帘顶部的泵及管道系统组成。湿帘通常是由15~30毫米厚交叉编织的纤维材料构成，多安装在面向盛行风的墙上，风扇安装在与装有湿帘的墙体相反的山墙上。通过湿帘的湿冷空气，经过温室使温室冷却降温，并且通过风扇离开温室。

湿帘降温系统的不利之处是在湿帘上会产生污物并滋生藻类，且在温室中会引起一定的温度差和湿度差，同时在湿度大的地区，其降温效果会显著降低。

在温室内也可设计喷雾设备进行降温，如果水滴的尺寸小于10微米，那么它们将会悬浮在空气中被蒸发，同时避免水滴降落在作物上。喷雾降温比湿帘系统的降温效果要好，尤其是对一些观叶植物，因为许多种类的观叶植物会在风扇产生的高温气流的环境里被"烧坏"。

### （五）$CO_2$ 及其调控

$CO_2$ 是作物进行光合作用的重要原料。在密闭的温室条件下，白天 $CO_2$ 浓度经常低于室外，即使通风后，$CO_2$ 浓度会有所回升，但仍不及外界大气中 $CO_2$ 浓度高。不论光照条件如何，在白天施用 $CO_2$ 对作物的生长均有促进作用。

由于温室的有限空间和密闭性，使 $CO_2$ 的施用（气体施肥）成为可能。我国北方地区冬季密闭严，通气少，室内 $CO_2$ 亏缺严重，目前推广 $CO_2$ 施肥技术，效果十分显著。一般黄瓜、番茄、辣椒等果菜类使用 $CO_2$ 施肥平均增产 20%~30%，并可提高品质。鲜切花施 $CO_2$ 可增加花数开花，增加和增粗侧枝，提高花的质量。

$CO_2$ 施用不仅能提高单位面积产量，也能提高设施利用率、能源利用率和光能利用率。

### （六）空气湿度

1. 设施内空气湿度变化特征

由于环境保护设施是一种密闭或半密闭的系统，空间相对较小，气流相对稳定，使得设施内空气湿度有着与露地不同的特性。设施内空气湿度变化的特征主要有：

（1）湿度大

设施内相对湿度和绝对湿度均高于露地，平均相对湿度一般在 90% 左右，尤其夜间经常出现 100% 的饱和状态。特别是日光温室及中、小拱棚，由于设施内空间相对较小，冬春季节为保温，又很少通风换气，空气湿度经常达到 100%。

（2）季节变化和日变化明显

设施内季节变化一般是低温季节相对湿度高，高温季节相对湿度低；昼夜日变化为夜晚湿度高，白天湿度低，白天的中午前后湿度最低。设施空间越小，这种变化越明显。

（3）湿度分布不均匀

由于设施内温度分布存在差异，导致相对湿度分布也存在差异。一般情况下是，温度较低的部位，相对湿度较高，而且经常导致局部低温部位产生结露现象，对设施环境及植物生长发育造成不利影响。

2. 设施内空气湿度的调节

空气湿度主要影响园艺作物的气孔开闭和叶片蒸腾作用；直接影响作物生长发育，如果空气湿度过低，将导致植株叶片过小、过厚、机械组织增多、开花坐果差、果实膨大速度慢；湿度过高，则极易造成作物发生徒茎叶生长过旺，开花结实变差，生理功能减弱，抗性不强，出现缺素症，使产量和品质受到影响。一般情况下，大多数蔬菜作物生长发育适宜的空气相对湿度在 50%~85% 范围内。另外，许多病害的发生与空气湿度密切相关。多数病害发生在高湿条件下。在高湿低温条件下，植株表面结露及覆盖材料的结露滴到植株上，都会加剧病害发生和传播。有些病害在低湿条件，特别是高温干旱条件下容易发生。从创造植株生长发育的适宜条件、控制病害发生、节约能源、提高产量和品质、增加经济效益等多方面综合考虑，空气湿度以控制在 70%~90% 为宜。

（七）环境的综合调控技术

温室的综合环境管理不仅仅是综合环境调控，还要对环境状况和各种装置的运行状况进行实时监测，并要配置各种数据资料的记录分析，存储、输出和异常情况的报警等。还要从温室经营的总体出发，考虑各种生产资料投入成本和运营成本，产出的产品市场价格变化，劳力和管理作业和资金等，根据效益分析来进行有效的综合环境调控。

温室环境要素对作物的影响是综合作用的结果，环境要素之间又有相当密切的关系，具联动效应。尽管我们可以通过传感器和设备控制某一要素在一日内的变化，如用湿度计与喷雾设备联动，以保持最低空气湿度，或者用控温仪与时间控制器联动实行变温管理等。上述虽然易实行自动化调控，但都显得有些机械或不经济。计算机的发展与应用，使复杂的计算分析能快速进行，为温室环境要素的综合调控创造了条件，从静态管理变为动态管理。计算机与室内外气象站和室内环境要素控制设备（遮光帘、二层幕、通风窗、通风换气扇、喷雾设备、$CO_2$ 发生器、EC、pH 控制设备、加温系统、水泵等）相连接。一般根据日射量和栽培作物的种类，确定温室管理中温度、$CO_2$、空气湿度等的合理参数，为达到这些目标启动智能化控制设备。随时自动观察、记录室内外环境气象要素值的变动和设备运转情况。通过对产量、品质的比较，调整原设计程序，改变调控方式，以达到经济生产。荷兰近年来通过综合控制技术的进步，使番茄产量从 40 千克 / 平方米上升到 54 千克 / 平方米，而能耗、劳动力等生产成本明显降低，大幅度提高了温室生产的经济效益。

不仅如此，计算机系统还可设置预警装置，当环境要素出现重大变故时，能及时处理、提示、记录。比如当风速过大时能及时关闭迎风面天窗；测量仪器停止工作时，能提示仪表所在部位及时处理；出现停电、停水、泵力不够、马达故障时，可及时报警，并将其记录下来，为今后调整改进提供依据。温室环境计算机控制系统的开发和应用，使复杂的温室管理变得简单化、规范化、科学化。

# 第四节 果蔬无土栽培技术应用

## 一、果菜无土栽培技术——以日光温室箱式草莓无土栽培技术为例

（一）箱体材料

箱体采用木质材料，长1米，宽（内径）0.45米，高（内径）0.3米。摆放时箱与箱间距0.35米，以便于通风和管理。

（二）定植

定植品种红颜，定植期为8月中下旬至9月上旬，株距0.14米，行距0.22米，单箱种植草莓14株，每667亩栽植1万株。

（三）基质配比

定植时用基质代替土壤，基质采用蛭石和草炭，二者按体积配比2：1，8箱用基质1立方米，施入干鸡粪28公斤、饼肥1.75公斤、澳宇牌菌肥（中国航天利光生物科技有限公司，下同）2.5公斤。折合每667亩用基质约100立方米，施鸡粪2500公斤、饼肥157公斤、菌肥225公斤。以营养液提供草莓生长发育所需营养。

（四）主要田间管理

（1）覆盖保温。一般于10月20日前，顶花芽分化以后，植株进入休眠之前，当夜间气温降到8℃左右时开始盖膜保温，最好在第一次霜冻来临之前。保温初期外界气温高，可暂不加盖草帘，并注意白天放风降温，以后视温度下降情况覆盖保温。保温后10~15天覆盖黑色地膜，覆地膜后，随即在秧苗上方用小刀割一小口，将苗提至膜上。

（2）保持适宜温度。保温是日光温室箱式栽培的关键技术。保温初期至开花前，白天温度宜保持26℃~28℃，最高不得超过30℃，夜间温度宜保持12℃~15℃，最低不得低于8℃。开花到果实膨大期，白天温度宜保持22℃~25℃，夜间温度宜保持12℃左右，最低不得低于5℃。果实收获期，白天温度宜保持20℃~24℃，夜间温度宜保持8℃~10℃，最低不低于5℃。

（3）浇水。浇水采取膜下暗灌，草莓苗移栽后应立即浇水，一周后再浇第二水，以后视箱内基质墒情及时补充水分，水要浇足、浇透，但要严格控制棚内湿度，尤其是开花期，白天空气相对湿度宜保持在50%~60%，湿度过大将影响授粉，使畸形果增多[1]。

（4）追肥。在施足基肥的基础上适当追肥。第一次追肥在扣棚前进行，一般可施三元复合肥（N：P：K为15：15：15）50公斤、菌肥15公斤、钾肥5公斤；第二次追肥在顶花序果开始膨大时，每667亩施优果钾（含12种微量元素，钾多≥15%，下同）10公斤；第三次追肥于顶花序果采收前期进行，每667亩施优果钾10公斤；以后每隔20天追肥1次。肥料可选择速溶性冲施肥或自配营养液，可将冲施肥或营养液放入棚内预先做好的蓄水池内，待充分溶解后结合滴漕灌水进行追施。

（5）蜜蜂授粉。开花前一周棚室中放入1~2箱蜜蜂，使草莓授粉充分，避免畸形果

① 姜楠.草莓无土栽培技术研究[J].农业与技术，2017，37（10）：97.

的发生。

（6）病虫害防治。扣棚前用百菌清、甲基托布津或代森锰锌、大生进行彻底杀虫、杀菌，然后利用熏蒸以及黄板、防虫网控制草莓白粉病、灰霉病和蚜虫危害。

## 二、叶菜立体架式无土栽培技术

蔬菜作为人们日常生活当中的重要食物之一，其含有丰富的矿物质及多种维生素，深受消费者的喜爱。叶菜类蔬菜具有生长速度快、周期短的特点，是立体架式无土栽培的首选。叶菜采用立体架式无土栽培，为非耕地叶菜种植提供较经济实用的栽培方案。同时，实现蔬菜作物高产、优质、高效的可持续发展，对发展设施蔬菜产业具有重要的现实和战略意义。

### （一）立体架式无土栽培设施的建设

1. 大棚结构

大跨度拱棚抵御自然灾害，实行蔬菜周年生产，跨度 20 米，高度 5.8 米，内设有中柱，顶部和两侧设有防虫网及通风口，配备遮阳网和保温被。大棚采用高强度、高透光率的棚膜，通风透光性能好，抗风性能好。

2. 立体架搭建

本次架式立体叶菜示范面积为 520 平方米（65 米 ×8 米），东西走向种植行，设计 5 排 3 层，每排间距 0.9 米，每排净长 60 米，从中间分成二区。

在设施大棚内整平夯实地的基础上，规划开沟深 0.8 米（冻土层以下）埋设 PVC 水管、回液槽、电缆线和电磁阀，再整平夯实后铺设地布。其中，棚室外水管直径 40 毫米、棚内供水管直径 32 毫米和回水管直径 32 毫米，可承受压力 10 kg。回液槽由直径 90 毫米的 PVC 管和多个 90 毫米三通连接件组成，三通个数和立体架排数相等，回液槽和回液池连通，回液池体建在地下，回液池有效容积 800 升 / 个，100 厘米 ×100 厘米 ×80 厘米，上口和回液槽平齐。

栽培架采用 H 型连接搭建，用扁管规格 2 厘米 ×4 厘米，壁厚 1.2 毫米以上的镀锌管，焊接为高 225 厘米，宽 60 厘米，上下端各留 15 厘米，其余等分成 65 厘米的 4 层隔断成 H 型，每隔 1.5 米摆一个 H 型 4 层栽培架，每层用 2 根（和 H 型扁管同规格的）方管链接固定，同一层放置 2 行塑封钢网槽，网槽包括种植槽和排水槽，种植槽宽 20 厘米，深 19 厘米；排水槽上口宽 15 厘米，下口宽 5 厘米，排水槽应低于种植槽，网槽底部正中位于连接的扁管上且固定，网槽内依次装置黑白隔离膜（膜宽 60 厘米，厚 0.2 毫米）、导流板（铺设时一定要扣牢，相邻不得脱钩）、隔离网（50 目的防虫网，宽度 55 厘米）、椰糠（规格为 5 千克散椰糠，粗细比例为 4：1）和滴灌管带（直径 16 毫米，滴头间距 20 厘米，滴头流量每小时不大于 1.1 升，管壁厚 0.2 毫米）。种植架每排一端设有两根 PVC 供水管

（直径 32 毫米），供水管和种植网槽垂直连接，种植槽、排水槽坡度以 0.3%~0.5% 为宜，坡度朝向回液槽方向，回液池上设有回液设备控制柜和臭氧发生器。

3. 基质准备

待立体架搭建完毕即可在管道中填充基质，填充前严格控制基质的含水量，一般以 60% 为宜，基质搅拌均匀后通过管道上部开口处填入到管道当中，填充后应当用力压实，以确保整个管道全部填满、填匀。

4. 水肥一体化

由蓄水池（组装式蓄水桶 8t，外部钢板，内部水囊带遮阳网）、母液罐（3 个罐，每罐 200 升）、施肥机（旁路式单项电）、输水管、回液管等组成。栽培架上作物所需要的养分通过施肥机供给，当椰糠中营养液量超过椰糠最大含水量时将通过回液管流到回液池，回液池的营养液可以回收利用。

采用滴灌水肥一体化设备自动灌溉，滴灌管带直径 16 毫米，滴头间距 40 厘米，两个滴孔（滴孔间距 20 厘米），滴头流量不大于 1.1 升 / 每小时，管壁厚 0.2 毫米，每次滴 5 分钟，间隔 45 分钟，早上 8 点开始至晚上 8 点结束。

## （二）立体架式无土栽培

1. 育苗

叶菜育苗一般在 128 孔穴盘中进行，每穴播种 2~3 粒，播种深度 0.5~1 厘米，然后覆上基质，温度低时覆膜保温，为了避免造成幼苗灼伤，光照强度较大时需覆盖遮阳网。

叶菜出苗后容易出现徒长或猝倒病。一是及时间苗，应当在 2~3 片真叶时进行间苗，以每穴留 1~2 株壮苗为宜；二是依据天气情况进行透光、遮阳。一般以 11 点覆盖遮阳网、16 点揭开遮阳网较适宜；三是科学合理浇水，幼苗出土后，应当控制浇水量，以土壤见干、幼苗稍微萎蔫时进行浇水为宜；四是在移栽前 10 天进行炼苗，需揭开遮阳网，加大通风，让幼苗逐渐适应外界生长环境[①]。

2. 定植

叶菜立体架式无土栽培示范面积 520 平方米，种植槽总长 1830 米。各种叶菜随机移栽种植。定植前 10 天用多菌灵、甲基托布津等进行预防性消毒杀菌。选择长势良好的植株进行移栽种植，移栽时尽量多带土坨，种到已打好的管道孔中固定，栽后浇足水，并及时查苗，如果出现死亡或生长不好应及时补栽。

3. 水肥管理

管理时以根部追肥为主、叶面追肥为辅。根据实际情况每隔 2 天左右追肥 1 次，尽量使肥水不要溅到叶片上，以免灼伤叶片。叶面追肥不仅能促进叶菜叶片的生长，而且还能

① 邵兴华，熊佳文，季天委 . 无土栽培常用营养液及应用综述 [J]. 东北农业科学，2018，43（02）：40-43.

增加色泽，通常每隔 7 天喷 1 次 0.2%~0.5% 尿素和磷酸二氢钾，按照叶菜生长所需前期以尿素为主，后期以磷酸二氢钾为主。采收前减少追肥次数，使组织充实，否则生长后期肥水过多导致组织柔软，不利于运输和贮藏。在整个生产周期中，应当确保基质湿润，浇水时间避开高温时段，最好在早上或傍晚时分进行。

4. 采收

油菜、白菜、生菜、莴苣、茼蒿及油麦菜的生产周期在 45 天时进行采收，甘蓝、芹菜及娃娃菜的生产周期在 70 天时采收。采收避免在高温时段进行。

立体架式无土栽培单位面积的作物产量是常规栽培的 4~6 倍。立体架式无土栽培极具观赏性，充分利用了土地、光照和水分资源，相对封闭管理，不会给生态环境造成污染，可作为生态农业、观赏农业、效益农业来发展，其社会经济生态效益显著。立体架式无土栽培避免了土传病害的发生，杜绝了重金属和土传有害生物的污染，生产出来的蔬菜鲜嫩爽口，干净卫生、安全可靠，口感好，风味浓，外观商品性好。

# 结束语

随着我国综合国力的不断提高，我国农业生产技术不断创新，先进的农业生产技术已经成为我国农业发展的动力源泉，目前我国大多数地区的农业发展已经不再仅仅依靠手工劳作，而是以现代化的生产方式为主，主要依靠先进的科学技术来提高农业生产效率。现阶段，天然无污染的无公害果蔬也走进人们的视野，越来越受到人们的欢迎。我国的无公害果蔬市场将逐步转变，并由国内市场向面向国际市场转变。绿色无公害的果蔬产品将逐步占领国内市场成为我国果蔬市场发展的最大动力。

笔者通过研究认为，提升农业生产技术效率以及果蔬栽培技术的策略如下：

## （一）制定合理的投资策略

合理的投资能够有效地促进农业生产技术的发展，要制定合理的投资策略，依据不同地区的不同农业发展情况制定不同的投资策略。比如，对于农业生产技术效率较低的地区，要注重加大对基础设施设备的添置方面的投资，因为先进的农业生产设备是提高农业生产技术效率的有效措施。而对于农业生产技术效率较好的地区，要注重在新技术的引入方面的投资，因为只有保证农业生产技术的及时更新才能保证生产效率，才能让我国的农业生产技术效率得到更好的提高。农业生产技术的高低直接影响着其在产业之间的优势对比，我们可以依据不同地区的不同实际情况加大投资，为该地区提供充足的资金，以让该地区的农业发展找到适合它的特色农业。此外，还可以合理地使用政府发放的财政补贴，财政补贴有利于提高农民的劳动积极性，能够对农业的生产方向进行有效的调节，有利于最终实现农业生产技术效率的提升。

## （二）培养高素质的农业科技队伍

高素质的农业科技队伍是提高我国农业生产技术效率的最基本条件，唯有如此，我国的农业科技水平才能得到有效的发展。要注重培养高素质的农业科技队伍。可以通过定期组织培训的方式培养农业科技人才，定期地对农民进行农业生产和发展的知识和技能的培训，尤其是要加强对农村妇女劳动力技术的培训，让农业生产方面的人才素质得到整体的提升，促进农业科技信息的传播，促进我国农民的受教育水平的提升，同时有利于提高农民的实用性技术技能，促进我国农业生产技术效率的发展。

## （三）建立并完善果蔬产业服务体系

建立并完善果蔬产业服务体系有利于组织和协调好果蔬产业发展工作。提高果蔬产业生产能力，为我国无公害果蔬产业发展提供根本保障。强化领导能力，组织协调好果蔬产业服务和发展，促进我国无公害果蔬产业稳定发展。建议在全国范围，设立围绕无公害果蔬产品的领导机构和服务机构。领导机构主要为无公害果蔬发展制定相关政策和制度，他们主要由果蔬发展办构成，用行政手段来限制和约束不正当行为。服务机构则主要监测无公害果蔬基地的环境，培育优质果蔬种子，开发新型无公害农药，加强果蔬质量监测，提供销售渠道等，主要由科学技术人员组成。这两个部分相互配合，相互促进，会使我国果蔬产业得到长远发展。

## （四）建立规范化的无公害果蔬生产体系

建立规范化的无公害果蔬生产体系有利于用规范化的技术体系引导并指导无公害果蔬的生产。对于无公害果蔬的生产技术体系主要把握以下两个方面。①生产基地的地址。对于无公害生产基地的选址，首先要考虑大气、水质、土壤等主要环境因素，要选择各个方面综合条件都较好的地区作为试验基地。②果蔬残留毒物检测。为保证我国无公害果蔬产品符合国内或国际食品卫生标准，质量检测部门应对果蔬中重金属、化学农药残留度等进行全方面检测。

# 参考文献

[1] 岳文俊，岳智臣，周英杰．番茄栽培技术规程 [J]．河南农业，2021（20）：17–18．

[2] 张娟．西红柿高产栽培技术 [J]．农村百事通，2021（2）：52．

[3] 郝玉莲．马铃薯高效栽培技术 [J]．世界热带农业信息，2021（1）：10–11．

[4] 杨红娟．番茄栽培技术探讨 [J]．农村科学实验，2021（5）：50–51．

[5] 魏淑莲．4 种有机生态型无土栽培组合基质对番茄品质和效益的影响 [J]．蔬菜，2021（02）：20–25．

[6] 郭玲娟，郭明星，李跃洋，李旭，李志娟．北方玻璃温室彩椒无土栽培精准化生产管理 [J]．西北园艺（综合），2021（01）：21–23．

[7] 李笑眉，邓利园．浅谈我国无土栽培智能化应用现状 [J]．现代园艺，2021，44（05）：46–47．

[8] 丁小涛，张帅磊，褚英琪，何立中，王虹，周强，余纪柱．温室无土栽培废液对西瓜生长及品质的影响 [J]．上海农业学报，2021，37（02）：15–19．

[9] 孙兴，马冰冰，雷印胜．室内无土栽培农作物生长环境智能监测系统 [J]．山东农机化，2021（03）：45–47．

[10] 王佳蕊，赵玉娥．无土栽培下的番茄种植技术研究 [J]．现代农机，2021（04）：112–113．

[11] 吴明阳，赵思毅，李益，杨小丽，高龙梅，高川．马铃薯无土栽培营养液研究进展 [J]．中国马铃薯，2021，35（04）：360–363．

[12] 于晓蕾，夏海波，许静．不同水分处理对无土栽培黄瓜光合特性的影响 [J]．山东水利，2021（10）：5–7．

[13] 李瑞红，张维谊，韩奕奕．无土栽培发展现状及前景展望 [J]．四川农业科技，2021（09）：76–79．

[14] 苏飞．椰糠复合基质在番茄无土栽培上应用与推广 [D]．福州：福建农林大学，2014．

[15] 宋志刚．不同作物秸秆用作番茄无土栽培基质的研究 [D]．北京：中国农业科学院，2013．

[16] 王娟．草莓无土栽培适宜品种与栽培基质筛选评价 [D]．北京：中国农业科学院，2014．

[17] 袁宇含，南哲佑，朴光一，闫海洋，郎红，金荣德．有机生态型无土栽培技术及展望 [J]．

东北农业科学，2017，42（01）：61-64.

[18] 周流伟 . 农业生产技术效率及其影响因素 [J]. 农家参谋，2018（4）：37.

[19] 杨素丽 . 河南省旱地农业生产技术措施 [J]. 农民致富之友，2017（22）：138.

[20] 宋红凯，刘洋，孟振浩等 . 互联网平台下农村农业生产技术的推广与研究 [J]. 大科技，2021（32）：244-245.

[21] 王华祥 . 玉米生态高效农业生产技术 [J]. 江西农业，2018（16）：19+30.

[22] 何家祚 . 稻鸭共生绿色农业生产技术 [J]. 现代农业科技，2019（1）：199.

[23] 王昀 . 玉米生态高效农业生产技术 [J]. 农家致富顾问，2019（20）：67.

[24] 马仙萍 . 农业信息技术在农业生产和技术推广中的应用 [J]. 农家科技(中旬刊)，2021(2)：195.

[25] 刘士臣 . 农业生产技术效率影响因素分析 [J]. 中国科技投资，2018（3）：327.

[26] 尹俏，董艳玲，李小波 . 农业信息技术在农业生产和技术推广中的应用 [J]. 农业机械（上半月），2020（7）：80，82.

[27] 张玉梅 . 有机农业种植技术体系对农业生产技术的要求 [J]. 农家科技（下旬刊），2020（12）：235.

[28] 麀英 . 浅谈无公害果蔬栽培技术 [J]. 东方藏品，2017（4）：222.

[29] 黄丽 . 无公害果蔬栽培技术的研究 [J]. 农家致富顾问，2016（2）：49-50.

[30] 田丽娟 . 我国北方果蔬栽培的技术特点分析 [J]. 现代园艺，2017（2）：29.

[31] 付丽，张丽芬 . 果蔬栽培技术 [J]. 农民致富之友，2013（22）：172.

[32] 杨英茹，车艳芳编著 . 现代农业生产技术 [M]. 石家庄：河北科学技术出版社，2014.

[33] 于亚雄 . 云南小麦栽培技术 [M]. 昆明：云南科技出版社，2016.

[34] 张伟 . 籽瓜栽培技术 [M]. 北京：金盾出版社，2015.

[35] 于振文 . 全国小麦高产高效栽培技术规程 [M]. 济南：山东科学技术出版社，2015.

[36] 张天柱，罗茂珍，郝天民等 . 果树高效栽培技术 [M]. 北京：中国轻工业出版社，2013.

[37] 李卫琼 . 园艺植物栽培技术 [M]. 重庆：重庆大学出版社，2013.

[38] 高瑛，刘建军 . 果树栽培技术 [M]. 成都：电子科技大学出版社，2012.

[39] 谷军，雷家军，张大鹏 . 有机草莓栽培技术 [M]. 北京：金盾出版社，2010.

[40] 张洪程 . 水稻新型栽培技术 [M]. 北京：金盾出版社，2011.

[41] 张安宁 . 桃省工高效栽培技术 [M]. 北京：金盾出版社，2014.

[42] 蔡令仪，陶雪娟，杜辉等 . 草菇高产栽培技术 [M]. 北京：金盾出版社，2009.

[43] 孙连臣 . 农业实用栽培技术 [M]. 哈尔滨：东北林业大学出版社，2009.

[44] 赵荣艳，段毅 . 白参菇栽培技术 [M]. 北京：金盾出版社，2009.